HUMAN UNIVERSE

HUMAN UNIVERSE

HUMAN UNIVERSE

인간의 우주

우리의 기원과 운명, 존재에 관한 근원적 질문들

브라이언 콕스·앤드루 코헨 지음

노태복 옮김

반니

차례

인간은 얼마나 위대한 작품인가, 이성은 어찌나 숭고하고
능력은 어찌나 무한한지, 자태와 움직임은 어찌나 깔끔하고 감탄스러운지,
행동은 천사와 같고 이해력은 마치 신과 같네! 만물의 영장이며
이 세계에서 가장 아름다운 존재가 인간이어라. 하지만 내게는
이 모든 것이 한갓 티끌일 뿐. 이젠 인간이라면 딱 질색이네.
여자도 마찬가지. 내 말에 웃는 걸 보니 자네들 생각은 다른 것 같군.

—《햄릿》

인간이란 무엇일까? 냉정하게 말해, 하찮은 존재일 뿐이다. 무한한 공간 속의 티끌로서 영원 속의 한순간을 살고 간다. 이루 헤아릴 수 없는 은하들을 거느린 우주에서 인간은 한갓 원자들의 작은 덩어리에 불과하다. 하지만 질문이 존재하려면 인간이 필요하다. 어떤 질문이든 우주에 질문이 존재한다는 것이야말로 가장 경이로운 일이다. 질문은 마음을 필요로 하며, 마음은 의미를 동반한다. 의미란 무엇일까? 나도 모른다. 다만 우주 전체 그리고 이 우주 속의 티끌 같은 존재들이 저마다 내게 나름의 의미로 다가온다는 것 말고는. 놀라워라! 하나의 원자가 존재한다는 사실이, 그리고 우리 문명이 진리의 길에 도도한 발자국을 남기고 있다는 사실이. 어째서 그런지는 모른다. 누군들 알겠냐만, 그래도 나는 미소 짓는다.

이 책은 우리의 기원, 운명 그리고 우주 안에서 우리의 위치를 묻는다. 답을 기대한다는 것은 우리로선 과분하다. 어쩌면 묻는 것조차 과분하다. 《인간의 우주》는 인류에게 부치는 최초의 연서戀書이자, 우리가 존재하고 있다는 엄청난 행운에 바치는 축사다. 나는 이 러브레터를 과학의 언어로 쓰기로 했다. 과학이 쌓아올린 지식의 금자탑보다 더 확실하게 인간을 티끌로부터 만물의 영장으로 찬란히 끌어올린 것은 어디에도 없으므로. 200만 년 전에 우리는 원인猿人이었다. 이제는 우주인이 되었다. 우리가 알기에 다른 어디에서도 그런 일은 없었다. 축하할 만하지 않은가!

우리는
어디에
있는가?

우리는 탐험을 멈추지 않으리.
모든 여정의 종착지는
바로 처음 출발했던 곳.
우리는 그곳을 최초로 알게 되리니.
– *T. S.* 엘리엇

오크뱅크 애비뉴, 채더턴 타운, 올덤 시, 그레이터맨체스터 주, 잉글랜드, 영국(UK), 유럽, 지구, 우리은하, 관측 가능한 우주…?

내 경우, 그곳은 1960년대 초반 오크뱅크 애비뉴의 벽돌로 지은 단층집이었다. 동풍이 불면 사슴 양조장에서 날아온 식초 냄새를 맡을 수 있던 곳이었다. 물론 올덤에서 그런 날은 드물었다. 걸핏하면 편서풍이 대서양의 습기를 방직 공장 지대로 실어 나르는 도시인지라, 꾸물꾸물한 하늘을 배경으로 반짝이던 빨간 벽돌마저도 자꾸만 축축해지던 곳이었으니까. 하지만 날씨가 좋을 때면, 황무지에 햇살만 내리쬐는 것을 보상이라도 해주듯이 식초 냄새가 솔솔 풍겨온다. 올덤은 조이 디비전Joy Division 분위기가 난다. 내가 좋아하는 영국의 펑크록 밴드 말이다. 케닐워스 애비뉴와 미들턴 로드의 모퉁이에는 신문가판대가 하나 있었는데, 금요일이면 할아버지께서 날 거기로 데려가주셨다. 우리는 장난감, 주로 작은 자동차나 트럭을 샀다. 그때 샀던 장난감은 지금도 갖고 있는 게 많다. 조금 더 커서는 채더턴 홀 파크의 바닥이 붉은 코트에서 테니스를 쳤고 세인트 매튜 교회에 딸린 마당의 벤치에서 우드펙커 사과주를 마셨다. 학기가 막 시작한 어느 가을날 밤에도 몇 모금 홀짝인 후, 거기서 첫 키스를 했다. 덕분에 코감기와 재채기로 꽤 고생

지구에서 태양까지
1천문단위 (AU)

지구에서 가장 가까운 별까지
265,000 AU

지구에서 은하수 중심까지
1,580,000,000 AU

지구에서 안드로메다까지
1,580,000,000,000 AU

지구에서 가장 먼 은하까지
8,532,000,000,000,000 AU

했지만. 요즘 그런 짓을 했다가는 따가운 눈총을 받았을 것이다. 주류 판매점 직원도 올덤 의회의 미성년자 사과주 감독관한테서 고소를 당했을 테고 나도 적발자 명단에 올랐을 테다. 하지만 무사히 지나갔고 나는 올덤을 떠나 맨체스터 대학으로 갔다.

누구든 각자의 오크뱅크 애비뉴가 있다. 저마다의 시간이 시작된 공간 속의 한 장소, 확장되는 사적 우주의 중심이 된 곳 말이다. 동아프리카지구대에 살았던 우리의 먼 선조들은 확장이란 몸으로 경험하는 것이 고작이었다. 하지만 나처럼 다행히도 20세기 후반에 태어난 사람으로선, 교육 덕분에 직접적인 경험을 뛰어넘어 정신이 확장된다. 끊임없이 바깥쪽으로. 내 경우에는 어렸을 때부터 줄곧 별들을 향하여.

1970년대 영국 땅에서 나는 우리 푸른 행성의 대륙들과 대양들 가운데서 내가 어디에 있는지를 배웠다. 북극곰이 북극의 유빙에 살고 있다거나 영양이 대초원 지대에서 풀을 뜯고 있다는 사실도 영국 땅을 벗어나기 훨씬 전부터 알았다. 지구는 평범한 한 항성 주위를 타원 궤도로 도는 아홉(지금은 수정되어 여덟) 행성들 가운데 하나임을 알았다. 수성과 금성은 지구보다 안쪽에서 돌고 화성, 목성, 토성, 천왕성과 해왕성은 지구보다 바깥에서 돈다는 사실도. 태양은 우리은하(은하수) 내의 4,000억 개 별들 가운데 하나이며, 우리은하 자체도 관측 가능한 우주 내의 3,500억 개 은하들 가운데 하나일 뿐이다. 나중에 대학에서 배우고 보니, 물리적 실재는 900억 광년의 보이는 구球를 훌쩍 뛰어넘어 (비록 내가 46년 평생 동안 섭렵한 인류 문명의 종합적 지식을 바탕으로 추측한 것이긴 하지만) 무한으로까지 확장된다.

이 길은 무의미를 향해 올라가는 나의 여정이다. 많은 이들이 이미 지나갔지만 정작 가고 있는 개개인한테는 굉장히 사적인 길이다. 점점 커지는 인간의 지식을 따라 우리가 걷는 길들은 혼란스럽다. 책을 읽다가 막히면 번번이 페이지를 넘기지 못하듯이 평생토록 걷고 또 걸을지 모른다. 하지만 각자 자신의 길을 가는 우리의 지적 여행들에는 공통의 주제가 있다. 현대 천문학의 발전은 우리 인간을 어김없이 중앙

무대의 변방으로 좌천시키고 말았지만, 또 한편으로 우리의 공통 경험에 크나큰 영향을 미쳤다. 분명히 말하건대, 창조의 중심으로부터 한낱 티끌로 향하는 우리의 여정은 오르막길이다. 가장 영광스러운 지성의 오르막길인 것이다. 물론 이처럼 어지러울 정도의 지위 격하에 힘겨워했던, 그리고 지금도 힘겨워하는 사람들도 많다.

미국의 작가 존 업다이크는 한때 이렇게 썼다. "신학의 시대가 가고 천문학의 시대가 왔다. 공포는 덜 하지만, 평온은 어디에도 없다." 내가 보기에 두려움과 자신감 중에 무엇을 선택할지는 관점의 문제다. 자신감을 북돋우는 것이 이 책의 핵심 목표다. 언뜻 보기에 어려운 도전과제처럼 보일지 모른다.《인간의 우주》라는 책 제목도 터무니없는 유아론唯我論, solipsism으로 보일지 모른다. 어떻게 무한의 실재가 한 줌 먼지에 잠깐 거주하는 생명 기계 덩어리의 눈을 통해 보일 수 있단 말인가? 답을 말하자면,《인간의 우주》는 인류에게 보내는 러브레터라는 것이다. 우리가 사는 한 줌 먼지인 이곳이야말로 틀림없이 사랑이 존재하는 유일한 장소이므로.

어찌 보면 우리가 오랫동안 지녔던 인간중심주의적 시각으로 되돌아간 듯하다. 과학이 숱한 노력을 통해 줄기차게 무너뜨리려고 했던 바로 그 관점 말이다. 하지만 대안적 견해를 하나 제시하고자 한다. 우리가 아는 한, 우주는 오직 하나의 귀퉁이에서만 자연법칙들이 공모하여 한 종을 출현시켰다. 단일 생명체의 물리적 한계를 초월하여 수백만 개인의 뇌 용량을 뛰어넘는 지식의 축적을 통해, 시간과 공간 속 우리의 위치를 정확히 짚어낼 수 있는 종을. 우리는 우리의 자리를 알기에 귀중한 존재이며 적어도 우리 부근의 국소적 우주에서 고유한 존재다. 이러한 지성체가 사는 땅을 또다시 찾으려면 얼마나 멀리 가야 하는지 우리는 모르지만, 분명 머나먼 길일 것이다. 그러니 인간은 축하 받을 가치가 있고 우리의 도서관은 육성할 가치가 있으며 우리 존재는 보호 받을 가치가 있다.

그렇게 생각하면, 인간은 무의미한 우주 내에서 의미를 지닌 고립된 섬이다. 그런데 무의미가 무슨 뜻인지 지금 이 자리에서 명백히 밝혀야겠다. 내가 보기에, 신학적 의미에서 우주가 존재해야 할 이유는 없다. 궁극적인 원인이나 목적은 분명 존재하지 않는다. 오히려 의미는 창발적創發的 속성이라고 나는 생각한다. 의미는 우리 조상의 뇌가 원시적 문화를 이룰 만큼 커졌을 때 지구에서 생겨났다는 말이다. 아마도 동아프리카지구대에서 300~400만 년 전에 오스트랄로피테쿠스가 출현했을 때였으리라. 우리은하 너머 수십억 개 다른 은하들에도 다른 지성체가 분명 있을 것이다. 또한 오늘날의 영원한 급팽창 이론이 옳다면, 우리우주의 지평선 너머 다중우주에 무한히 많은 세계가 존재할 것이다. 그렇기는 해도 우리은하 내에 많은 문명이 존재할지 어떨지는 잘 모르겠다. 그래서 방금 전에 '고립된'이란 단어를 쓴 것이다. 만약 우리가 현재 우리은하에서 유일한 지성체라면, 다른 은하들까지의 광대한 거리로 볼 때 아마도 우리는 어느 누구와도 우리의 처지를 논의하지 못할 것이다.

이런 생각과 주장들은 이 책의 뒤에서 다시 나올 텐데, 나 자신의 생각과 과학계의 견해(달리 말해, 우리가 확실히 알고 있다고 여기는 내용)를 엄격히 구별해서 말하겠다. 그러나 짚고 넘어가야 할 점이 있다. 셀 수 없이 많은 세계를 품은 광대하고 어쩌면 무한한 우주라는 현대적 관점에는 기나긴 폭력의 역사가 깃들어 있으며, 우주 내에서 차지하는 인간의 지위가 격하될 때마다 우리가 종종 보이는 본능적인 거부감은 우리 존재의 핵심에 깊숙이 자리한 편견과 안락한 가정들을 여실히 드러내준다는 것이다. 그러므로 한 논쟁적인 인물을 소개하면서 인간의 우주라는 이 여정을 시작하는 것이 적절할 듯하다. 이런 지적이면서도 정서적인 여러 문제를 자신의 삶과 죽음을 통해 끌어안았던 사람이다.

조르다노 브루노Giordano Bruno, 1548~1600는 삶과 업적만큼이나 죽음으로 유명하다. 1600년 2월 17일, 이단의 주장을 거듭하지 못하게 혀가 잘리고(여기서 몬티 파이튼의 종교 코미디 영화 《브라이언의 삶 Life of Brian》의 돌 던지는 장면이 떠오른다. 거기에선 '네가 일을 더욱 그르치는 구나'라는 말이 엄포성 훈계로만 나온다), 로마의 캄포 데 피오리 광장에서 말뚝에 묶여 산 채로 불태워졌으며 재는 티베르 강에 뿌려졌다. 숱한 죄명이 있었는데, 그중에는 예수의 신성 부정하기 같은 이단적인 죄도 들어 있었다. 또한 여러 역사가의 말에 따르면, 브루노는 도발적이고 따지길 좋아하는 성향이었으며, 노골적으로 말해 엉덩이에 상처가 잔뜩 있었다고 한다. 그래서 권세 높은 많은 사람이 그의 뒤태를 보는 데 눈독을 들였다고도. 하지만 브루노는 중요하고도 어려운 질문을 불러일으키는 훌륭한 사상을 개진했다. 우주는 무한하며, 이 우주에 거주 가능한 세계가 무한하게 있다고 주장했던 것이다. 또 각 세계는 우주의 수명에 비하면 짧은 순간 동안 존재하지만, 공간 자체는 창조되지도 파괴되지도 않기에 우주는 영원하다고 보았다.

　브루노가 사형 판결을 받은 정확한 이유는 여러 역사가 사이에 아직도 논쟁거리이지만, 무한하고 영원한 우주라는 개념이 그의 운명을 판가름 낸 것 같다. 창조주의 역할에 관한 의문을 불러올 수밖에 없으니까. 당연히 브루노도 그걸 알았다. 그러니

좀 더 관용적인 북유럽에서 안전하게 잘 지내다가 1591년에 이탈리아로 왜 돌아왔는지는 지금도 수수께끼다. 1580년대에 브루노는 프랑스 앙리 3세와 영국 엘리자베스 1세의 후원을 등에 업고 코페르니쿠스의 지동설을 소리 높여 외쳤다. 지구를 태양계의 중심에서 배제시키는 것은 교회의 큰 반발을 살 수도 있었지만, 코페르니쿠스주의 자체는 1600년에 이단으로 간주되지 않았다. 게다가 갈릴레오와 교회 간의 유명한 줄다리기도 30년 후의 일이었다. 오히려 교회 당국자들을 불편하게 만든 것은 창조 행위가 필요 없는 영원한 우주를 주장한 브루노의 철학 사상이었으며, 교회는 이 사상을 놓고서 이후로 천문학, 과학 전반과 계속 갈등을 빚었다. 앞으로 살펴보겠지만, 빅뱅 이전에도 우주

브루노의 이단적인 과학

이 부조에 표현되어 있듯이, 브루노는 혁명적이고 이단적인 사상을 펼쳤다는 죄로 말뚝에 묶여 화형을 당했다. 그의 사상 중에는 우주가 무한하며 생명체가 살 수 있는 세계가 무수히 많이 존재한다는 주장도 있었다.

가 존재했다는 발상은 이제 현대 우주론의 핵심이며 관찰과 이론 두 영역에서 상당한 설득력을 얻고 있다.* 내가 보기에, 이것은 현대의 신학자들에게 마치 브루노의 시대에 그랬듯 크나큰 도전과제를 던진다. 그러니 당시에 그가 처형될 수밖에 없었던 것은 놀랄 일이 아니다.

그런데 브루노는 복잡한 인물이었으며, 과학에 기여한 역할은 의심스럽다. 그는 과학의 선구자라기보다는 당돌한 자유사상가였기에, 무의미를 향해 오르는 우리 여정의 지적인 기원은 다른 데서 찾아야 마땅하다. 브루노는 선견지명이 있는 도발적인 전령이긴 했지만, 코페르니쿠스의 연구가 없었다면 무한하고 영원한 우주에 관한 자신의 이단적인 결론에 아마 이르지 못했을 것이다. 오늘날 근대 과학의 가장 초기 사례로 누구나 인정하는 그 연구는 브루노가 화형을 당해 죽기 반세기 전에 발표되었다.

중심에서 떨어져 나오다

니콜라우스 코페르니쿠스는 1473년 폴란드 토룬에서 태어났다. 바르미아 주교인 삼촌 덕분에 열여덟 살에 크라코우 대학에 입학해 우수한 교육을 받았다. 1496년에는 삼촌의 뒤를 잇고자 교회법을 공부하려고 볼로냐로 갔다. 거기서

---

* 저자는 다중우주론의 관점에서 '빅뱅 이전'이라는 개념을 언급하며, 이 책에서 줄곧 다중우주론을 바탕으로 논의를 풀어나간다. 다중우주론에 반대하는 관점에서는 빅뱅으로 인해 시공간 자체가 생겨났다고 보기 때문에 '빅뱅 이전'이라는 개념이 성립하지 않는다. 하지만 다중우주론은 가설일 뿐이며, (천체물리학자들은 이 가설을 두고 찬반양론으로 대립하여 계속 논쟁을 벌이고 있다.

한 천문학 교수의 집에서 하숙을 하게 되었다. 도메니카 마리아 데 노바라라는 그 교수는 고대 그리스인의 고전 저술, 특히 널리 인정된 우주론에 딴지를 걸기로 유명했다.

고전 우주관은 아리스토텔레스의 그럴 듯한 주장에 바탕을 두었다. 지구가 세상의 중심이며 모든 것은 지구 주위를 돈다는 주장 말이다. 맞는 말 같다. 우리는 움직이고 있음을 느끼지 못하고 하늘의 해와 달, 행성과 별들이 지구 주위를 도는 것처럼 보이기 때문이다. 하지만 조금만 주의 깊게 살펴도 상황이 그리 단순치 않다. 특히 행성들은 한 해의 일정 기간에 궤도가 작은 고리 모양처럼 왔던 길을 되돌아갔다가 다시 원래 가던 길을 간다. 역행운동이라고 알려진 이러한 현상이 생기는 까닭은 우리가 움직이는 전망대, 즉 태양 주위를 도는 지구에서 행성들을 바라보기 때문이다.

이렇게 설명하면 가장 간단하지만, 지구만이 우주의 중심에 멈춰 있다는 기존 관점을 유지하면서도 행성들의 위치를 몇 달 또는 몇 년 전에 예측할 수 있는 체계를 구성할 수도 있다. 그런 지구 중심 모형은 2세기에 프톨레마이오스가 개발하여 이 사람의 가장 유명한 책인 《알마게스트》에 실렸다. 세세한 내용은 매우 복잡한데다, 여기서 자세히 설명할 필요도 없다. 핵심 개념이 완전 틀린 내용이어서 아무것도 배울 바가 없기 때문이다. 21쪽 그림에 나오듯이, 행성 운동의 지구 중심적 설명이 아주 억지스럽고 복잡하다. 그림은 지구에서 바라본 별들을 배경으로 행성들의 겉보기 운동을 보여준다. 지구 중심의 원형 운동을 표현한 이 복잡한 프톨레마이오스 체계에는 주전원epicycle, 대원deferent과 동시심equant이라는 난해한 용어들이 가득하다. 이 체계를 이용해 수천 년 동안 점성술사들은 행성이 황도대의 어디에 위치하는지 훌륭하게 예측했다. 이를 기화로 점성술사들은 천궁도를 만들어 별점을 쳤고 순진한 옛사람을 속여 넘겼다. 만약 여러분의 관심사가 예측 그 자체이며, 철학적으로나 정서적으로나 안정감을 느끼기 위해 상식적으로 지구가 중심에 있어야 한다고 여긴다

바티칸 천문대

바티칸 천문대는 교황의 여
름 별장이 있는, 로마 밖의
카스텔간돌포에 자리 잡고
있다.

면, 그렇게 봐도 괜찮다. 오랫동안 그런 관점이 이어져왔던 터라, 코페르니쿠스는 끔찍한 프톨레마이오스 모형 지지자들한테서 흠씬 공격을 당했다.

코페르니쿠스가 프톨레마이오스를 반대한 정확한 내용은 알려져 있지 않지만, 1510년경 그는 미발표 원고를 하나 썼다. 《짧은 해설서 Commentariolus》라는 제목의 이 글에서 코페르니쿠스는 프톨레마이오스 모형에 대한 불만을 이렇게 드러냈다. "더 이치에 맞게 원들을 배열할 방법이 없을까 나는 종종 궁리했다. 모든 것이 그 자체로 일정하게 움직이면서도 겉으로 보이는 불규칙성이 설명되는 그런 배열을 찾고자 했다. 완전한 운동의 규칙이라면 그러해야 하므로."

《짧은 해설서》에는 급진적이고 대체로 옳은 주장이 여럿 담겨 있었다. 코페르니쿠스가 쓴 내용에 의하면, 달은 지구 주위를 공전하고 행성들은 태양 주위를 공전하며 지구에서 태양까지의 거리는 지구에서 다른 별들까지의 거리에 비해 지극히 짧다. 또한 그는 최초로 이런 제안도 했다. 지구는 자신의 축을 중심으로 회전(자전)하며, 이 회전 때문에 태양과 다른 천체들이 매일 운동하는 것처럼 보인다고 했다. 그리고 행성의 역행운동은 지구의 운동 때문이지 행성 자체가 그렇게 움직이는 것이 아님을 알아냈다. 코페르니쿠스는 《짧은 해설서》를 훨씬 더 큰 저술의 도입부로 삼을 생각이었기에, 자신이 전통적인 생각에서 급진적으로 벗어난 까닭을 거의 언급하지 않았다. 그가 새로운 우주론을 내놓고 자세히 설명하는 데는 이후 20년이 더 걸렸지만, 1539년에 이미 여섯 권 분량의 《천구의 공전에 관하여De revolutionibus orbium coelestium》* 집필을 거의 마쳤다. 그러나 책을 완성해놓고도 1543년까지는 출간하지 않았다. 책에는 지동설 모형에 관한 정밀한 수학적 내용, 춘분점 세차의 해석, 달의 궤도 그리고 별들의 목록이 담겼고, 근대 과학 발전의 디딤돌이 된 저술로 오늘날 정당한 대우를 받고 있다. 당시에도 전 유럽에 걸쳐 여러 대학에서 널리 읽혔으며 그 속에 담긴 천문 예측의 정확성 덕분에 찬사를 받았다. 하지만 흥미로운 점을 짚자면, 인간이 만

*
흔히 이 책의 제목을 느슨하
게 《천체의 회전에 관하여》
라고 옮기기도 하지만, 라틴
어의 원뜻과 이 책의 역사적
의미에 맞게 이 제목으로 옮
긴다.

프톨레마이오스 모형

이 그림은 지구에서 하늘을
관찰했을 때 태양과 행성들
의 겉보기 운동을 보여준다.

물의 중심에서 변방으로 좌천되는 바람에 생긴 지적 혼란
은 당대의 위대한 여러 과학자의 입장에 영향을 미쳤다. 망
원경의 발명 이전에 가장 위대한 천문 관찰자였던 튀코 브
라헤는 코페르니쿠스를 제2의 프톨레마이오스라고 (칭찬하
는 뜻에서) 불렀지만, 지동설 모형을 전적으로 인정하지는 않
았다. 《성경》과 어긋나는 내용인데다가, 튀코가 보기에 어
쨌든 지구는 분명 멈추어 있기 때문이었다. 이것은 코페르
니쿠스의 지동설에 대한 사소한 트집 잡기가 아니었다. '정
지'와 '운동'이 무엇인지를 정말로 정확하게 이해하려면 아
인슈타인의 상대성 이론이 필요한데, 그건 지금의 우리조
차 나중에야 살펴볼 수 있는 주제다! 코페르니쿠스 자신도

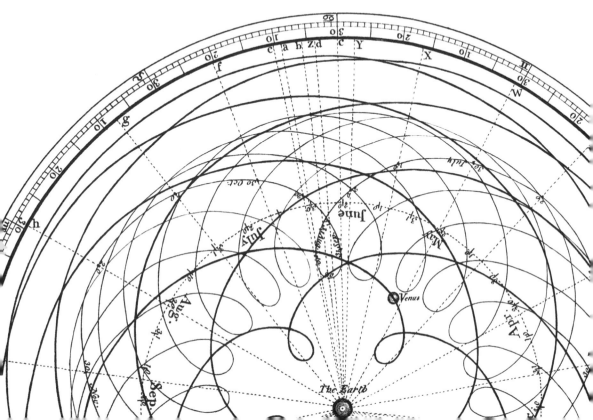

태양이 우주의 중심에서 가만히 정지해 있다고 확신했다. 그러나 17세기에 접어들면서 망원경의 발명 덕분에 관측 정밀도가 엄청나게 향상되었다. 게다가 데이터를 해석하기 위해 수학이 더욱 활발하게 사용되었다. 그리하여 (요하네스 케플러, 갈릴레오 그리고 마침내 아이작 뉴턴으로 이어지는) 다수의 천문학자와 수학자는 태양계의 작동 원리를 차츰차츰 파악해나갔다. 그 결과 나온 이론은 오늘날에도 절대적 정밀도로 외계행성에 우주탐사선을 보내기에 충분할 만큼 훌륭하다.

언뜻 보기에, 프톨레마이오스의 억지스럽고 복잡한 모형이 왜 그렇게 오래 전해 내려왔는지 의아하다. 하지만 이런 의문에는 흥미로운 현대적 선입관이 깃들어 있다. 오늘날 과학적 소양이 있는 사람은 지구 밖에도 지구상의 물체들이 따르는 법칙과 동일한 자연법칙에 따라 작동하는 예측 가능한 우주가 존재한다고 가정한다. 물론 옳지만, 이 생각은 코페르니쿠스 사후 한 세기가 지난 1680년대에 아이작 뉴턴의 연구를 통해 본격적으로 출현했을 뿐이다. 고대 천문학자들은 주된 관심사가 예측이었고, 물리적 실재의 본질을 논의하긴 했지만 물리학의 보편법칙이라는 중요한 과학적 개념을 내놓지는 못했다. 프톨레마이오스는 관측 결과와 부합하는 예측을 타당한 수준의 정확도로 내놓는 모형을 고안했으며, 대다수 사람에게는 그걸로 충분했다. 물론 주목할 만한 반대의 목소리도 있었다. 사상의 역사는 결코 획일적이지 않으니까. 가령 기원전 300년경에 에피쿠로스Epikuros, BC 341~270 추정는 무한한 세계들로 가득 차 있는 영원한 우주를 제안했다. 같은 시기 아리스타르코스Aristarchos, BC 310~BC 230 추정는 지구와 행성들이 태양 주위를 도는 지동설을 제안했다. 10세기와 11세기 이슬람 세계에서는 고대 그리스 사상을 강하게 지지하는 전통이 있었다. 천문학자 겸 수학자인 이븐 알하이삼Ibn al-Haytham, 965~1039이 지적하기를, 프톨레마이오스 모형은 예측은 잘해내지만 27쪽의 그림에 나오는 행성의 운동은 '존재하기가 불가능한 배열'이라고 일갈했다.

코페르니쿠스가 1510년경에 시작한 혁명의 끝이면서 동시에 근대 수리물리학의 시작은 1687년 7월 5일에 일어났다. 아이작 뉴턴이 《프린키피아Principia》를 출간한 날이다. 뉴턴이 증명한 바에 따르면, 지구 중심의 복잡한 프톨레마이오스 체계는 태양 중심의 체계로 대체될 수 있으며, 우주의 모든 물체에 적용되는 만유인력의 법칙은 다음과 같은 하나의 수학 공식으로 표현 가능하다.

$$F = G \frac{m_1 m_2}{r^2}$$

이 공식에 의하면, 질량이 각각 m_1과 m_2인 두 물체(가령 한 별과 한 행성) 사이의 중력은 두 질량을 곱한 다음에 둘 사이 거리 r의 제곱으로 나눈 값에다 중력 자체의 세기를 나타내는 G를 곱하여 계산할 수 있다. 뉴턴상수(또는 중력상수)라고 알려진 G는 우리가 아는 한 우주의 근본적인 속성이다. 즉 어디에서나 동일하며 언제나 동일하게 유지되는 하나의 값이다. 헨리 캐번디시가 1798년에 한 유명한 실험에서 G를 처음으로 측정했다. 질량을 알고 있는 두 납공 사이의 중력을 비틀림 저울을 이용하여 측정함으로써 (간접적으로) 그 상수 값을 용케 알아냈던 것이다. 이는 근대 물리학의 핵심 개념(납공들은 별이나 행성과 동일한 자연법칙을 따른다)을 보여주는 또 하나의 사례다. 공식적으로 현재 최고로 정밀한 중력상수의 값은 $6.67 \times 10^{-11} \text{N m}^2/\text{kg}^2$이다. 질량이 1킬로그램인 두 공이 1미터 떨어져 있을 때 두 공 사이의 중력이 1뉴턴(N)의 백억 분의 1보다 조금 작다는 뜻이다. 중력은 정말이지 매우 약한 힘이다. 그렇다 보니 중력상수는 뉴턴 사후 71년이 지나기까지 측정되지 못했던 것이다.

이것은 매우 훌륭한 단순화이며, 더 중요한 점을 말하자면 수학과 자연 간의 심오한 관계를 밝힌 핵심 발견이다. 이 관계야말로 과학 성공의 근간인데, 이 점을 철학자이자 수학자인 버트런드 러셀은 다음과 같이 멋지게 표현했다. "당연히 수학은 진

리뿐 아니라 더할 나위 없는 아름다움도 지니고 있다. 조각상과 같이 차갑고 엄격한 이 아름다움은 우리의 약한 성품에 전혀 호소하지 않으며 그림이나 음악의 화려한 장식은 없지만, 지극히 순수하며 가장 위대한 예술 작품만이 보여줄 수 있는 엄정한 완성미를 표현한다. 최고 수준을 가려낼 시금석인 참된 환희와 열락 그리고 인간을 넘어섰다는 느낌은 시에서와 마찬가지로 어김없이 수학에서도

코페르니쿠스의 지동설 모형

1510년 코페르니쿠스는 자신의 책 《짧은 해설서》에서 프톨레마이오스 모형을 거부했다. 대신에 달이 지구 주위를 공전하고 행성들은 태양 주위를 공전한다고 주장했다. 그 책의 다른 여러 주장은 대체로 옳다고 증명되었다. 가령 지구가 자전하기 때문에 하늘의 태양과 별들이 일일 운동을 하는 것처럼 보인다는 주장이 대표적이다.

**프톨레마이오스의
천동설 모형**
————
프톨레마이오스의 천동설 우
주 모형을 포르투갈의 우주
지리학자 겸 지도 제작자인
바르톨로뮤 벨로(Bartolomeu
Velho, ?~1568)가 그린 그림이
다. 복잡한데다 결국에는 틀
린 것으로 판명된 프톨레마
이오스의 모형에서는 지구를
중심에 두고서 지구 주위를
도는 행성과 별들의 운동을
나타냈다.

발견된다."

　이런 느낌이 가장 두드러지게 드러난 사례가 바로 뉴턴
의 만유인력 공식이다. 어느 한순간에 행성들의 위치와 속
도를 알아내면, 앞으로 수백만 년 후까지 어느 때라도 태양
계의 배치 상태를 계산해낼 수 있다. 그런 간결성(봉투 뒷면에
필요한 모든 정보를 적을 수 있다)을 프톨레마이오스의 난삽한 주
전원과 비교해보라. 물리학자들은 간결함을 찬양한다. 만

약 복잡한 현상들의 거대한 배열이 하나의 단순한 법칙이나 공식으로 기술될 수 있다면 이는 우리가 올바른 길에 들었음을 대체로 의미한다.

자연을 아름답고 간결하게 기술하려는 마음이 오늘날까지도 이론물리학자들을 이끌고 있으며, 우주론이 지금껏 발전해온 길을 뒤쫓는 우리의 이야기에도 핵심을 차지한다. 이렇게 볼 때, 코페르니쿠스는 훨씬 더 중요한 역사적 중요성을 갖는다. 그는 지구 중심의 우주를 무너뜨렸을 뿐 아니라 튀코, 케플러, 갈릴레오, 뉴턴 등의 여러 사람이 근대 수리물리학(우주를 훌륭하게 설명할 뿐 아니라 현대 기술 문명이 출현하는 데도 필요한 분야)을 발전시키도록 영감을 주었기 때문이다. 21세기 정치인들과 경제학자들 그리고 과학정책 조언자들은 주목하시라. 인류는 호기심에 이끌려 행성의 운동과 별들 속 지구의 위치를 이해하고자 했던 탐구 정신을 주춧돌 삼아 거대한 문명의 건축물을 세웠고, 여러분의 사무용 컴퓨터 프로그램, 온도조절기가 작동하는 사무실 그리고 휴대전화도 거기서 나왔다는 사실을.

뉴턴의 중력법칙

F
질량을 가진 물체들 사이의 힘

G
중력상수

m₁
물체 1

m₂
물체 2

r
두 물체의 질량 중심 사이의 거리

$$F_1 = F_2 = G\ \frac{m_1 \times m_2}{r^2}$$

태양계의 중심에서

밤하늘의 떠돌이 별(행성)들의 관측 결과를 지구가 태양계의 중심에 놓인 체계와 일치시키려면 매우 복잡한 모형이 필요하다. 금성의 경우를 보자. 지구를 중심에 놓고서 관측 결과에 맞추려면 금성은 지구와 태양 중간의 한 점 주위를 도는 원형 궤도, 이른바 주전원을 갖는다. 다른 행성들도 전부 태양계에 흩어진 여러 점들 주위를 비슷한 방식으로 복잡하게 도는 궤도를 갖는다. 태양을 태양계의 중심에 놓고 행성들을 익숙한 순서대로 배치하고 달이 지구 주위를 돌게 하면, 훨씬 더 단순한 체계가 된다.

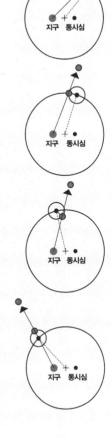

프톨레마이오스 체계

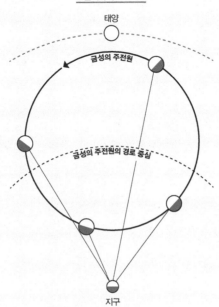

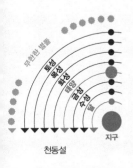

천동설

코페르니쿠스 체계

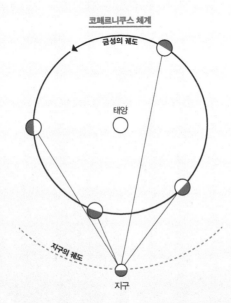

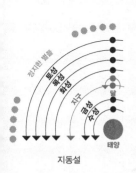

지동설

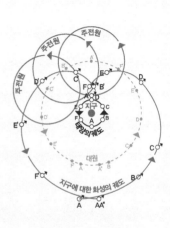

다른 관점에서 바라보기

보먼: 세상에! 저기 좀 봐. 지구가 떠오르고 있다고. 우와, 끝내주는군.

앤더스: 선장님, 정신 차리세요. 임무에 충실하셔야죠.

보먼: (웃으며) 러벨, 컬러 필름 갖고 있나?

앤더스: 컬러 필름 당장 갖다 줘, 러벨…?

러벨: 오, 이런, 굉장하네!

1968년은 행성 지구에게 있어 힘겨운 한 해였다. 베트남전쟁, 그러니까 피비린내 나는 대리 냉전이 한창이었고, 끝내 300만 명의 목숨을 앗아갔다. 마틴 루터 킹 목사가 멤피스에서 암살당했다. 그러자 대통령 후보 로버트 F. 케네디가 '인간의 야만성을 길들이고 이 세상에 평온을 되찾자고' 미국인에게 열렬히 호소했다. 케네디도 그해가 가기 전에 암살당했다. 다른 곳으로 눈을 돌리자면, 러시아 탱크들이 프라하로 진격했고 프랑스는 혁명 전야의 분위기였다. 내 생애 첫 크리스마스가 가까워졌을 무렵, 부모님은 한 해 뒤에 세상이 어떻게 될지 걱정이 많으셨다. 얼마 후 크리스마스이브가 지나고 아침이 되자 뜻밖에 눈이 내려 오크뱅크 애비뉴를 그림 속의 풍경으로 만들었다. 덩달아 40만 킬로미터 밖에 있던 보먼, 러벨과 앤더스가 1968년을 구했다.

지구돋이, 아폴로 8호

이 유명한 영상은 아폴로 8호에 탑승한 미국 우주 비행사들이 1968년 12월 24일 달 궤도를 돌며 촬영했다. 이 사진은 지구의 아름다움과 연약함을 동시에 보여주는 상징이 되었다.

우리는 어디에 있는가?

아폴로 8호는 많은 사람이 보기에 가장 심오한 역사적 충격을 안겨준 달 탐사 임무를 맡았다. 무시무시하면서도 고귀한 위험이었으며 엄청난 모험이었다. 아울러 존 F. 케네디 대통령의 맹세를 빛내기 위해 필사적으로 로켓을 날려 보내기로 결심한 우주 비행사와 엔지니어들의 대담무쌍한 도전이었다. "축구장 크기인 100미터가 넘는 이 거대한 로켓은 새로 발명된 합금들로 제작되었다. 기존보다 여러 배 높은 열과 압력에도 견딜 수 있으며 초정밀 시계보다 뛰어난 정밀도로 제작된 로켓은 추진, 유도, 제어, 통신, 식량과 생존에 필요한 모든 장비를 탑재하고서 미지의 천체를 향해 발사될 참이었다. 지구로 안전히 귀환할 때는 시속 4만 킬로미터 이상의 속력으로 대기권에 재진입하는데, 이때 태양 온도 절반가량의 열을 발생시키게 되어 있었다. 로켓은 이 과정들을 모조리 해치웠고, 게다가 60년대가 다 가기 전에 해냈다." 만약 오늘날 내가 어느 지도자한테서 그런 계획을 들었다면 로켓에 제일 먼저 올랐을 것이다. 대신 나는 '공정성', '열심히 일하는 가족들' 그리고 어떻게 '우리가 함께 갈 것인가'에 관한 시시콜콜한 비난을 들어야 한다. 그게 골치 아프긴 하지만, 그래도 나는 화성에 가고 싶다.

아폴로 8호 비행을 준비하기 위해, 아폴로 프로그램 중 최초의 유인 시험 비행인 아폴로 7호가 1968년 10월에 세 우주 비행사 시라, 아이셀, 커닝햄을 태우고 비행을 마쳤다. 아폴로 8호는 지구 궤도의 익숙한 환경에서 루나 랜더*

*
Lunar Lander. 달 궤도를 공중에서 비행한 탐사선

를 12월에 시험 비행할 예정이었다. 그러나 발사 연기는 비행 준비가 덜 되었다는 의미였기에, 케네디 대통령이 약속한 마감시한을 맞춘다는 목표는 물 건너간 듯 보였다. 하지만 당시는 21세기가 아니라 1960년대였고, 엔지니어들이 나사를 운영했다. 프로그램 책임자는 참전용사이자 항공공학자인 조지 로George Low, 1958~였는데, 우주선을 속속들이 꿰뚫고 있는데다가 의사결정 능력도 뛰어난 사람이었다. 로가 제안했다. 루나 랜더 없이 아폴로 8호를 직접 달 궤도에 보내면 왜 안 되는가? 게다가 아폴로 9호 프로그램을 곧장 시작해서 준비가 되는 대로 1969년 초에 LEM(Lunar Excursion Module. 달 착륙과 복귀 모듈)을 지구 궤도에서 시험 비행시키고 60년대가 끝나기 전에 달 착륙 준비를 마치면 되지 않겠는가? 나사의 거의 모든 엔지니어가 찬성했다. 그래서 아폴로 7호 프로그램이 끝난 지 고작 10주 만에 두 번째 유인 아폴로 우주선이 케네디 센터에서 발사되어 달로 향했다. 나중에 승무원들이 말하길, 자신들은 성공 확률을 반반으로 점쳤다고 한다.

발사 후 정확히 69시간 8분 16초 후에 커맨드 모듈Command Module이 점화하여 우주선의 속력을 늦추었다. 이로써 우주선이 달의 중력에 붙들리면서 3명의 우주 비행사가 달 궤도에 진입할 수 있었다. 궤도 계산에 쓰인 방정식은 거의 300년 전에 뉴턴이 내놓은 것들이었다. 실로 굉장한 공학적 성취가 아닐 수 없었다. 유리 가가린이 인류 최초로 지구 궤도에 오른 지 10년도 안 돼서 3명의 우주 비행사가 달 상공까지 나아간 것이다. 하지만 그 임무의 길이 남을 인상적인 장면은 승무원들이 행한 두 가지 매우 인간적인 행동에서 나왔다. 하나는 당시 가장 많은 텔레비전 시청자들이 지켜본 유명하고 감동적인 크리스마스 방송이었다. 멀리 있는 탐험자들은 《성경》 창세기의 첫 대목을 읽었다. "지금 우리는 달에서 벌어지는 해돋이에 접근하고 있습니다. 지구의 모든 사람들에게 아폴로 8호 승무원들이 다음 메시지를 전합니다." 앤더스는 이렇게 운을 뗀 다음 말을 이었다. "태초에 하느님이 천지를 창조하시니라. 땅이 혼돈하고 공허하며 흑암이 깊음 위에 있고 하느님의 영은 수면 위에 운행하시니라." 보먼 선장이 고향에서 40만 킬로미터 떨어진 타지에서 다음 말로 마무리를 했다. "마지막으로 아폴로 8호 승무원들이 밤 인사를 전합니다. 다들 행복하시고, 메리 크리스마스! 그리고 모두에게, 멋진 지구에 사는 여러분 모두에게 신의 축복이 가득하시기를."

  그러나 이 임무의 가장 위대한 유산은 나사의 영상 AS8-14-2383이다. 빌 앤더스가 하셀블라드 EL 카메라를 사용해 조리개값 f/11, 셔터 속도 250분의 1초로 촬영했고, 필름은 코닥 엑타크롬을 썼다. 달리 말해 그 영상은 매우 밝은 사진이었다. 지구돋이라는 이름으로 유명하다. 아래에 있는 달 표면과 함께 보면 지구는 한쪽으로 기울어 있고 남극이 왼쪽에 있으며, 적도가 꼭대기에서 아래 방향이다. 휘감은 구름 때문에 땅덩어리는 많이 보이지 않지만, 나미브 사막과 사하라 사막이 주변의 어두운 색을 배경으로 연어 살색으로 밝게 보인다. 한 사람이 무한한 세계를 꿈꾼 죄로 화형을 당한 지 368년하고 열 달 만에 지구가 거기 있었다. 지구의 밤하늘에서 보이던 달과 서로 자리를 바꾸어, 낯선 풍경 속의 조그만 반달처럼. 이것은 더 이상 중심이 아닌, 떠돌이 지구의 익숙하지 않은 모습이다. 지구는 다만 우주의 일부일 뿐이었다. 케네디 대통령이 아폴로 계획을 발표하며 미지의 천체로 가는 여행이라고 말했을 때, 그 천체는 달을 뜻했다. 하지만 우리는 대신에 지구를 발견했고 T. S.

별의 시차(연주시차)

가까운 별들은 먼 별들을 배경으로 움직이는 것처럼 보인다. 이는 지구가 태양 주위를 공전하기 때문이다.

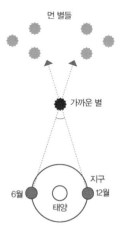

지구가 궤도의 반대편에 있는 12월에는 별까지의 사선이 6월의 것과 다르다. 지구에서 보면 근처의 별은 이 그림의 각도만큼 이동하는 듯 보인다.

엘리엇의 말대로 그곳을 최초로 알게 되었다.

은하수 바깥으로

별까지의 거리가 멀어지면 시차는 작아진다. 왼쪽 그림의 별은 오른쪽 그림의 별보다 2.5배쯤 가깝고 시차 각은 2.5배 더 크다.

뉴턴의 법칙들은 태양계에서 지구의 위치를 이해하는 열쇠다. 행성들과 위성들의 운동을 정밀하게 관측한 자료와 더불어 그 법칙들은 태양계의 크기와 구조를 밝혀주었고, 미래의 어느 시점에서도 천체들의 위치를 예측할 수 있게 해주었다. 그러나 별들의 속성과 위치를 알려면 전혀 다른 방법이 필요하다. 언뜻 보기에 별들은 점과 같고 고정되어 있기 때문이다. 별들이 움직이지 않는 것처럼 관찰된다는 사실은, 만약 여러분이 시차視差를 안다면 희한한 일이 아닐 수 없다. 고대인들도 알고 있었던 시차는 사실 낯익은 현상이다. 여러분 얼굴 앞에 팔을 뻗어 손가락을 세우고서 각각의 눈을 교대로 감아보라. 손가락의 위치가 달라 보일 것인데, 손가락이 얼굴에 가까울수록 달라 보이는 정도가 더 커질 것이다. 이것은 착시가 아니라, 가까운 대상을 상이한 두 공간상의 위치(이 경우, 여러분 두 눈의 조금 다른 위치)에서 본 결과다. 보통 우리는 시차 현상을 알아차리지 못한다. 뇌는 두 눈의 입력을 종합하여 단일 영상을 만들기 때문이다. (하지만 그 정보를 이용해 뇌는 입체감을 만들어낸다.) 아리스토텔레스는 별의 시차를 거론하면서 지구가 우주의 중심에 멈추어 있음이 틀림없다고 주장했다. 지구가 움직인다면 근처 별들이 더 먼 별들을 배경으로 움직이는 모습이 관찰되었을 것이라면서 말이다. 수천 년 후 튀코 브라헤도 비슷한 주장을 펼치며 코페르니쿠스가 도달한 결론을 반박했다. 둘의 논리는 전적으로 타당했지만, 결론은 틀렸다. 지구가 태양 주위를 공전할 때 근처 별들이 배경의 더 먼 별들에 대하여 **정말로** 움직이며, 실제로 태양도 은하수 주위를 돌기 때문이다. 시차 효과를 보려면 매우 주의를 기울여야 한다.*

맨눈으로도 보이는 수천 개 별들 가운데 백조자리 61은 가장 희미한 축에 속한다. 흥미롭게도, 태양보다 조금 작으며 더 차가운 주황색의 K형 왜성 2개로 이루어진 이 쌍성은 약 700년이라는 기나긴 주기로 서로 회전한다. 그러나 시각적으로 거의 보이지 않는 쌍성이면서도 백조자리 61은 역사적으로 대단히 중요하다. 이런 조용한 명성을 얻게 된 이유는 이 희미한 쌍성이 시차를 이용해 지구로부터의 거리를 잰 최초의 대상이었기 때문이다.

프리드리히 베셀Friedrich Wilhelm Bessel 1784~1846은 자신의 이름을 딴 수학 함수에 관한 연구로 물리학자나 수학자들에게 잘 알려져 있다. 원통이나 구형의 기하 구조가 관련된 공학 내지 물리학 문제들 상당수에 베셀 함수가 사용된다. 천만다행히도 여러분은 그 사실을 모른 채 오늘날 설계 과정에서 그 함수가 쓰인 몇몇 기술을 아마도 접했을 것이

*
가까운 별들의 시차도 아주 작은 값이다. 아리스토텔레스나 튀코는 가까운 별들이 실제로는 시차를 나타내는데도 관찰이 정밀하지 못해 이를 알아차리지 못했다는 뜻이다.

*
여기서 시차는 연주시차(年周視差)다. 연주시차는 지구에서 어떤 천체를 바라보았을 때 지구가 태양을 공전함에 따라 생기는 시차다. 연주시차는 지구에서 관측되는 최대 시차의 절반으로 정의되며, 실제로 지구상의 동일 지점에서 6개월 간격으로 각을 두 번 측정하여 계산한다.

다. 베셀은 약관 스물다섯에 쾨니히스베르크 천문대의 소장으로 임명된 최초의 천문학자였다. 1838년 베셀은 백조자리 61이 지구에서 볼 때 일 년 동안 대략 2/3초의 각도만큼 위치가 변함을 관찰했다. 그리 크지 않은 변화였다. 1초arcsecond는 1도의 3,600분의 1이니 말이다. 그러나 이 데이터만으로도 삼각법을 적용하긴 충분했다. 계산해보니 백조자리 61은 태양계로부터 10.3광년 떨어져 있었다. 이 값은 오늘날의 측정치인 11.41±0.02광년과 비교해도 거의 정확하다. 시차는 천문학에서 매우 중요한지라 전적으로 시차만을 이용한 측정법도 존재하는데, 덕분에 이런 계산을 여러분도 머릿속에서 할 수 있다. 천문학자들은 파섹이라는 거리 측정법을 사용한다. 파섹 parsec은 '초당 per arcsecond'이라는 뜻이다. 1파섹은 시차가 1초인 별까지의 거리로 3.26광년에 해당한다.* 베셀의 백조자리 61의 시차 측정은 0.341초였는데, 이로써 대략 10광년임을 곧바로 알 수 있다.

심지어 오늘날에도 별의 시차는 근처 별들의 거리를 결정하는 가장 정확한 방법이다. 삼각법만을 이용해 직접 측정한 값이어서 어떤 가정이나 물리적 모형이 필요하지 않기 때문이다. 2013년 12월 19일, 가이아 우주망원경이 프랑스령 기아나에서 발사되었다. 시차를 이용해 우리은하의 10억 개 별들의 위치와 운동을 5년간 측정하는 임무를 맡았다. 그렇게 해서 모인 데이터는 우리은하의 정확하고 역동적인 3D 지도를 내놓아, 이로써 우리은하의 역사를 추적할 수 있을 것이다. 이 모든 별들이 상호 간의 중력으로 생기는 운동은 시간의 앞으로뿐 아니라 뒤로도 진행될 수 있기 때문이다. 우리은하 중 1퍼센트 별들의 위치와 속도를 정확하게 측정하면, 별들의 구성이 백만 년 전 또는 심지어 10억 년 전에 어땠는지를 알아낼 수 있다. 덕분에 천문학자들은 우리은하의 진화를 시뮬레이션하여 지난 130억 년간 우리은하가 다른 은하들과 충돌하고 합병된 역사를 드러낼 수 있으며, 우주의 시작까지 엿볼 수 있다. 뉴턴과 베셀이 무덤 속에서 덩실덩실 춤을 추고도 남을 일이다.

21세기의 우주망원경을 이용해 측정하는 별의 시차는 우리은하의 지도를 수천 광년의 거리까지 작성할 수 있는 위력적인 기술이다. 그러나 우리은하를 벗어나면 거리가 너무나 멀어지기에 이 직접적인 거리 측정법을 사용할 수가 없다. 20세기 중반만 하더라도 이는 더 이상 극복할 수 없는 장벽으로 보였지만, 과학은 측정만으로 전진하지 않는다. 뉴턴이 압도적으로 증명했듯이 과학적 발전은 이론과 관찰의 상호작용을 통해 일어난다. 뉴턴의 만유인력 법칙은 이론이다. 물리학에서 대체로 이론이란 자연계의 일부 행동을 설명하거나 예측하는 데 적용할 수 있는 수학적 모형을 의미한다. 한 행성의 질량을 어떻게 측정할 수 있을까? 직접 '무게를 잴' 수는 없지만, 뉴턴의 법칙들이 있기에 위성이 딸린 행성이라면 질량을 아주 정확하게 알아낼 수

하늘의 호(arc)

히파르코스(Hipparcos, High Precision Parallax Collecting Satellite)라는 고정밀 시차 수집 위성이 1989년 8월 8일 발사되었다. 이 위성은 추진체 고장으로 인해 원래 목적지인 정지 궤도에 도달하지 못하고 중간 지점인 정지 천이 궤도에 좌초되고 말았다. 그럼에도 이 위성은 12만 개 이상 별들의 시차, 적절한 운동과 위치를 지구상의 관측보다 약 스무 배 나은 0.002초(arcsecond)의 정밀도로 측정해냈다.

헨리에타 리비트

미국 천문학자 헨리에타 리비트(Henrietta Swan Leavitt, 1868~1921)는 별의 사진광도(photographic magnitude)를 연구하여 마젤란성운의 세페이드 변광성을 발견했다. 그녀가 알아낸 바에 의하면, 이 변광성들의 밝기에는 규칙적인 변이가 있는데 밝은 별일수록 주기가 길었다. 이 성질을 이용해 오늘날의 천체 거리 측정법들의 토대가 된 한 방법을 1912년에 내놓았다.

있다. 논리는 꽤 간단하다. 위성의 궤도는 분명 행성의 중력과 관계 있으며, 중력은 질량과 관계가 있다. 이 관계들이 뉴턴의 법칙에 깃들어 있으므로 행성 주위를 도는 위성의 궤도 운동을 면밀히 관찰하면 행성의 질량을 알아낼 수 있다. 수학에 관심이 많은 독자를 위해 소개하자면 공식은 다음과 같다.

$$M_{행성} + M_{위성} = 4\pi^2 a^3/GP^2$$

여기서 a는 행성과 위성 사이의 (시간 평균) 거리이며 G는 뉴턴의 중력상수 그리고 P는 궤도의 공전주기다. (이 공식은 사실 케플러가 1619년에 실증적으로 발견해낸 케플러의 제3법칙이다. 케플러의 법칙은 뉴턴의 중력법칙에서 유도해낼 수 있다.) 행성의 질량이 위성의 질량보다 훨씬 크다고 가정하면, 이 식에서 행성의 질량을 계산해낼 수 있다. 어떤 계의 수학적 모형이 마련되어 있을 경우, 이런 방법으로 이론물리학을 이용하여 일정한 관측 데이터로부터 우리가 원하는 값을 알아낼 수 있는 것이다. 그러므로 시차를 이용하기에는 너무 멀리 있는 천체의 거리를 알아내려면, 거리와 관련이 있는 어떤 것(어떠한 것이든)의 값을 알려주는 이론 내지 수학적 관계를 찾아야 한다. 이런 유형의 첫 번째 관계는 관측 가능한 우주의 끝까지 거리를 측정하는 모든 방법의 출발점이 된 것으로서, 19세기 말에 미국 천문학자 헨리에타 리비트가 발견했다.

별빛의 패턴을 찾아서

천문학의 역사는 멀어지는 지평선의 역사다.

– 에드윈 허블

지구는 악당에게서 이름을 따온 지형들로 가득하다. 역사는 부유하고 힘 있는 자들의 영역이며, 실제로 공로가 있는 사람은 그 두 부류에 좀체 속하지 않기 때문이다. 더 가치 있는 지명을 찾으려면 더 멀리 내다보아야 한다. 허영에 물든 자들의 관심을 받지 않는 곳으로 말이다. 달의 어두운 쪽이 그런 장소다. 소련의 우주 비행선 루나 3호가 1959년에 최초로 촬영하기 전까지는 아무도 보지 못한 곳이었으니까. 그런데 사실 그곳은 어둡지가 않다. 조석 고정tidal locking이라는 현상 때문에 지구와 영원히 얼굴을 맞대지 않을 뿐, 지구에 면한 낯익은 쪽과 동일한 양의 햇빛을 받는다. 그곳을 직접 처음 본 사람들은 아폴로 8호 승무원들이었는데, 빌 앤더스는 그곳을 이렇게 눈에 쏙 들어오게 묘사했다. "내 아이들이 한때 놀았던 모래더미 같습니다. 온통 두들겨 맞은 모습인데, 딱히 뭐라고 하긴 어렵고, 그냥 혹과 구멍이 많습니다." 매끄러운 지역이 거의 없는 그 어두운 쪽은 분화구가 널리 퍼져 있는데, 이들 다수에는 마땅한 자격이 있는 과학자의 이름을 딴 명칭이 붙어 있다. 조르다노 브루노도 당연히 거기 있고 파스퇴르, 헤르츠, 밀리컨Robert Andrews Millikan, 1868~1953, 달랑베르Jean Le Rond D'Alembert, 1717~1783, 플랑크Max Planck, 1858~1947, 파울리Wolfgang Pauli, 1900~1958, 반데르 발스Johannes Diderik van Der Waals, 1837~1923, 푸앵카레Henri Poincare, 1854~1912, 라이프니츠Gottfried Wilhelm von Leibniz, 1646~1716, 반 데 그라프Robert J. Van de Graaff, 1901~1967와 란다우Lev Davidovich Landau, 1908~1968도 있다. 맨체스터 대학 물리학부의 시조인 아서 슈스터Arthur Schuster, 1851~1934도 영예를 안았다. 그리고 남반구의 한쪽 귀퉁이, 아폴로란 이름의 평원 옆에는 폭이 65킬로미터이며 드문드문 침식된 리비트라는 이름의 분화구가 있다.

헨리에타 리비트는 '하버드 계산원들' 소속이었는데, 이는 에드워드 찰스 피커링Edward Charles Pickering, 1846~1919 교수가 하버드 대학 천문대에서 일하도록 고용한 일군의 여성들을 가리킨다. 19세기 후반에 하버드 대학은 사진 건판 형태로 다량의 데이터를 모았지만, 직업 천문학자들은 그 자료를 처리할 시간도 자원도 없었다. 피커링 교수가 내놓은 해법은 숙련된 여성들을 자료 분석자로 값싸게 활용하자는 것이었다. 스코틀랜드 천문학자 윌리아미나 플레밍Williamina Fleming, 1857~1911이 첫 번째로 뽑힌 여성이었는데, 피커링 교수는 그녀를 채용하기 전에 이렇게 밝혔다고 한다. '심지어 자기 하녀'조차도 천문대의 과중한 임무에 시달리는 남성들보다 일을 더 잘

해낼 것이라고. 플레밍은 존경받는 천문학자와 런던왕립천문협회의 명예 회원이 되었다. 중요한 연구결과를 많이 발표했는데, 특히 오리온자리 말머리성운의 발견자이기도 하다. 이런 성과에 으쓱해진 피커링 교수는 19세기 말 내내 자신의 '계산원'을 계속 늘렸고, 마침내 1893년에 헨리에타 리비트를 참여시켰다. 교수는 리비트에게 변광성이라는 별을 연구하는 임무를 맡겼다. 변광성이란 며칠, 몇 주, 또는 몇 달의 주기에 따라 밝기가 변하는 별들을 가리킨다. 1908년에 리비트는 (오늘날에는 우리은하의 위성 은하로 알려져 있는) 소마젤란성운의 변광성들을 관측한 일련의 자료를 바탕으로 논문을 한 편 발표했다. 논문에는 1,777개 변광성의 위치와 주기를 적은 자세한 목록이 실렸으며, 끝 부분에 짧지만 매우 중요한 다음 관찰 결과가 있다. '주목할 점을 언급하자면, 도표 VI에서 보듯이 밝은 변광성일수록 주기가 더 길다. 게다가 가장 긴 주기의 변광성들도 주기가 하루나 이틀인 변광성들과 마찬가지로 변화의 정도가 규칙적인 듯 보인다.'

이 발견은 즉시 피커링 교수의 이목을 사로잡았다. 당연한 일이었다. 만약 한 별의 고유한 밝기가 알려져 있으면, 그 별의 거리를 간단히 계산할 수 있기 때문이다. 아주 쉽게 말해, 멀리 있는 대상일수록 더 어두워 보인다! 리비트와 피커링은 1912년에 더 자세한 연구결과를 발표했는데, 여기서 둘은 25개 변광성의 주기와 고유 밝기의 간단

달의 어두운 쪽

이 굉장한 영상은 1968년 12월 임무 도중 아폴로 8호에서 촬영된 것으로, 달 표면에 널린 분화구들을 보여준다. 이 사진은 지구에서 보았을 때 남쪽 바다 쪽을 향해 촬영한 것이다.

AMAILS OF HARVARD COLLEGE OBSERVATORY. VOL. LX. No. IV.

1777 VARIABLES IN THE MAGELLANIC CLOUDS.

By HENRIETTA S. LEAVITT.

리비트의 전설적인 논문

헨리에타 리비트의 1908년 논문에서 그녀는 한 세페이드 변광성의 고유 밝기와 밝기의 변화 주기 사이의 관계를 최초로 언급했다.

우리는 어디에 있는가?

한 수학적 관계를 내놓았다. 이 관계를 가리켜 주기-광도 관계라고 한다. 이 관계를 정하는 데 필요한 것이라고는 리비트가 관측한 유형의 한 변광성까지의 거리를 알려줄 시차 측정값뿐이었다. 만약 이 값을 얻을 수만 있다면 소마젤란성운까지의 거리를 알아낼 수 있었다. 마침내 1913년 덴마크 천문학자 아이나르 헤르츠스프룽Ejnar Hertzsprung, 1873~1967이 엄청나게 정확한 천체 관측을 통해, 잘 알려진 변광성인 세페우스자리 델타 별까지의 거리를 시차를 이용하여 측정해냈다. 세페우스자리 델타 별은 허블 우주망원경의 현대적 관측에 따르면 주기가 5.366341일이며 지구로부터 890광년 거리에 있다. 리비트의 변광성들 중에서 처음으로 거리가 측정된 역사적 위상 때문에 이 별들은 오늘날 세페이드 변광성이라고 불린다. 그런데 어찌 된 일인지, 헤르츠스프룽은 시차를 측정해 세페우스자리 델타 별까지의 거리를 옳게 알아냈으면서도 발표 논문을 보면, 소마젤란성운까지의 거리가 3,000광년으로 나와 있다. 완전히 틀린 계산이다. 현대의 측정치는 17만 광년이다. 짐작하건대, 그가 단순히 논문에 오타를 적고도 어떤 이유에선가 굳이 고치지 않았던 듯하다. 어쨌든 기법이 알려졌으니, 2년 후에 할로 섀플리Harlow Shapley, 1885~1972가 일련의 논문 가운데 첫 번째를 발표했는데, 여기서 그 기법을 더욱 발전시켜 우리은하의 크기와 모양을 최초로 측정해냈다. 그의 결론에 의하면, 우리은하는 별들로 이루어진 원반 모양이며, 폭은 약 30만 광년이고 태양은 은하 중심부에서 약 5만 광년 떨어져 있다. 얼추 맞는 값이다. 우리은하는 폭이 약 10만 광년이며 태양은 중심부에서 약 2만 5,000광년 떨어져 있으니 말이다. 이것은 천문학의 역사에서 중요한 순간이다. 태양계를 우주의 중심 자리에서 좌천시킨 최초의 측정 결과이기 때문이다. 정말이지 20세기에 들어설 무렵이면 달리 주장할 천문학자는 거의 없었다. 설령 있었더라도, 과학은 의견보다는 측정에 바탕을 둔 학문이다. 바야흐로 무의미를 향해 올라가는 여정이 시작되었다.

우리은하를 넘어서

우리은하의 크기와 모양이 알려지자, 우리의 위치에 대한 관심은 우리은하 내의 태양계를 벗어나 우주 그 자체의 참 모습으로 향했다. 지난 2000년 동안 아리스토텔레스의 생각에서 벗어나지 못했음을 감안할 때, 코페르니쿠스에서 시작하여 뉴턴과 리비트와 섀플리를 거치면서 이루어진 발전은 비교적 빠른 듯하다. 그러나 섀플리가 은하수의 크기를 알아낸 이후 10년간은 지성의 눈사태라고 일컬어도 좋다. 두 종류의 땔감이 혁명의 불길을 키웠다. 우선 망원경이 발명되고 리비트, 헤르츠스프룽과 섀플리 등이 개발해낸 더욱 정교해진 관측 기법이 나왔으며, 이와 병행하여 이

세페이드 변광성

이 세 장의 사진은 세페이드 변광성 RZ 벨로룸의 빛 세기가 주기적으로 순환하면서 가장 약할 때(왼쪽), 평균일 때(가운데) 그리고 가장 밝을 때(오른쪽)의 모습을 보여준다. 세페이드 변광성과 밝기 주기 사이의 관계는 헨리에타 리비트가 발견했다.

론물리학도 혁명을 치렀다. 혁명 내지 패러다임 전환이라는 주장은 과학에서 매우 조심스레 꺼내야 한다. 정말이지 이런 용어는 어떤 학문 분야에서는 아주 인기가 없다. 하지만 물리학자가 보기에 물리학이 1915년에 혁명을 겪었음은 의심의 여지가 없다. 그해 11월에 알베르트 아인슈타인이 새로운 중력 이론을 프러시아과학협회에 내놓았으므로.

일반상대성 이론이라고 알려진 것이 뉴턴의 만유인력 법칙을 대체했다. 많은 물리학자는 일반상대성 이론을 지금껏 인류가 고안해낸 가장 아름다운 물리학 이론이라고 여긴다. 왜 그런지는 조금 후에 다시 살펴보기로 하자. 지금으로선 빅뱅, 팽창 우주, 블랙홀, 중력파 등 말만 들어도 가슴이 두근거리는 21세기 우주론의 풍경 전체가 일반상대성 이론과 함께 시작했다는 정도만 말하고 넘어가겠다. 뉴턴 혁명과의 유사성은 명백하다. 뉴턴의 법칙들이 없다면 태양계와 행성들의 운동을 깊이 이해할 수가 없다. 이와 비슷하게, 일반상대성 이론이 없다면 우주의 대규모 구조와 행동을 깊이 이해할 수가 없다. 그러나 지금 우리는 너무 앞서 나가고 있다. 20세기로 들어서고 두 번째 10년이 시작될 무렵에야, 꽤 오차가 있긴 했지만 우리은하의 크기와 모양이 밝혀졌다. 그래도 우리은하 너머 우주의 참모습은 여전히 뜨거운 논란거리로 남아 있었다. 끝내 코페르니쿠스 이전의 사고방식을 버리지 못하고, 우리은하를 우주의 중심에 놓을 수 있을 것인가? 특별하고자 하는 소망은 간절하

세페이드 변광성

어떤 물리적 메커니즘 때문에 세페이드 변광성의 밝기와 그 주기가 서로 관련되는지 궁금증을 자아낸다. 늘 그렇듯이 자세한 사항은 복잡한데, 특히 세페이드 변광성의 종류가 여러 가지여서 그렇다. 하지만 원리는 꽤 단순하다. 세페우스자리 델타 별은 노란색의 거성인데, 질량이 태양의 약 4.5배이고 2,000배나 더 밝다. 이런 종류의 별들은 대기 중에 헬륨이 많이 포함되어 있다. 별 중심부의 핵융합 반응 때문에 대기가 뜨거워지면서, 헬륨 원자들은 전자를 빼앗겨 이른바 이중 이온화된(전자를 2개 빼앗긴 상태−옮긴이) 헬륨이 생성된다. 이러한 헬륨은 비교적 불투명하다. 즉 별 내부에서 발생한 빛이 쉽게 대기에 흡수되어 대기를 더 뜨겁게 그리고 팽창하도록 만들어서 별의 밝기를 증가시킨다. 하지만 우주 공간으로 더 멀리 뻗어나가면, 대기는 식어서 온도가 떨어지므로 헬륨 원자들은 전자를 다시 포획한다. 그러면 대기의 가스가 투명해져서, 더 많은 빛이 별을 빠져나가게 만든다. 그리하여 대기가 급속하게 냉각되면 별 안쪽으로 수축하게 되고, 그러면 다시 뜨거워져 순환 과정을 또 시작한다. 별이 더 밝을수록 이 순환이 한 번 완료되는 데 시간이 더 오래 걸린다. 이것이 바로 헨리에타 리비트가 발견한 관계식의 원인이다.

기 마련이다. 우리의 좌천을 막으려는 최후의 지적인 몸부림은 1920년 4월 26일 어느 날 밤 워싱턴 DC의 스미소니언자연사박물관의 한 강당에서 한 편의 드라마처럼 펼쳐졌다고 할 수 있다. 물론 너무 단순하게 묘사하는 것이겠지만, 나는 천 명의 과학사가가 고개를 절레절레 흔들며 격분하는 소리를 잠시 감상한 후에 내가 이처럼 시끌벅적한 묘사를 하게 된 까닭을 어느 정도 밝히겠다.

위대한 논쟁

과학의 역사는 치열하게 의견이 갈라져 다투는 갈등, 논쟁 그리고 불화의 순간들로 점철되어 있다. 하지만 놀랍게도 과학은 사실이 드러나면 논쟁의 종지부를 찍는다. 과학과 '보수적인 상식'이 충돌한 유명한 사건은 1860년에 일어났다. 그해에 토마스 헉슬리와 새뮤얼 윌버포스Samuel Wilberforce, 1805~1873가 일곱 달 전에 다윈이 발표한 새 진화 이론을 놓고서 거세게 맞붙었던 것이다. 상상해보면, 윌버포스는 자기 할아버지가 원숭이일 리가 없다며 상기된 얼굴로 도리질을 쳤을 것이다. 물론 그의 친척 어느 누구도 침팬지가 아니었다. 단지 600~700만 년 전쯤에 그들과 조상이 같았던 것뿐이다. 그러나 디즈랠리가 그를 두고 표현했던 '말이 번지르르하고, 달변이며, 입담이 센' 주교의 모습은 눈을 씻고도 찾아볼 수 없었다. 영국 국교회의 주교이자 빅토리아 시대의 위대한 웅변가인 윌버포스로서는 약간 억울했을지 모르지만, 진화의 역사에서 분명 그는 진실의 반대편에 서 있었다. 지식의 위대한 도약은 의견 분열 없이 찾아오는 일이 좀체 없으며, 정말 그럴 수밖에 없다. 특이한 주장에는 특이한 증거가 필요한 법인데, 우리가 여기서 찬양하는 위대한 과학 발견은 특히 더 특이하다.

21세기 교육 받은 시민의 자세는 자연이 인간의 상상보다 훨씬 희한하고 경이로움을 깨닫는 것이며, 새로운 발견을 대했을 때 마땅히 보여야 할 반응은 어쩔 수 없이 생기는 불편한 마음을 즐기고 자기 생각이 짧았음을 기꺼이 인정함으로써 무언가를 배우는 것이다.

천문학계에도 지적인 난타전의 순간이 있었는데, 이를 가리켜 위대한 논쟁이라고

한다. 때는 바야흐로 1920년이었다. 2명의 저명한 천문학자가 마침 같은 기차를 타고서 4,000킬로미터를 가는 길이었다. 캘리포니아에서 워싱턴까지 가는 도중에 둘은 당대의 가장 위대한 우주론 문제를 논의했다. 둘 중 연배가 낮은 쪽은 앞에서 나온 할로 섀플리였다. 그는 우리은하가 이전에 짐작했던 것보다 훨씬 더 크다는 연구결과를 막 발표한 참이었다. 그렇다고 해도 섀플리가 보기에 그것이 우주의 가장 먼 곳이었다. 우리은하가 우주의 시작이자 끝이라고 확신했던 것이다. 기차에 동승한 다른 한 명은 생각이 달랐다. 히버 커티스Heber Cutis, 1872~1942는 당시에 안드로메다성운이라고 불리던 희뿌옇게 빛나는 구역을 연구 중이었다. 그곳이 우리은하에 속한 것이 아니라 다른 수십 억 별들로 이루어진 별도의 섬이라고 커티스는 확신했다.

기차에서 둘이 무슨 이야기를 나누었는지는 알 길이 없지만, 진짜 논쟁은 스미소니언자연사박물관에서 4월 26일 밤낮으로 진행되었다. 관건은 우주 자체의 크기였는데, 그 문제는 입씨름보다는 증거에 의해 결국 해결될 것임을 둘 다 잘 알았다. 인류는 이미 코페르니쿠스에 의해 우주의 중심에서 떨어져 나왔는데, 이제는 우리은하 자체가 수백만 광년 거리의 우주 공간에 뻗어 있는 숱한 은하 중 하나일 가능성에 직면했다. 그날 밤에 논쟁이 해결되진 않았다. 그래도 너무 엄청난 주장을 하는지라 다들 이길 가능성이 없다고 본 커티스가 노련하게도 의미심장한 일격을 날렸다.

허블과 후커

이것, 즉 캘리포니아의 마운트 윌슨 천문대에 있는 구경 100인치 후커 망원경이 바로 에드윈 허블(오른쪽)로 하여금 안드로메다성운의 세페이드 변광성을 관측할 수 있게 해준 관측 도구다. 이 발견을 분석하여 허블은 그 은하가 우리은하 바깥에 있음을 증명했다. 허블과 함께 있는 두 사람은 당시 천문대 소장인 월터 애덤스(가운데)와 영국 천문학자 제임스 진스(왼쪽)다.

우리는 어디에 있는가?

커티스는 안드로메다성운에 신성(新星, nova. 밤하늘에 일시적으로 밝게 빛나는 폭발하는 별)이 많음을 발견했고, 아울러 안드로메다성운의 신성들이 다른 신성들보다 평균 열 배나 어둡게 보임을 알아차렸다. 커티스의 가열한 주장에 의하면, 안드로메다의 신성들이 어두워 보이는 까닭은 단지 우리은하의 별들보다 50만 광년 더 멀리 있기 때문이었다. 따라서

안드로메다

이와 같은 안드로메다 사진은 우리의 관점을 변화시킨다. 그런 영상은 오랫동안 지녀온 믿음과 이론에 의문을 던지고 우리의 역사와 우주 속 우리의 위치에 관한 논쟁을 열어젖힌다.

**허블이 유레카를
외쳤던 순간**

―――――
에드윈 허블이 후커 망원경
으로 찍은 사진 건판에는 자
신이 이전에 신성이라고 여
겼던 것이 사실은 변광성임
을 알고서 느낀 흥분이 고스
란히 드러난다. VAR!이라고
적힌 곳이다.

커티스에 의하면 안드로메다는 또 하나의 은하였는데, 그
렇다면 이른바 다른 성운들도 역시 은하라는 의미였다. 그
야말로 기이한 주장이었지만, 이에 걸맞은 기이한 증거가
고작 4년 만에 나왔다.

　1922년, 당시 서른세 살의 천문학자 에드윈 허블이 찍은
안드로메다 사진이 위대한 논쟁에 다시 불을 지폈다. 한 장

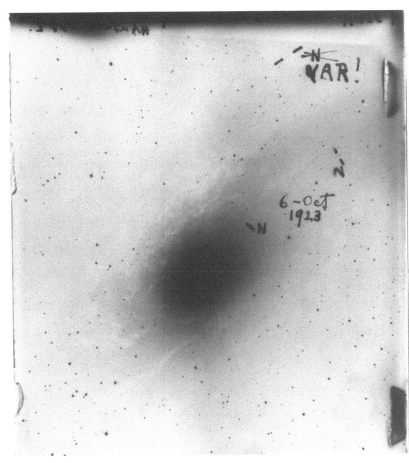

우리는 어디에 있는가?

의 사진일 뿐이었지만, 앤더스의 지구돋이 사진과 마찬가지로 우리의 관점에 변혁을 몰고 온 드문 사진들에 속했다. 과학적 업적은 차치하고라도 그 사진에는 위대한 문화적 중요성이 깃들어 있다. 새로운 사상을 품고 있는데다 철학적, 신학적으로 새로운 문제를 제기한 영상이었기 때문이다. 또 한편으론 사적인 이야기도 간직하고 있다. 누구라도 언젠가는 안드로메다의 사진을 찍고 허블이 발견한 것을 발견했을 테다. 하지만 허블이 그걸 찍었고, 따라서 그의 이야기가 그 사진과 복잡하게 얽혀들게된다. 어떤 이들은 이런 식으로 자신들의 역사가 드러나는 걸 좋아하지 않지만, 과학은 사상과 더불어 사람 이야기도 들어가면 더 풍부해진다. 어쨌거나 호기심도 사람한테서 나오는 것이기에. 허블은 일찍이 법률가가 되겠다고 아버지에게 약속했는데, 이를 지키려고 노력하지 않았다면 그 사진을 찍지 못했을지 모른다. 무슨 말이냐면, 최초의 로즈 장학생으로 옥스퍼드 대학 퀸스 칼리지에서 법학을 공부하면서 허블은 아버지의 소원을 들어주려고 했는데, 그만 아버지는 아들이 학위를 따기 전에 세상을 떠나고 말았다. 아버지의 죽음을 계기로 허블은 법학을 버리고 어렸을 적 꿈이었던 천문학의 길에 들어섰던 것이다. 옥스퍼드를 떠나 시카고 대학으로 가서 여키스 천문대에 합류했으며 1917년에 박사학위를 받았다. 학위 논문 제목은 '희미한 성운에 관한 사진 조사.' 1차 세계대전 말에 미군에 잠시 복무한 후 허블은 마운트 윌슨 천문대에 자리를 하나 얻었다. 거기서 지구에서 가장 크고 가장 강력한 망원경을 다루게 되자, 이제껏 쌓은 지식과 통찰력을 발휘해 밤하늘에서 가장 흥미롭고 논쟁적인 대상에 겨누었다. 바로 안드로메다였다. 이전에 커티스가 알아냈듯 허블도 희뿌연 구역 내에 색다른 특징들을 간파해냈다. 하지만 새로 맡게 된 100인치 구경의 후커 망원경 덕분에 훨씬 더 자세히 그곳을 볼 수 있었다. 1923년 10월 5일 그는 45분 동안 노출시켜 사진 한 장을 찍었다. 거기서 3개의 미확인 점들을 발견했는데, 모두 새로운 신성이라고 여겨 전부 N자를 붙여 표시했다.

자신의 발견 내용을 확인하기 위해 허블은 마운트 윌슨 천문대에서 찍은 이전의 다른 안드로메다 영상들과 그 사진을 비교해야 했다. 그래서 이튿날 지하 자료 보관실로 내려갔다. 천문대의 영상 자료들이 분류되어 저장되어 있던 곳이다. 기쁘게도 점들 중 둘은 정말로 새로 발견된 신성이었다. 오늘날에는 주변의 이웃 별로부터 가스와 먼지를 끌어들이면서 밝게 빛나는 백색왜성으로 알려져 있다. 그런데 세 번째 점은 이전의 영상과 비교해보니 아주 희한했다. 허블이 마운트 윌슨 천문대의 자료 목록을 검토했더니 그 별은 이전에도 포착되었다. 어떤 사진에서는 더 밝게 보였고 다른 사진에서는 희미하거나 아예 보이지 않았다. 허블은 이 발견의 중요성을 곧바로 알아차렸다. 세 번째 점이 바로 세페이드 변광성이었던 것이다. 헨리에타 리비트가 20년 전에 연구했던 종류의 별 말이다. 과학의 역사상 가장 유명한 수정이 일어났다. 허블은 'N'자를 지우고 그 자리에 붉은 잉크로 'VAR'이라고 쓰고 나서 슬며시 감탄사 부호를 붙였다.

허블은 안드로메다에서 우주의 척도 하나를 발견했다. 이제 거리 계산은 식은 죽 먹기였다. 그 새로운 별은 31,415일 주기로 밝기가 변했는데, 이는 리비트의 경우를 따를 때 고유 밝기가 태양의 7,000배라는 의미였다. 하지만 그래도 밤하늘에 너무 희미하게 보여서 최고 성능의 망원경 없이는 누구도 볼 수 없었다. 허블의 첫 계산에서 그 별은 지구로부터 90만 광년 이상 떨어져 있다고 드러났는데, 이는 우리은하의 크기가 10만 광년 남짓으로 추산되는 터라 어마어마한 거리가 아닐 수 없었다. 이리하여 허블은 리비트의 계산법을 활용해 위대한 논쟁에 종지부를 찍었다. 밤하늘에서 멀리 빛나는 희뿌연 빛 구역인 줄 알았던 안드로메다는 또 하나의 은하였던 것이다. 오늘날의 측정에 의하면 약 1조 개의 별들로 이루어진 나선형의 섬인 안드로메다는 우리은하에서 250만 광년 떨어져 있다. 아울러 이 은하는 중력에 의해 함께 묶인 국부은하군Local Group으로서, 우리의 대략 54개 이웃 은하들 가운데 하나다.

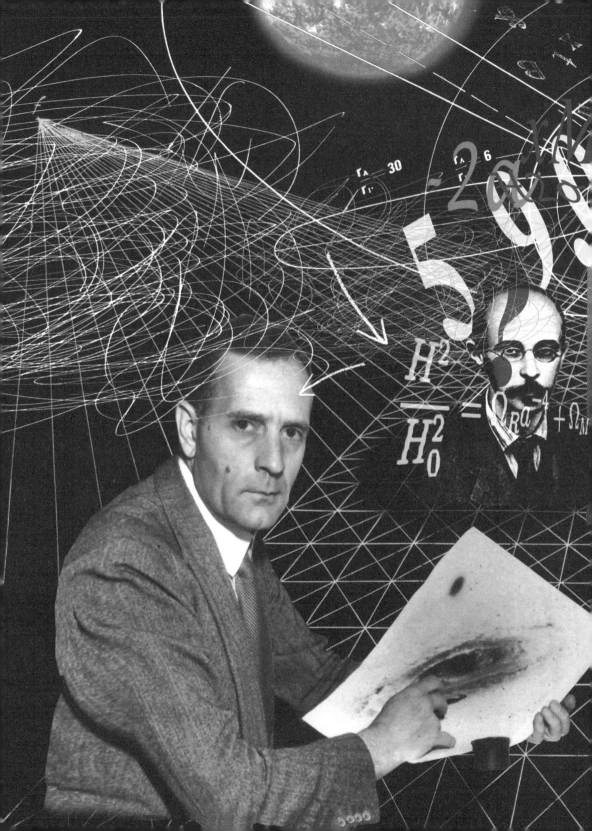

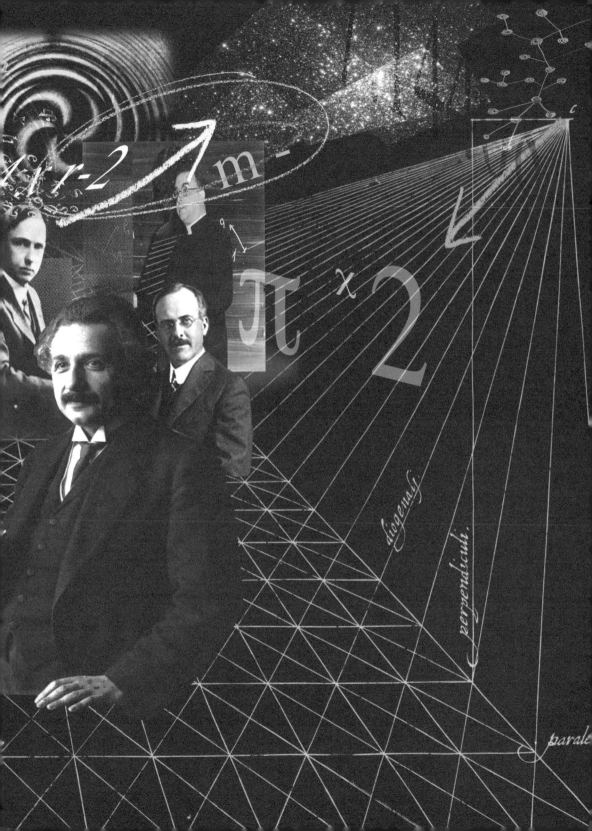

진리의 정치적 결과들, 또는 '투옥을 면하는 방법'

과학이란 무엇일까? 딱 한 가지로 답할 수 있는 질문이 아닙니다. 그렇기에 오늘날 온갖 학자들이 과학의 복잡한 역사적, 사회적 발전을 분석하는 일에 몰두하고 있다. 그러나 현직 과학자인 내가 보기에 답은 꽤 단순명쾌한데, 이 답은 과학자들이 자신을 어떻게 여기고 무슨 일을 하는지를 훤히 알려준다. 위대한(남용되는 형용사이긴 하지만 이 사안에서는 그렇지 않다) 물리학자 리처드 파인만은 1964년 코넬 대학 메신저 강연Messenger Lectures에서 특유의 단순명쾌함을 십분 발휘해 이렇게 말했다. "일반적으로 우리는 다음 과정에 따라 새로운 법칙을 찾습니다. 첫째, 그걸 추측합니다. 그다음에 우리는, 아, 웃지 마세요, 진짜로 그럽니다, 이 추측의 결과들을 계산하여 우리가 추측한 법칙이 옳은지 알아보고, 그것이 무슨 의미인지도 알아봅니다. 그러고 나서 계산 결과를 자연과 비교합니다. 그러니까 실험이나 경험과 비교하거나 관찰 결과와 직접 비교하여 그 법칙이 통하는지 알아봅니다. 만약 실험과 일치하지 않으면 틀린 겁니다. 단순한 말 같지만 그게 과학의 핵심입니다. 여러분의 추측이 얼마나 아름다운지 여러분이 얼마나 똑똑한지 또는 이름이 무엇인지는 전혀 중요하지 않습니다. 실험과 일치하지 않으

달의 실제 모습을 처음으로 담아낸 그림들

갈릴레오가 달을 그린 아름다운 수채화로, 1609년 11~12월경의 그림이다. 지구에서 망원경으로 달을 보고 최초로 사실적으로 묘사한 그림으로 유명하다. 당시로서는 달 표면이 완전히 매끄럽지 않음을 보여주었다는 점에서 혁신적이었다.

달의 성모 마리아

로마 산타 마리아 마조레 대성당. 파올리나 예배당의 높은 돔에는 울퉁불퉁한 달 풍경 위에 성모 마리아를 그린 굉장한 프레스코화가 있다. 화가 로도비코 카르디(치골리란 이름으로 더 유명한 화가)는 자기 친구 갈릴레오가 한 발견의 영향력을 이 그림에 담았다.

우리는 어디에 있는가?

면 틀린 겁니다. 그것뿐입니다."

　정말 멋진 말이지 않은가? 겸손한(소박하리만치 단순한) 말이기 때문이며, 내가 보기에 파인만이 한 이 말은 과학을 성공으로 이끈 열쇠다. 과학은 거창한 활동이 아니다. 우리가 왜 여기 존재하는지, 우주가 어떻게 작동하는지, 우주 안에서 우리의 위치가 어딘지, 또는 심지어 우주가 어떻게 시작됐는지를 이해하는 일에 거대한 야심이 필요하지는 않다. 그냥 아무거나 가장 작고 시시한 것이라도 바라보고서 어떻게 작동하는지 즐겁게 궁리해보라. 그게 과학이다. 1982년에 방영된 유명한 BBC 호라이즌BBC Horizon 다큐멘터리에는 〈발견의 즐거움〉이란 편이 있었는데, 여기서 파인만은 이렇게 말했다. "사람들이 제게 '물리학의 궁극적인 법칙을 찾으시나요?'라고 묻곤 합니다. 아뇨, 아니에요. 전 그냥 세상을 좀 더 알려는 것뿐입니다. 만약 알고 보니 모든 걸 설명하는 딱 하나의 단순한 궁극적인 법칙이 있다면, 있는 거겠죠. 그걸 발견하면 굉장하긴 할 겁니다. 하지만 알고 보니 그게 수백만 겹으로 된 양파 같은 거여서, 우리가 그걸 다 까려다가 신물이 나고 질려버린다면, 또 그건 그런 거겠죠…. 과학자로서 제 관심사는 세상을 좀 더 알고 싶다는 것뿐입니다."

　그렇기는 해도 놀랍게도 과학은 우주의 기원과 운명 그리고 존재의 의미에 관한 위대한 몇몇 철학적 질문들을 결국 다루게 된다. 딱히 그러려고 시작하진 않았지만, 그건 우연이 아니다. 사원의 대들보에 앉아 몇 십 년씩 우주에 관해 궁리한다고 이 세계의 뭔가 의미 있는 것을 발견하는 게 아니다. 그러다가 성인이 될 수 있을지는 모르지만. 정말이지 우리가 자연계를 진정으로 심오하게 이해하게 된 것은 종종 덜 고상하고 심오한 질문들을 살펴보다가 그렇게 된 것이다. 그 이유는 두 가지다. 첫째, 단순한 질문은 리처드 파인만이 간략히 설명한 과학적 방법을 적용해 체계적으로 답을 얻을 수 있는 반면에 '우리는 왜 여기 있는가?'와 같이 복잡하고 아리송한 질문들은 그렇지가 않다. 더 중요하고도 더 심오한 점을 말하자면, 알고 보니 단순한 질문의 답은 수세기에 걸친 철학적이고 신학적인 장광설들을 우연찮게도 뒤집을 수 있다. 명성은 관찰 앞에서 위세를 부리지 못하는 법이다. 코페르니쿠스의 지동설 논쟁의 정점에서 갈릴레오가 종교 재판관들과 (누구라도 마찬가지였겠지만, 그가 결코 바라지 않았던) 갈등을 빚은 유명한 이야기가 대표적인 사례다.

갈릴레오는 대학에서 처음에는 의학을 공부했지만, 그의 상상력은 미술과 수학에 매료되었다. 피사에서 의학을 공부하고 1589년에 수학 교수 자리를 얻어 고향으로 돌아오기까지, 그사이에 갈릴레오는 일 년 동안 피렌체에 머물면서 원근법 그리고 특히 명암법이라는 기법을 가르쳤다. 명암법은 빛과 그림자에 관한 연구다. 즉 광원이 대상에 조명을 비추는 방식을 정확하게 표현하여 입체감을 창조하는 방법이다. 명암법은 갈릴레오 시대 동안 가장 중요한 새로운 미술 기법 가운데 하나였는데, 이를 통해 새로운 사실감을 화폭에 담아낼 수 있었다.

피렌체에 잠시 머물렀을 뿐인데도 갈릴레오가 습득한 기술은 과학 연구에 대단한 영향을 미쳤다. 특히 빛이 삼차원 형태에 가하는 미묘한 작용에 관한 깊은 지식은 이후의 천문학 연구에 적용되어, 로마 가톨릭 교회의 가르침의 토대를 이루었던 아리스토텔레스의 우주관을 뒤집는 데 중요한 역할을 했다.

갈릴레오가 무심코 잡아당긴 가늘고 별로 해롭지 않을 듯한 한 가닥의 신학적 실은 그가 1609년에 베네치아에 들렀을 때 얻었다. 그때 구입한 렌즈를 써서 갈릴레오는 자신의 첫 망원경을 제작했던 것이다. 이 '멀리 보는 원통'을 처음에 겨눈 대상들 중 하나는 달이었다. 수학자의 마음과 화가의 눈으로 갈릴레오는 자기 눈에 들어온 것을 여섯 점의 수채화 연작으로 그려냈다.

이 그림들은 아름답고 또한 혁명적이다. 당시 가톨릭 교회의 독단적 주장에 따르면, 달을 포함한 천체들은 완전하고 아무런 흠이 없는 구였다. 맨눈으로든 망원경으로든 달을 바라본 이전의 천문학자들은 이차원의 얼룩덜룩한 표면을 그렸는데 반해,

갈릴레오는 빛과 그림자의 패턴을 다르게 보았다. 명암법을 터득한 그의 눈에는 산맥과 분화구로 덮인 이국적인 달 풍경이 들어왔던 것이다.

"결국 내가 내린 결론으로는 … 달 표면은 매끄럽고 평평하며 완벽한 구형이 아니라(비록 달을 포함한 천체들은 완전한 구형이라고 위대한 철학자들은 믿었지만) 울퉁불퉁하고 거칠며 푹 꺼진 곳과 툭 튀어나온 곳들로 가득하다. 여기저기 산맥들과 깊은 계곡이 있는 지구 표면과 비슷하다."

갈릴레오가 피렌체의 오랜 친구인 화가 치골리에게 수채화를 보여주자, 치골리는 거기서 영감을 받아 장대한 배경 속에 새롭고 급진적인 달의 모습을 그려냈다. 교황 식스투스 3세가 서기 430년에 지은 로마의 파올리나 예배당은 오랜 세월에 걸쳐 자연계를 표현하는 미술 양식과 기법의 변화를 고스란히 보여준다. 그 공간은 시대의 변화에 따라 삼차원 세계가 이차원 면에 어떻게 다르게 표현될 수 있는지를 알려주는 사례들로 가득하다. 파올리나 예배당의 돔을 덮고 있는 것은 치골리 최후의 걸작으로 동정녀 마리아가 아기들과 천사들에 둘러싸여 황금 빛살 속에 서 있는 친숙한 모습을 그린 인상적인 프레스코화다. 이 벽화 속 마리아의 배경은 사상 최초로 울퉁불퉁한 분화구의 질감을 세밀하게 살린 달의 모습이다. 바티칸은 그림 제목을 '성모 승천'이라고 지었는데, 아마도 그림이 불러일으킬 철학적 문제를 모르고서 지은 듯하다. 전통적 내지 성서적 권위와는 판이한 지식의 유형인 과학 지식을 담아낸 그림이었다. 독단 대신 관찰을 바탕에 두고서 로마의 모든 사람이 볼 수 있도록 크고 당당하게 표현했다. 분명 갈릴레오는 망원경으로 달을 관찰하는 것으로 로마 가톨릭 교회의 신학적 토대에 도전을 할 마음은 전혀 없었다. 하지만 언뜻 보기에 전혀 무해할 것 같지만 과학적 발견은 사실에 크게 관심을 두지 않는 이들의 기반을 무너뜨린다. 그리하여 결국 진리가 온 세상에 전해진다.

달 관측을 마친 다음, 갈릴레오는 성능을 더욱 업그레이드해가면서 자신의 망원경을 다른 천체들에 거두었다. 1610년 1월 7일과 13일 사이에 그는 인류 최초로 목성의 가장 큰 네 위성을 관찰했다. 이오, 유로파, 가니메데, 칼리스토라는 이름의 이 위성들은 오늘날 갈릴레오 위성이라고 불린다. 갈릴레오가 보기에 이것은 코페르니쿠스의 지동설이 진리임을 뒷받침하는 추가 증거였다. 그는 위성들이 목성 주위를 돌고 있다면 지구 주위를 돌지 않는 천체들이 존재하므로 지구가 우주의 중심이라고 주장할 수 없다고 추론했다.

갈릴레오는 1610년 봄에 이 관찰 결과를 《별의 메신저The Starry Messenger》라는 책에 담아 발표했다. 그런데 케플러에게 보낸 다음 서신 내용으로 볼 때, 그 발표를 들은 학자들이 제기한 반대 의견에 갈릴레오는 잔뜩 화가 났음이 분명했다. "존경하는 케플러 씨, 범속한 이들의 놀라운 어리석음을 우리가 함께 비웃어줄 수 있으면 좋겠습니다. 학계의 내로라하는 학자들이 고집으로 가득 차서, 내가 수천 번이나 기꺼이 기회를 주었건만 행성도 달도 망원경도 보기를 원치 않으니 어쩌면 좋겠습니까? 정말이지, 소귀에 경 읽기라더니 이 학자들은 진리에 귀를 꽉 틀어막고만 있습니다."

한편 갈릴레오가 보기에 금성이야말로 코페르니쿠스의 지동설 모형이 참임을 입증하는 확실한 증거였다. 1610년부터 시작해 갈릴레오가 여러 달 동안 금성을 관찰했더니, 금성도 달처럼 위상 변화가 있었다. 때때로 그 행성은 태양 빛을 받아 아주 환하게 빛나다가 또 어떤 때는 고작 초승달 모양이 되었다. 이 관찰 결과를 설명할 유일할 방법은 금성이 태양 주위를 돈다는 것뿐이었다. 확실히 이것은 태양계는 태양이 중심에 있고 다른 행성들이 그 주위를 돈다는 결정적인 증거였다.

물론 세상사가 그리 단순치만은 않았다. 갈릴레오는 분명 상황을 잘못 짚고서 자신의 과학적 관찰 결과를 단지 보고하기를 넘어 그 결과에 관한 특정한 신학적, 철학적 해석을 주창했다. 즉 교회가 틀렸으며 지구가 우주의 중심이 결코 아니라고 주장했던 것이다. 아마도 유명세를 얻고 싶어서 그랬던 듯한데, 실제로 갈릴레오는 유

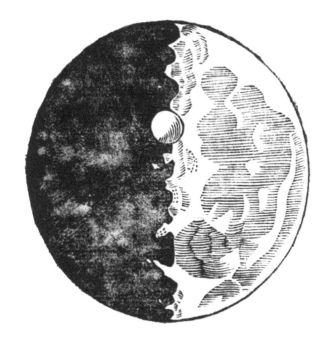

명해졌다. 코페르니쿠스의 《천구의 회전에 관하여》는 내용 '수정'을 거치기 전까지는 출판이 금지되었으며 (책의 전체 내용은 1758년까지 금서 목록에서 제외되지 않았다!) 갈릴레오한테도 '어리석고 터무니없는' 결론을 되풀이하지 말라는 지시가 떨어졌다. 그러나 갈릴레오는 입을 다물지 않았고, 마침내 1633년에 가택연금을 당하는 수치를 겪었다. 남은 평생을 집 안에서 보내야 했다.

많은 역사가는 갈릴레오를 세상의 관심을 독차지하려는 이기적인 인물로 어느 정도 파악하는데, 이는 일리가 있긴 하지만 또 한편으로는 매우 부당한 처사다. 갈릴레오는 두

갈릴레오의 달

이 스케치는 1610년에 갈릴레오가 망원경으로 관찰한 달을 그린 여러 점 가운데 하나다. 망원경은 2년 전에 그가 직접 제작했다.

금성

갈릴레오의 관찰은 달에만 국한되지 않았고 금성도 연구했다. 이 가상 색채(flase-color) 영상은 북극이 정점에 놓인 금성의 서반구를 보여준다.

말할 것 없이 위대한 과학자였으며 매우 재능 있는 천문 관찰자였다. 특히 뉴턴 운동법칙의 핵심을 이루는 상대성 원리를 명확하게 설명한 최초의 인물이기도 했다. 그 원리 때문에 우리는 지구가 태양을 도는 운동을 느끼지 못하며, 아리스토텔레스 등 숱한 학자가 그릇되게도 정지한 느낌에 과도한 의미 부여를 했던 것이다. 나중에 알베르트 아인슈타인의 손에 들어가 이 원리는 중력장에서 자유낙하하는 물체 일반에 적용되었고, 궁극적으로 현대 우주론과 빅뱅 이론으로 이어졌다. 너무 앞서 갔으니 다시 뒤로 돌아가자. 갈릴레오 이야기를 꺼내는 목적은 종교재판이라는 쉬운 목

우리는 어디에 있는가?

표물을 공격하기 위해서가 아니다(누구도 바라지 않는 일이다). 대신에 아주 사소하고 대수롭지 않은 과학적 관찰이라도 위대한 철학적, 신학적 주제를 건드려 급기야 사회에 엄청난 영향을 미칠 수 있다는 사실을 부각하기 위해서다. 갈릴레오는 망원경으로 관찰하고 그림 몇 점을 그리고 자신이 본 것을 궁리함으로써 오랜 세월 내려온 어리석고도 흐리멍덩한 사고방식을 뒤엎는 데 일조했다. 그 와중에 가택연금을 당해가면서도 코페르니쿠스와 케플러 사이에 다리를 놓았을 뿐 아니라, 아이작 뉴턴으로 그리고 궁극적으로는 알베르트 아인슈타인으로 가는 길을 열었다. 그러니 우주가 무엇인지 그 속에 우리의 위치가 어딘지를 알려준 과학의 긴 여정에 갈릴레오가 한 획을 그었음은 두말할 나위가 없다.

내 평생에 가장 행복한 생각

이처럼 과학의 발전은 별것 아닐 듯한 발견이나 인식에서 종종 촉발된다. 과학자들이 자연에 흠뻑 빠지는 것을 두고 '어린애 같다'고 상투적으로 표현하지만, 내가 보기에도 더 나은 표현은 없다. 그 상투적 표현대로 아이들은 가끔씩 아주 작은 것에 관심을 집중하여, 호기심을 충족시켜줄 답을 얻어낼 때까지 계속 '왜?'라고 질문을 하는 습성이 있다. 어른은 별로 그렇지 않은 듯하다. 하지만 훌륭한 과학자들은 그렇게 하며, 이 장에서 주제를 하나 정하자면 다음과 같을 것이다. 세상만사를 잊고서 사소하지만 흥미로운 것에 집중하면 위대하고 심오한 발견이 이루어지는데, 결점이 많은 인간들은 그런 발견의 중요성을 처음에는 종종 알아차리지 못한다. 이런 태도의 가장 전형적인 예는 뉴턴의 중력 이론을 대체하게 된 아인슈타인의 이론이 처음 나왔을 때 엿볼 수 있다.

아인슈타인은 $E=mc^2$이라는 공식으로 유명한데, 이 공식은 1905년에 발표된 그의 특수상대성 이론에 들어 있다. 그 이론의 핵심은 갈릴레오까지 거슬러 올라가는 아주 단순한 개념이다. 간단히 말해, 여러분이 움직이는지 아닌지를 알 수 없다는 것이다. 조금 추상적으로 들리지만, 우리 모두는 그 말이 옳음을 안다. 만약 여러분이 방에서 책상 앞에 앉아 이 책을 읽고 있다면, 그 느낌은 비행기에 앉아서 책을 읽고 있을 때와 같다. 비행기가 진동이 없고 수평으로 날고 있기만 하다면 말이다. 창밖을 내다볼 수 없다면 방 안에서든 비행기 안에서든 여러분이 '가만히 앉아 있는지' 아니면 움직이고 있는지 전혀 분간할 수가 없다. 방은 명백히 움직이지 않는데 반해, 비행기는 여러분을 런던에서 뉴욕으로 옮겨주므로 명백하게 움직인다고 여러분은 주장할지 모른다. 하지만 틀린 말이다. 방은 태양 주위를 따라 궤도 운동을 하면서 지구의 자전축 주위로 빙글빙글 돌고 있기 때문이다. 게다가 태양 자체도 우리은하 주위를 따라 궤도 운동을 하며, 이 은하조차도 우주의 다른 은하들에 대하여 움직이고 있다. 아인슈타인은 이처럼 현학적으로 보이는 추론을 진지하게 파고들어, 시계든 방사성 원자든 전기회로든 추든 또는 기타 어떤 물리적 대상을 이용하든 원리적으로 어떤 실험도 여러분이 움직이는지 여부를 알려줄 수 **없음**을 밝혀냈다. $E=mc^2$이라는 공식도 그 과정에서 발견해낸 것이다. 누구든 자신을 가속시킬 순net 힘이 가해지지 않는 한 정지해 있다고 마땅히 주장할 수 있다. 분명 여러분도 소파에서 편안하게 이 책을 읽고 있다면 그렇게 주장하는 셈이다. 때로는 현학도 매우 쓸모가 있다. 아인슈타인의 특수상대성 이론이 없다면 $E=mc^2$이라는 공식도 없을 테고, 우리는 핵물리학이나 입자물리학도 태양이 어떻게 빛나는지도 방사능이 어떻게 작동하는지도 전혀 이해하지 못할 테니까. 즉 우주를 이해하지 못할 테니까.

그러나 1905년에 이론을 발표하고 나서 아인슈타인은 중요한 고민거리가 하나 생겼다. 뉴턴의 위대한 업적, 즉 만유인력의 법칙이 아인슈타인의 특수상대성 이론의 틀에 맞지 않았기에 수정이 필요했던 것이다. 이 문제에 대한 대응은 정말로 아인슈타인다웠다. 즉 오랫동안 심사숙고한 끝에 1907년 11월 베른의 특허사무소 자기 의자에 앉아서 알맞은 해법을 찾아낸 것이다. 1920년에 쓰인 한 기사에서 아인슈타인은 그 순간을 회상하면서 자신의 개념을 아름답게 그리고 정말로 어린아이처럼 단순하게 설명했다.

"그때 'glücklichste Gedanke meines Lebens(글리클리히스테 게당케 마이네스 레벤스)', 즉 내 평생에 가장 행복한 생각이 다음과 같이 떠올랐다. 중력장은 전자기유도로 생기는 전기장과 비슷하게 상대적 존재만을 가진다. *집의 지붕에서 자유 낙하하는 관찰자가 보기에는*(적어도 그의 직접적인 주위 환경에서는) *전혀 중력장이 존재하지 않기 때문이다** 정말이지 만약 그 관찰자가 어떤 물체를 떨어뜨리면 그가 보기에 물체는 정지해 있거나 등속으로 운동할 것이다. 물체가 어떤 특정 화학적 내지 물리적 속성을 가졌든 상관없이 말이다(그렇게 보자면 공기 저항도 물론 무시된다). 따라서 관찰자는 자신의 상태를 '정지해 있다고' 당연히 해석할 수 있다."

상식에 어긋난다며 내 말에 완강히 반대하는 독자들이 분명 있을 것이다. 확실히 중력으로 인해 낙하하는 물체는 지상을 향해 가속되고 있기에 '정지해 있다고' 말할 수는 없지 않을까? 좋다. 그렇게 생각한다면 여러분은 곧 귀중한

아인슈타인의 아름다운 이론

과학계의 위대한 인물 알베르트 아인슈타인의 일반상대성 이론은 1916년에 발표되었다. 이 이론은 종종 가장 아름다운 과학 이론으로 일컬어지곤 한다.

*
이탤릭체는 원문대로 가져온 것이다

우리는 어디에 있는가?

교훈을 하나 배울 것이다. 상식은 진리를 이해하려고 할 때에는 아무짝에도 쓸모가 없고 무가치하다는 교훈 말이다. 아마도 그런 까닭에, 상식을 갖추었다고 뽐내는 사람은 자신들이 원숭이와 조상이 같다는 사실에 분개하는 경향이 있다. 그렇다면 아인슈타인이 옳았고 지금도 여전히 옳다는 걸 여러분께 어떻게 설득시켜야 할까?

대체로 책이 텔레비전보다 복잡한 개념을 이해시키는 데더 낫다. 여러 이유가 있겠는데, 그건 내가 TV에 출연할 시기가 훌쩍 지난 후에 자서전을 쓸 때 다루겠다. 하지만 잘만들기만 하면 텔레비전은 활자로는 불가능한 아름다움과 경제성으로 개념들을 이해시킬 수 있다. 《인간의 우주》가그런 순간들을 일부 담아내면 좋을 텐데, 특히 그런 범주에 알맞을 듯한 한 가지 장면이 있다.

오하이오 주에 있는 나사의 플럼브룩 기지Plum Brook Station는 세계 최대 진공실의 요람이다. 직경 30미터, 높이 37미터로, 인위적으로 조성한 우주 공간의 조건에서 핵미사일을 시험하기 위해 1960년대에 제작되었다. 시설이 완성되기 전에 원래 계획이 취소된 탓에 그 안에서 핵미사일이 발사된 적은 없지만 많은 우주선, 즉 스카이랩 노즈콘*부터 화성 착륙선의 에어백에 이르기까지 이 알루미늄 성채 안에서 시험을 치렀다. 나사는 이 진공실을 이용해 아인슈타인이 내놓은 결론을 증명하는 실험을 실시하기로 했다. 정말 멋진 결정이었다. 그 실험은 공기를 전부 빼낸 진

* nosecone으로 로켓·항공기 등의 원추형 앞부분

공실 속에다 크레인에서 다량의 깃털과 볼링공을 떨어뜨리는 내용이었다. 갈릴레오와 뉴턴 모두 결론을 알았는데, 그건 의심의 여지가 없다. 깃털과 볼링공 모두 동시에 바닥에 떨어졌다. 이 놀라운 결과에 대한 뉴턴의 설명은 이렇다. 깃털에 작용하는 중력은 질량에 비례한다. 앞서 우리는 뉴턴의 만유인력 법칙에서 관련 공식을 보았다. 중력은 깃털을 뉴턴의 다른 공식 F=ma에 따라 가속시킨다. 이 공식에 의하면 질량이 큰 물체일수록 가속시키는 데 더 큰 힘이 든다. 놀랍게도 F=ma에 나오는 질량은 만유인력 법칙에 나오는 질량과 완전히 동일하다. 따라서 둘은 서로 상쇄된다. 달리 말해, 질량이 큰 물체일수록 그것과 지구 사이의 중력은 더 커지는데, 질량이 큰 물체일수록 그것을 움직이게 하려면 더 큰 힘이 든다. 모든 게 상쇄되므로 결국에는 어떤 물체든 같은 속력으로 떨어지는 것이다. 이 설명의 문제점은 왜 이 두 질량이 동일해야 하는지에 관한 타당한 이유를 생각해본 적이 없었다는 것이다. 물리학에서 이를 가리켜 등가 원리라고 한다. '중력 질량'과 '관성 질량'은 완전히 서로 등가라는 뜻이다.

플럼브룩 진공실에서 깃털과 볼링공이 같은 속력으로 떨어지는 현상에 대한 아인슈타인의 설명은 근본적으로 다르다. 아인슈타인의 가장 행복한 생각을 떠올려보라. '집의 지붕에서 자유낙하하는 관찰자가 보기에는 … 전혀 중력장이 존재하지 않기 때문이다.' 자유낙하 시에는 깃털이나 공에 힘이 작용하지 않으므로 두 물체는 가속을 하지 않는 것이다! 둘은 서로에 대해 정지한 채로 자신들의 위치에 있을 뿐이다. 또는 이렇게 말해도 된다. 우리에게 가해지는 힘이 없다면 우리는 자신이 정지해 있다고 언제나 정의할 수 있듯이 두 물체도 서로에 대해 정지해 있다. 그러나 여러분은 분명 물을 것이다. 그렇다면 어떻게 두 물체는 아무런 힘이 가해지지 않아서 움직이지 않는데도 결국 바닥에 닿는가? 답은, 아인슈타인에 따르면 바닥이 위쪽으로 가속하여 마치 야구 방망이처럼 두 물체를 때리는 것이다! 하지만, 하지만, 하지만 여러

분은 틀림없이 생각할지 모른다. 나는 지금 바닥에 앉아 있지 가속하고 있지 않다고. 물론 그런데, 여러분이 그걸 아는 까닭은 어떤 힘이 여러분에게 가해지는 걸 느낄 수 있기 때문이다. 여러분이 앉은 의자가 가하는 힘 또는 여러분이 서 있는 바닥이 가하는 힘을 느낀다는 말이다. 이것은 명백하다. 오래 서 있으면 여러분의 발이 아플 것이다. 발에 힘이 가해지기 때문이다. 발에 가해지는 힘이 있다면, 발은 가속하고 있는 것이다. 여기에는 아무런 속임수가 없다. 아인슈타인의 가장 행복한 생각의 가장 아름다운 점은 일단 여러분이 그걸 알고 나면 너무 자명하다는 것이다. 바닥에 서 있기가 힘든 까닭은 바닥이 여러분에게 힘을 가하기 때문이다. 그 효과는 가속하는 자동차에 앉아서 좌석 등받이에서 압력을 받는 것과 똑같다. 가속을 몸으로 느끼는 것인데, 만약 잠시 상식을 꺼둔다면, 여러분은 가속을 느낄 수 있다. 잠깐이라도 가속을 없애는 방법은 차 지붕 위로 뛰어오르는 것뿐이다.

이것은 경이로운 생각이긴 하지만, 물론 이런 골치 아픈 질문을 분명 제기한다. 중력 같은 것이 존재하지 않는다면, 도대체 지구는 왜 태양 주위를 도는가? 아마도 결국에는 아리스토텔레스가 옳았다. 질문의 답은 쉽지 않은데, 아인슈타인도 거의 10년이나 걸려서 세부적인 내용들을 알아냈다. 그 결과가 바로 1916년에 발표한 일반상대성 이론인데, 이제껏 가장 아름다운 과학 이론으로 종종 일컬어진다. 일

과학의 활약

플럼브룩 기지는 나사의 글렌 연구센터의 일부로서, 세계 최대의 우주 공간 시뮬레이터(세계 최대의 진공실)의 요람이다. 우리는 이 진공실을 이용해 아인슈타인의 일반상대성 이론을 증명했다.

반상대성 이론은 수학적인 면에서 어렵기로 악명 높은데, 특히 이 이론에 따라 세세한 예측을 하고 이를 관찰 데이터와 비교하려고 할 때 그렇다. 영국의 대다수 물리학과 학생은 마지막 학년이 되기 전까지와 대학원생이 되기 전까지는 일반상대성 이론을 만나지 않는다. 그렇기는 해도 기본 개념은 매우 단순하다. 아인슈타인은 중력을 기하 구조, 특히 시간과 공간의 곡률로 대체했다.

상상해보자. 여러분은 지금 친구 한 명과 적도에서 지표면에 서 있다. 둘은 서로 나란하게 정북으로 걷기 시작한다. 북극에 가까워질수록 둘은 점점 더 거리가 좁혀질 것이며, 그러다가 북극에 다다르면 둘은 서로 부딪칠 것이다. 딱히 왜 그런지 모른다면 둘은 어떤 종류의 힘이 존재하여 둘을 서로 끌어당긴다고 결론 내릴지 모른다. 하지만 실제로 그런 힘은 없다. 대신에 지표면은 휘어 구를 이루고 있는데, 구면 위에서는 적도에서 평행한 직선들이 극에서 만나게 된다. (이 직선들을 가리켜 경도라고 한다.) 이런 이치로 기하 구조가 힘처럼 여겨지는 것이다.

아인슈타인의 중력 이론에 담긴 방정식들을 통해 우리는 시간과 공간이 어떻게 물질과 에너지의 존재로 인해 휘어지는지 그리고 (마치 여러분이 친구와 함께 지표면을 따라 움직이듯이) 물체들이 휘어진 시공간에서 어떻게 움직이는지 계산할 수 있다. 시공간은 종종 우주의 천fabric of the universe이라고도 불리는데, 그럴싸한 명칭이다. 별이나 행성처럼 무거운 물체들은 그 천에게 휘어지는 법을 알려주고, 그 천은 물체들에게 어떻게 움직일지를 알려준다. 특히 모든 물체는 휘어진 시공간상의 '직선' 경로를 따라가는데, 이 경로를 가리켜 전문용어로 측지선測地線이라고 한다. 이와 같은 내용은 뉴턴의 제1운동법칙(모든 물체는 힘이 가해지지 않으면 정지해 있거나 직선을 따라 등속으로 움직인다는 법칙)의 일반상대론적 등가물이다. 따라서 지구가 태양 주위를 도는 현상에 대한 아인슈타인의 설명은 꽤 단순하다. 궤도는 태양의 존재로 인해 휘어진 시공간상의 직선 경로이며, 지구가 이 직선을 따라가는 이유는 이와 다르게 운동하도록 만드는 힘이 지구에 작용하지 않기 때문이다. 이것은 뉴턴의 설명과 정반대다. 뉴턴의 설명에 의하면, 지구와 태양 사이에 중력이 작용하지 않으면 지구는 우리가 직관적으로 '직선'이라고 부르는 방향으로 공간 속을 날아간다. 휘어진 시공간상의 직선은 우리에게는 휘어 보이는데, 이는 지구 표면의 경도가 우리에게 휘어 보이는 것과 똑같은 이치다. 직선이 정의되는 공간 자체가 휘어져 있기 때문이다.

　전부 다 맞는 말이긴 한데, 그래도 플럼브룩에서 마치 야구 방망이처럼 바닥이 위로 가속하여 깃털과 볼링공을 때린다고 말한 이후 여러분 마음속을 괴롭히는 질문 한 가지가 사라지지 않을지 모른다. 어떻게 지표면의 모든 지점들이 중심으로부터 멀어지며 가속할 수가 있으며, 그렇다면 어떻게 지구는 고정된 반지름을 지닌 구로 멀쩡히 유지될 수 있단 말인가? 답은 이렇다. 만약 플럼브룩에 있는 지표면의 한 작은 조각을 그냥 놔두면 깃털, 볼링공과 마찬가지로 시공간상의 직선을 따라 움직인다. 이 직선은 지구의 중심 쪽으로 방사상으로 향한다. 이것이 바로 '정지의 상태'로서, 모든 물체는 이 자연스러운 궤적을 따른다. 측지선들이 방사상으로 안쪽을 향하는 까닭은 지구의 질량이 시공간을 그런 식으로 휘게 만들기 때문이다. 따라서 다른 힘이 작용하지 않는다면 지구상 모든 물체는 자연스레 지구 중심을 향해 움직인다. 그러면 결국 모든 물체는 하나의 작은 블랙홀 속으로 붕괴하게 될 것이다. 이런 일이 생기지 못하게 막는 것은 지구를 구성하는 물체의 단단함인데, 이는 궁극적으로 전자기력, 파울리의 배타 원리라는 양자역학적 효과에서 비롯된다. 큰 구형의 지구 크기 공 모양을 유지하려면, 땅의 작은 조각 각각에 힘이 가해져야만 하며 이 힘이 땅의 각 조각을 가속시켜야 한다. 행성과 같은 거대한 구형 물체의 모든 조각들이 현재 상태를 유지하려면, 일반상대성 이론에 따라 지속적으로 방사상의 바깥쪽으로 가속되어야만 한다.

　지금까지 내가 한 말로 보면, 일반상대성 이론은 지구가 태양 주위를 왜 도는지 그

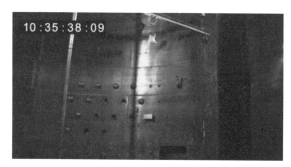

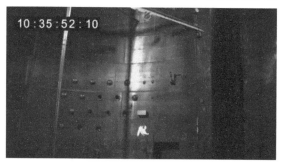

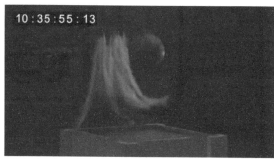

아인슈타인 이론 검사하기

플럼브룩 기지의 거대한 진공실에서 우리는 갈릴레오의 간단한 실험을 재현했다. 무거운 물체(볼링공)와 가벼운 물체(깃털)를 떨어뜨려 어느 것이 더 빨리 떨어지는지 살펴본 것이다.

리고 물체들이 중력장 안에서 왜 같은 속력으로 떨어지는지를 설명해주는 즐거운 한 방법인 것처럼 들릴지 모른다. 하지만 일반상대성 이론은 훨씬 더 깊은 세계다. 아주 중요한 점을 짚자면, 어떤 천체들의 행동을 뉴턴의 예측과는 근본적으로 다른 방식으로 예측하게 해주는 이론이다. 가장 멋진 사례로서, PSR J0348+0432라는 좀 밋밋한 이름을 가진 쌍성계를 들 수 있다. 이 계의 두 별은 특이한 천체다. 하나는 백색왜성으로서, 전자들의 바다 때문에 중력 붕괴를 견뎌내고 있는 죽은 별의 핵이다. 전자는 파울리의 배타 원리에 따라 행동한다. 즉 대충 말해서 이 원리 때문에 전자들이 함께 찌부러지지 않는다. 이 순전히 양자역학적 효과 때문에 별은 생의 마지막에 붕괴를 막아내고 초고밀도의 물질 덩어리로 남을 수 있다. 백색왜성은 보통 우리 태양 질량의 0.6에서 1.4배 사이지만, 부피는 지구와 엇비슷하다. 백색왜성의 질량 상한을 가리켜 찬드라세카르 한계라고 한다. 1930년에 이 값을 처음 계산한 인도인 천체물리학자 수브라마니안 찬드라세카르Subrahmanyan Chandrasekhar, 1910~1995의 이름을 따서 지어졌다. 그 계산은 현대 물리학의 쾌거로, 이 특이한 천체의 최대 질량을 자연의 네 가지 근본적인 상수(뉴턴의 중력상수, 플랑크상수, 빛의 속력 그리고 양성자의 질량)와 관련짓는다. 한 세기 남짓 동안 천체 관측을 해보았더니 찬드라세카르 한계를 넘는 백색왜성은 전혀 발견되지 않았다. 태양을 포함하여 은하수 내의 거의 모든 별은 백색왜성으로 생을 마감할 것이다. 아주 질량이 큰 별들만이 찬드라세카르 한계를 넘는 잔해를 남기며, 그 잔해 중 대다수는 중성자별이라는 더욱 특이한 천체가 될 것이다. PSR J0348+0432 쌍성계에서는 아주 놀랍게도 백색왜성의 짝꿍이 중성자별이다. 그래서 이 쌍성계가 그토록 특별한 것이다.

별의 잔해가 찬드라세카르 한계를 넘으면, 전자들은 그 별의 양성자들 속으로 매우 빡빡하게 밀집하게 되면서 약력에 의해 서로 반응하여 중성자를 생성한다(이때 중성미자라는 입자를 방출한다). 이 메커니즘을 통해 그 별은 통째로 하나의 거대한 원자핵으로 변환된다. 중성자도 전자와 마찬가지로 파울리의 배타 원리를 따르기에 서로 으깨지는 것에 저항한다. 그래서 안정된 죽은 별로 유지되는 것이다. 중성자별은 태양 질량의 몇 배가 될 수도 있지만, 놀랍게도 지름은 고작 10킬로미터 정도다. 지금껏 알려진 가장 밀도가 높은 별인 것이다. 중성자별은 한 숟가락 분량의 질량이 거대한 산만큼 된다.

잠시 이 특이한 쌍성계를 상상해보자. 백색왜성과 중성자별은 매우 가까이 있다. 둘은 83만 킬로미터 거리(지구와 달 사이 거리의 약 두 배)에서 2시간 27분마다 서로 한 번 공전한다. 그러니까 공전 속력은 시속 약 200만 킬로미터인 셈이다. 중성자별은 태양

아인슈타인의 딜레마

풍선 표면처럼 우주는 팽창하면서 늘어난다. 팽창하는 우주의 크기를 논하는 척도인자(Scale Factor) 이론은 우주가 시간이 흐르면서 어떻게 변할지를 기술한다. 우주가 정적일 수 없다는 말이다. 아인슈타인은 이 문제를 붙들고 씨름했다.

질량의 두 배이며 지름은 약 10킬로미터이고, 1초에 25번 자전한다. 믿을 수 없을 정도로 난폭한 쌍성계다. 아인슈타인의 일반상대성 이론의 예측에 의하면, 서로 공전하는 두 별은 시공간 자체를 교란시켜 에너지를 잃으면서 이른바 중력파를 방출한다. 손실된 에너지는 미미하지만 공전주기를 일 년에 1초의 800만 분의 1만큼 달라지게 만든다. 푸에르토리코의 거대한 아레시보 전파망원경, 독일의 에펠스베르크 망원경 그리고 칠레에 있는 유럽남부천문대의 VLT를 이용하여 2013년에 천문학자들은 PSR J0348+0432의 궤도변화율을 측정했더니, 아인슈타인이 예측했던 값 그대로였다. 정말로 놀라운 일이다. 관측 천문학의 위대한 쾌거가 아닐 수 없다. 아인슈타인 자신은 1907년에 가장 행복한 생각을 했을 때 백색왜성이니 중성자별이니 하는 것들이 존재하리라곤 꿈도 꾸지 못했지만, 지붕에서 추락하기에 관해 깊이 사색함으로써 경이로운 중력 이론을 세울 수 있었다. 21세기의 망원경으로야 관측할 수 있는 가장 특이한 별들의 행동을 절대적인 정밀도로 기술하는 이론을 말이다. 이러니 내가 물리학을 사랑할 수밖에!

아인슈타인의 일반상대성 이론은 이 책을 쓰는 지금 기준으로 볼 때, 그 이론이 처음 발표된 후 한 세기 동안 과학자들이 실시한 모든 정밀도 시험을 통과했다. 지구 중력장 내에서 깃털과 볼링공의 운동에서부터 PSR J0348+0432의 난폭하고 극단적인 천체 운동에 이르기까지, 그 이론은 의

기양양하게 설명해낸다.

하지만 아인슈타인의 위엄 있는 이론은 단지 궤도를 설명하는 것 이상의 일을 한다. 일반상대성 이론이 뉴턴의 이론과 근본적으로 다른 까닭은 중력의 작용에 관한 모형만을 제공하는 것이 아니라는 데 있다. 대신에 중력 자체의 존재를 시공간의 곡률로 설명해낸다. 여기서 아인슈타인의 장 방정식을 적어보자. 방정식은 (솔직히 말해) 속임수가 아닐까 싶을 만큼 단순하다.

$$G_{\mu\nu} = 8\pi G T_{\mu\nu}$$

과거의 개념, 현대의 기술

————

2013년에 푸에르토리코 아
레시보 천문대 천문학자들
이 1907년에 아인슈타인이
내놓은 이론이 옳음을 확인
했다. 그 천문대의 전파망원
경(세계 최대 단일 원반형 망
원경)을 이용해 그들은 PSR
J0348+0432의 궤도 변화율
이 100년 전에 아인슈타인이
예측한 값과 정확히 일치함
을 알아냈다.

여기서 우변은 시공간의 어떤 영역에서 질량과 에너지의
분포를 기술하며, 좌변은 질량과 에너지 분포로 인한 시공
간의 형태를 기술한다. 태양 주위를 도는 지구의 궤도를 계
산하려면, 태양 반지름과 함께 질량의 구형 분포를 방정식
의 우변에 대입했을 때 (대략 말해서) 태양 주위의 시공간의
형태가 좌변에서 얻어진다. 이렇게 알아낸 시공간의 형태
를 통해 지구의 궤도를 계산할 수 있다. 이 계산은 결코 시
시한 일이 아니며, 방정식의 표기에는 엄청난 복잡성이 숨

겨져 있다. 하지만 여기서 요점은 질량과 에너지의 분포가 주어지면 아인슈타인의 방정식을 써서 시공간이 어떤 모습인지 계산할 수 있다는 것이다. 그런데 여기에 우리 이야기를 마무리 지어줄 놀라운 점이 있다. 아인슈타인의 방정식은 시공간, 즉 우주의 천의 형태를 다룬다는 것이다. 우선 우리는 지금 단지 공간이 아니라 시공간을 다루고 있음을 짚고 넘어가야겠다. 공간은 누구나 동의하는 일종의 보편적 시계가 시간을 표시해주는 가운데 현상들이 발생하는 어떤 고정된 영역이 아니다. 아인슈타인의 이론이 다루는 우주의 천은 역동적이다. 그리고 아주 중요한 점을 언급하자면, 아인슈타인의 방정식은 꼭 정적이고 불변인 우주를 기술하지는 않는다. 두 번째로 짚고 넘어갈 점으로, 아인슈타인 이론의 범위는 한 별 주위의 시공간 영역이라든가 심지어 PSR J0348+0432와 같은 쌍성계에 결코 국한되지 않는다. 정말이지 아인슈타인의 이론에는 그런 제한이 전혀 필요하지 않다. 아인슈타인의 방정식은 시공간의 무제한적인 영역에 적용될 수 있다. 즉 적어도 원리적으로 그 이론을 써서 전체 우주의 형태와 진화를 기술할 수 있다는 말이다.

어제가 없는 어떤 날

진리에 이르는 길은 두 가지였다.
나는 둘 다 따라가기로 했다.
– 조르주 르메트르

스토리텔링은 인간의 내면에 아주 오래전부터 깊숙이 깃들어 있는 충동이다. 우리는 이야기를 통해 배우고 의사소통을 하며 세대를 넘어 연결된다. 이야기를 써서 인생의 복잡다단한 면들을 탐구하고 아주 사소한 것에도 기뻐한다. 그리고 우리는 기원과 종말이라는 더 원대한 이야기도 나눈다. 역사는 우주의 창조에 관한 숱한 이야기들로 가득하다. 이야기는 인류 자체만큼이나 오래된 듯하다. 다양한 신들, 우주적인 알들, 혼돈이나 질서에서 물이나 하늘 또는 무無에서 출현하는 세계들, 이처럼 문화의 수만큼이나 창조 신화도 존재한다. 우주의 기원을 이해하려는 충동은 분명 하나의 강력한 통합적 개념이지만, 상이한 수많은 신화들의 존재는 줄곧 분열의 원천이 되어왔다. 창조 이야기는 정서적인 면에서 유용한 역할을 하기도 했지만, 너무 많은 에너지가 옛날이야기를 논하는 데 쓰인다. 21세기 시민들이 입수 가능한 자세한 관측 증거들이 지속적으로 나오면서 이를 이용해 새로운 이야기를 만들어내지는 못한 채 말이다. 이런 면에서 우리는 매우 큰 특권을 누리는 흥미진진한 시대에 살고 있다. 창조 이야기의 관측 증거들이 50~60년 전만 해도 드물었기 때문이다. 내 조부모님이 20세기에 들어서면서 올덤에서 태어났을 때만 해도 과학적인 창조 이야기는 존재하지 않았다. 당시로선 천문학자들도 은하수 너머의 우주조차 알지 못했다. 그러니 에드윈 허블이 안드로메다의 세페이드 변광성 발견을 발표하여 새플리와 커티스의 위대한 논쟁에 종지부를 찍기 전에 우주에 관한 현대의 과학적 설명이 아인슈타인의 일반상대성 이론에서 거의 완성된 형태로 등장했다는 것은 정말로 놀라운 일이다.

수리물리학의 아름다움은 방정식에 이야기가 담겨 있다는 것이다. 방정식이란 말을 들으면 우중충한 가을날 오후에 학교에서 풀던 짜증 나는 문제를 떠올리는 사람한테는 아주 괴상망측하게 여겨질지 모르겠다. 하지만 아인슈타인의 장場 방정식과 같은 방정식들은 훨씬 더 복잡한 동물이다. 아인슈타인의 방정식이 물질과 에너지의 분포가 주어지면 시공간의 형태를 알려준다는 점을 상기해보라. 그 형태를 방정식의

해라고 하는데, 바로 이 해에 이야기가 담겨 있다. 아인슈타인의 장 방정식에 대한 최초의 정확한 해는 독일 물리학자 카를 슈바르츠실트Karl Schwarzschild, 1873~1916가 1915년에 구했다. 슈바르츠실트는 장 방정식을 이용해 완벽하게 구형이며 회전하지 않는 질량 주위의 시공간 형태를 계산해냈던 것이다. 슈바르츠실트의 해를 통해서 한 별 주위의 행성 궤도를 기술할 수 있는데, 그 해에는 또한 현대 물리학의 가장 희한한 몇몇 개념이 담겨 있다. 가령 블랙홀의 사건의 지평선이라는 개념이 그 해에서 도출된다. 우주 비행사들이 초대질량의 붕괴된 별 속으로 가느다란 스파게티처럼 아득히 빨려 들어간다는 유명한 이야기가 바로 이 슈바르츠실트의 해에서 나온 것이다. 정말 위대한 업적이 아닐 수 없었는데, 특히 슈바르츠실트가 러시아 전선에서 독일군과 대치하면서 계산을 완성했다는 점에서 그렇다. 얼마 안 지나서, 마흔두 살의 이 물리학자는 참호 속에서 감염된 질병으로 인해 세상을 떠나고 말았다.

아인슈타인의 방정식에 깃든 가장 놀라운 이야기는 우리가 대담하고도 무모한 듯 보이는 도약을 감행할 때 그 정체가 드러난다. 구형의 물질 덩어리 주위의 시공간을 기술하는 일에서 벗어나, 좀 더 크게 생각해보면 어떨까? 아인슈타인의 방정식을 이용해 시공간의 모든 것을 알아보면 왜 안 되는가? 일반상대성 이론을 우주 전체에 왜 적용할 수 없는가? 아인슈타인은 그 이론을 개발할 때부터 그런 가능성을 알아차렸으며, 마침내 1917년에 〈일반상대성 이론의 우주론적 고찰〉이라는 제목의 논문을 발표했다. 당연히 그것은 지붕에서 떨어지는 사람에 관한 생각을 훌쩍 벗어나 우주 전체에 관한 이야기였는데, 아인슈타인은 그답지 않게 이에 대해 안절부절못했던 것 같다. 논문을 프러시아과학아카데미에 보낸 며칠 후에 친구 파울 에렌페스트Paul Ehrenfest, 1880~1933에게 보낸 편지에는 이렇게 적혀 있다. "덜컥 … 또다시 중력 이론을 내놓았는데, 이것 때문에 어쩌면 정신병원에 갇힐지도 모르네."

아인슈타인의 1917년 논문에서 모형화된 우주는 지금 우리가 거주하는 우주는 아니지만, 그 논문은 나중에 아인슈타인의 한 실수로 밝혀질 내용을 소개했다는 점에서 흥미롭다. 아인슈타인은 정적인 우주를 기술할 방정식의 해를 찾으려고 애썼다. 물질 분포가 균등하며 중력 붕괴에 맞서 안정된 우주를 원했던 것이다. 당시로서는 그게 합리적인 생각이었다. 천문학자들은 하나의 은하(우리은하)만 알고 있었으며 별들은 서로를 향하여 수축하지 않는 듯 보였기 때문이다. 아인슈타인은 또한 어떤 특별한 이야기 하나를 염두에 두고 있었다. 즉 영원한 우주가 시작이 있는 우주보다 더 아름답다고 여긴 것이다. 시작이 있는 우주는 창조주의 존재라는 골치 아픈 질문거리를 안고 있기 때문이다. 하지만 자신이 내놓은 일방상대성 이론은 별, 행성, 은하들로 이루어진 우주가 영원하도록 허용하지 않았다. 오히려 그의 해는 내부적으로 붕괴하는 불안정한 우주에 관한 이야기를 들려준다. 아인슈타인은 이 불행한 문제를 해결할 요량으로 자신의 방정식에 새로운 항을 추가했는데, 이를 가리켜 우주상수라고 한다. 이 추가 항은 반발력으로 작용할 수 있는데, 아인슈타인은 자신의 모형 우주가 자체 중력으로 인해 붕괴되는 경향을 막으려고 그 항을 추가한 것이다. 널리 알려진 소문에 의하면, 나중에 아인슈타인은 친구인 조지 가모프George Gamow, 1904~1968에게 우주상수는 자기 인생의 최대 실수라고 말했다고 한다.

물리학자들이 아인슈타인의 방정식의 해를 찾아 나서자, 가능한 우주들이 더 많이 발견되었다. 그중에 정적인 우주는 없었다. 예외라고는 아인슈타인의 우주 그리고 1917년에 빌럼 더 시터르Willem de Sitter, 1872~1934가 발견한, 물질이 없고 (양의) 우주상수가 지배하는 우주뿐이었다. 잠시 후에 시터르의 우주를 살펴볼 텐데, 하지만 시터르의 우주를 제외하고 다른 모든 경우에서는 아인슈타인의 방정식은 지속적으로 변화하는 우주를 답으로 내놓고 있는 것 같았다. 비록 아인슈타인 자신은 우주가 불변이고 영원해야 한다고 여겼지만 말이다. 더 많은 물리학자들이 그 방정식을 다루게 되자 아인슈타인의 정적이고 영원한 우주는 더욱 뒷전으로 물러나고 말았다.

은하들로 채워진 현실적인 우주에 어울리는 아인슈타인 방정식의 정확한 우주론적 해는 러시아 물리학자 알렉산드르 프리드만Alexander Friedmann, 1888~1925이 1922년에 처음 내놓았다. 그는 이 장의 서두에서 우리가 다룬 어떤 것을 가정함으로써 그러한 결론에 이르렀다. 즉 공간 속의 어디도 특별하지 않다는 의미에서의 코페르니쿠스적 우주를 가정했다. 이것은 균질성과 등방성 가정이라고 알려져 있으며, 완벽하게 균일한 물질 분포를 가정해 아인슈타인의 방정식을 풀겠다는 발상이다. 지나친 단순화인 듯 보일지 모르지만, 실제로 1920년대 초반만 해도 이 가정과 부합하는 관측 증거(단 하나의 은하만을 품은 듯 보이는 우주)는 미미했다. 하지만 이론적 관점에서 볼 때 프리드만의 가정은 완벽하게 타당하다. 가장 단순한 가정이어서 결과 값을 내기가 비교적 쉬우니까! 그처럼 비교적 쉬웠기에 프리드만의 연구를 벨기에 수학자 겸 사제인 조르주 르메트르Georges Lemaître, 1894~1966도 독립적으로 진행하여 확장시켰다. 르메트르는 종교와 과학 사이의 무인도에 자신의 깃발을 확고하게 꽂았다. 그 섬은, 비유하자면, 우리가 좋아하든 아니든 우주론이 사는 지성의 땅 한 구역이었다. 할로 섀플리의 제자인 이 신실한 사람은 인간 사고의 이 두 가지 판이한 유형(종교와 과학)이 서로 상충됨을 까맣게 몰랐다. 그는 진화생물학자 스티븐 J. 굴드가 불러일으킨 매우 논쟁적이며 비판을 많이 받은 현대 개념의 대변자였다. 그 개념이란 과학과 종교는

삼각형자리은하(M33)

바람개비은하라고도 불리는 삼각형자리은하는 나선은하로서, 지구에서 약 240만 광년 떨어져 있다.

서로 겹치지 않는 교권이어서, 동일한 질문을 물어도 별도의 영역 내에서 작동한다는 것이다. 내가 보기에는 너무 지나치게 단순화시킨 관점이다. 물리적 우주의 기원에 관한 질문은 중력의 본질이나 아원자입자의 행동에 관한 질문과 동일한 성격의 것이며, 그 답은 분명 과학의 방법론을 통해 얻어질 것이다. 그렇기는 해도 나는 기꺼이 인정한다. 낭만이나 경이 또는 뭐라고 부르든 간에 광대한 우주를 사색할

우리은하 너머의 은하들

이 허블 우주망원경 영상은 지구의 과학자들이 아직 확인하지도 연구지도 않은 우리은하 너머 먼 은하들을 보여준다. 이 은하들의 비밀을 푸는 일은 미래 세대의 도전과제다.

때 느끼는 심오한 경이로움은 종교적 경험이면서 또한 과학적 경험의 핵심 요소이며, 둘 다 자연을 탐구하는 데 영감을 불러일으킬 여지가 있음을 말이다.

적어도 르메트르는 그렇게 여겼던 듯하며, 그는 이 양 날개 전략을 자신의 특이한 경력 내내 우주를 탐험하는 지적 여행의 안내자로 삼았다. 루뱅의 가톨릭 대학교에서 공부하면서 1923년에 사제서품을 받았고, 아울러 당대의 위대한 물리학자, 천문학자들 몇 명과 더불어 물리학과 수학을 공부했다. 케임브리지 대학에서부터 하버드 대학과 MIT를 거치며 아서 에딩턴Arthur Stanley Eddington, 1882~1944과 할로 섀플리 등과 함께 연구하다가, 1925년에 다시 벨기에로 돌아와 아인슈타인의 일반상대성 이론을 본격적으로 다루었다.

알렉산드르 프리드만은 1925년에 장티푸스로 죽었는데, 르메트르는 그를 만난 적이 없었다. 둘은 대화를 나누지도 서신을 교환하지도 않았기에, 르메트르는 역동적으로 변하는 우주를 기술하는 프리드만의 잘 알려지지 않은 논문을 몰랐음이 거의 확실하다. 하지만 프리드만과 동일한 지성의 경로를 따라서, 우주의 물질 분포가 등방적이고 균일하다고 가정하고서, 이 매끄럽고 균일한 우주의 이야기를 들려줄 아인슈타인의 방정식의 해를 찾아 나섰다. 당연히 르메트르도 동일한 결론에 다다랐다. 즉 그런 우주는 정적일 수 없으며 반드시 팽창하거나 수축해야만 한다는 결론이었다. 르메트르는 1927년에 브뤼셀의 솔베이 회의에서 아인슈타인을 만나 자신이 얻은 결론을 말했다. 그 위대한 사람은 이렇게 일갈했다. "계산이 옳긴 합니다만, 물리학적 통찰력은 형편없군요." 하지만 아인슈타인은 틀렸다. 1931년이 되자, 르메트르는 아인슈타인의 이론에는 창조의 순간(빅뱅)이 필요하다는 자신의 견해를 매우 생생한 문구들을 동원해 명확히 밝히는 논문을 쓰게 된다. 그는 '어제가 없는 어떤 날'을 언급했고 우주가 '원시 원자'에서 출현했다고 적었다.

1934년 프린스턴 고등연구소의 물리학자 하워드 퍼시 로버트슨Howard Percy Robertson, 1903~1961은 우주 전체의 물질 분포가 균일하다는 가정(우주의 어느 곳도 특별하거나 더 중요하지 않다는 코페르니쿠스적 원리)하에서 얻을 수 있는 아인슈타인의 모든 해들을 목록으로 만들었다. 물질을 포함하는 모형들은 팽창하거나 수축하는 우주를 기술했으며, 따라서 한 가지 놀라운 상황을 제시했다. 즉 어제가 없는 어떤 날이 존재했을지 모른다는 상황이었다. 아인슈타인의 방정식 안에 과학적인 창조 이야기가 숨어 있었던 것이다. 정작 방정식을 만든 사람은 그 이야기를 거부했지만.

아인슈타인의 일반상대성 이론 이야기 그리고 그 이론이 우주 전체에 적용된다는 것은 물리학의 위력을 새삼 실감하게 해준다. 지붕 위에서 떨어지는 사람에 관한 생각에서 영감을 받은 이론이 사실은 창조의 순간이 있었음을 예측하다니! 중력장 내에서 물체들이 동일한 속력으로 떨어진다는 사실 이 외에는 어떤 다른 실험이나 관측도 필요치 않았다. 여기에 겹겹이 역설이 포개져 있는 것이다! 우리의 기원에 관한 가장 심오한 질문의 답이 오직 머릿속 생각만으로 얻어질 수 있다는 것은 거의 아리스토텔레스적이다. 브루노, 코페르니쿠스 그리고 갈릴레오가 전복시키려고 무진 애를 썼던 고대 세계의 근엄한 권위로 얼마간 되돌아간 느낌이다. 방정식으로 우주를 들여다보면 창조의 순간이 등장한다는 것은 적어도 르메트르가 보기에 창조자의 개념을 뒷받침해준다. 이것은 다시 우리를 보면, 러벨, 앤더스(아폴로 8호 우주 비행사)의 체험담과 고대의 창조 이야기로 완전히 되돌려놓는다. 정말이지 교황 피우스 12세는 이 새로운 우주론을 듣고서 말했다. "참된 과학은 점점 더 하느님을 발견하고 있다. 하느님은 과학이 매번 열어준 문 뒤에서 대기하고 계신 듯하다." 심히 안타깝게도 아인슈타인은 신화의 들판에 합리적 사고의 담요를 펼친 줄 알았건만, 알고 보니 하나의 창조 이야기를 다른 창조 이야기로 대체한 것만 같았다.

우리의 위대한 좌천 이야기를 마무리하는 차원에서, 잠시 세 가지 점을 말하고자 한다. 팽창 우주에 관한 이론적 예측에는 물론 실험적 검증이 요구되는데, 검증은 의외로 빨리 이루어졌다. 1929년 3월 15일, 에드윈 허블이 〈외계은하 성운들 간의 거리와 방사상 속도 사이의 관계〉라는 논문을 발표했던 것이다. 이 논문에서 그는 우리의 국부은하단 너머 모든 은하들이 우리로부터 급격하게 멀어지고 있음을 알렸다. 게다가 더 먼 은하일수록 후퇴 속력은 훨씬 빠르다. 이는 아인슈타인의 이론이 예측한 팽창 우주의 모습 그대로다. 1948년에는 알퍼Ralph Asher Alper, 1921~2007, 베테Hans

Bethe, 1906~2005 그리고 가모프가 유명한 논문 한 편을 발표했다(물리학의 역사에서 가장 훌륭한 저자 목록을 지닌 논문이다). 그 논문이 밝힌 바에 의하면, 우주에는 가벼운 원자들이 많이 관찰되는데 이는 우주의 초기 역사에 매우 뜨거운 고밀도 상태가 존재했다고 가정할 때 나오는 계산 결과와 일치한다는 것이다. 그 값에 대한 현대의 계산치는 매

우주를 찍은 이 사진은 그 속에 가장 오래된 빛을 드러내준다. 하늘에 잔물결을 일으키는 미세한 온도 변화로 인해 현재 존재하는 그리고 앞으로도 존재할 별들과 은하들의 구조가 결정되었다.

우 정밀하며 천문 관측 데이터와 완벽히 들어맞는다. 아마도 가장 설득력 있는 것을 꼽자면, 우주배경복사라고 알려진 빅뱅의 후광효과가 1948년에 알퍼와 허만Robert Herman, 1914~1997에 의해 예측되었고 1964년에 펜지어스Arno Allan

Penzias, 1933~ 와 윌슨Robert Woodrow Wilson, 1936~ 에 의해 발견된 일이다. 우주배경복사는 다음 장에서 자세히 다루겠다. 지금으로서는 우주가 절대온도 2.7도로 복사선을 방출한다는 사실이 결정적인 증거임을 말하는 것으로 충분하다. 가장 회의적인 과학자들조차 빅뱅 이론이 우주의 진화를 설명하는 가장 설득력 있는 모형이라고 확신하게 된 증거였다.

그런데 여기서 골치 아픈 질문을 던지자면, 빅뱅 자체는 왜 일어났는가? 르메트르의 원시 원자의 기원은 무엇인가? 하느님이 정말로 그런 일을 했는가? 20세기의 표준 빅뱅 우주론은 이 질문에 답을 갖고 있지 않지만, 21세기의 우주론은 갖고 있다. 빅뱅 이전에 무슨 일이 있었는지를 다루는 과학적 논의는 나중에 살피겠지만, 여기서 감질나는 힌트 하나를 주겠다. 오늘날 짐작하기에, 빅뱅 이전에 우주는 급팽창Inflation이라고 알려진 엄청난 확장 시기가 있었다.[*] 이 시기에 우주는 시터르가 1917년에 얻은 아인슈타인 방정식의 물질 없는 해에 따라 행동했다. 이 급격한 팽창의 시기로 인해 오늘날 우리가 아주 먼 거리에 걸쳐 보게 되는 균일하고 등방적인 물질 분포가 이루어졌고, 그런 까닭에 프리드만과 르메트르의 단순한 코페르니쿠스적 가정이 관측 데이터와 딱 들어맞는 빅뱅 이후 우주의 진화를 설명해낸 것이다. 우주에 특별한 장소가 없는 까닭은 초기의 급팽창이 모든 것을 매끄럽게 만들어버렸기 때문이다. 급팽창

[*] 저자의 견해와 달리 다중우주론을 반대하는 관점에서는 빅뱅 이전의 시간을 인정하지 않으며, 급팽창도 빅뱅의 순간 이후 대략 10^{-35}초에서 10^{-32}초 사이에 발생했다고 본다.

이 멈추자, 그런 팽창을 일으킨 필드field 속에 포함된 에너지가 우주로 쏟아져 나와 우리가 오늘날 관찰하는 모든 물질과 복사선을 창조해냈다. 급팽창 필드 내의 작은 요동이 은하들의 형성을 위한 씨앗이 되어, 은하들이 하늘에 균일하게 분포되었다. 이렇게 생성된 수십 억 은하들 각각에는 저마다 무수한 세계*가 존재하지만, 그 세계들은 우리의 눈에 보이는 지평선 너머에서 끝없이 팽창했다. 조르주 르메트르는 이렇게 표현했다. "싸늘하게 식은 잿더미 위에 서서 우리는 서서히 희미해지고 있는 해들을 보며 사라져버린 눈부셨던 세계들의 기원을 떠올리려고 애쓴다." 우리의 재는 특별하지 않다. 크기도 하찮다. 수조 개의 은하들 가운데 한 은하 속의 수십 억 세계 가운데 한 세계일 뿐이다. 하지만 그 세계는 무의미를 향해 올라가는 위대한 길 위에 있다. 관찰과 사색의 든든한 결합 덕분에 우리의 자리를 발견할 수 있었기 때문이다. 무덤 속에서 브루노를 덩실덩실 춤추게 할 위대한 성취가 아닐 수 없다.

* 태양계와 같은 한 행성계를 저자는 세계(world)라고 칭하는 듯하다.

우주에는
우리만
있는가?

어떨 때는 우주에 우리만 있는 것 같고
또 어떨 때는 그렇지 않은 것 같다.
두 경우 모두 충격적이긴 매한가지지만.
– 아서 C. 클라크

과학적 사실 아니면 지어낸 이야기?

답을 알게 되면 엄청난 문화적 파장을 일으킬 질문들이 있다. 그중 하나가 우리의 고독에 관한 질문이다. 우주에 우리만 있는가? 답은 예 아니면 아니오일 것이다. 하지만 이 질문은 난감하다. 확정적으로 대답하기가 불가능하니까. 심지어 원리적으로도 우리는 우주 전체를 탐험할 수가 없다. 우주는 관측 가능한 460억 광년 거리의 지평선 너머로 뻗어 있기 때문이다. 따라서 확실히 예라고 답할 수가 없는 질문이다. 그런데 만약 우주의 크기가 무한하다면, 답이 나온다! 즉 우리는 결코 혼자가 아니다. 자연의 법칙은 명백히 생명이 존재하도록 허용하며, 아무리 가능성이 낮은 듯해도 생명은 무한히 긴 시간 속에서 틀림없이 생겨난다. 본질적으로 이것은 꽤 논쟁적인 주장인데, 나중에 더 자세히 살펴보겠다. 하지만 이런 식의 답은 우리 대다수가 정말로 알고 싶은 것이 아니다.*

　나는 예전부터 늘 외계인(우주선을 타고 날아다니는 이들)에 관심이 있었고, 지금도 외계인을 만나 이야기를 나누고 싶다. 1977년 어느 겨울 오후 나는 올덤에 있는 오데온 극장을 빙 감싸고 늘어선 줄 속에 아빠랑 서 있었다. 군데군데 살얼음판이 낀 거리를 지나 〈스타워즈〉를 보러 갔던 것이다. 이후로 10년 내내 나는 레고 사에서 나온 밀레니엄 팰콘*

* 저자는 우주의 크기가 무한이라고 가정한다면, 무한의 속성상 다른 생명이 존재하지 않을 수 없다고 주장한다. 하지만 그런 가정에서 얻어진 답은 별 의미가 없다고 말하는 듯하다.

* Millenium Falcon. 〈스타워즈〉에 나오는 우주선

을 만지작거리며 보냈다. 1979년 어느 날엔가는 영화 〈에일리언〉을 다룬 잡지를 하나 보게 되었다. 덕분에 영화에 나오는 노스트로모 우주선에 꽂혔는데, 이걸 조립하는 데는 더 많은 블록이 들었다. 설레는 마음으로 열한 살 때는 학교의 금요 저녁 영화 모임에서 〈에일리언〉을 실제로 보았는데, 그걸 보고 나서도 우주에 흥미가 줄지 않았다. 알고 보니 나는 우주선만 나온다면 괴상한 생명체가 나오는 건 별로 신경 쓰지 않았다. 누구든 〈에일리언〉은 열한 살 때 보아야 한다. 관람 등급이 잘못되어도 한참 잘못되었다. 무시무시한 공포, 영화 속 첨단 기술과 시고니 위버는 정신 건강에 그만이다.

공상과학은 내 상상력을 키워준 보금자리였다. 한동안 나는 천문학에 흥미를 느꼈는데, 왜 그랬는지는 모르겠지만, 별을 알아간다는 것은 신선하고 정밀하면서도 낭만적인 것 같았다. 벙어리장갑과 상상력을 갖추고 크리스마스 이전의 차가운 밤하늘 아래서 하는 일이었다. 〈스타워즈〉, 〈스타트렉〉, 〈에일리언〉, 아서 C. 클라크와 아이작 아시모프가 패트릭 무어*, 칼 세이건 그리고 제임스 버크*로 자연스럽게 이어졌고, 이후로도 계속 그랬다. 사실과 허구는 꿈속에서 서로 떨어지지 않는 법이니까. 과학자 되기와 먼 세계를 상상하기라는 서로 상반되는 듯한 두 소망은 밀접하게 관련되어 있다. 마치 한 사물의 그림자라도 빛이 달라지면 다른 모양을 띠는 것처럼.

*
Patrick Moore. 영국의 SF 작가 겸 방송인

*
James Burke. 영국의 과학사가 겸 TV 프로그램 프로듀서

그렇다면 '우주에 우리만 있는가?'라는 질문은 공상과학의 좋은 소재가 될 수는 있겠지만, 과학적인 의미에서는 그다지 좋은 질문이 아니다. 우주는 너무나도 커서 그 전부를 살필 수는 없기 때문이다. 그러나 질문의 범위를 제한한다면, 그 질문을 과학적으로 다룰 수 있을까? '태양계에 우리만 있는가?'라는 질문에 대해서는, 화상 탐사선 그리고 생명에 필요한 조건들이 갖추어져 있을지 모르는 장소인 목성과 토성의 위성들에 대한 탐사 계획을 통해 우리는 열심히 답을 찾고 있다. 그런데 여기서도 질문 속의 '만'이라는 단어가 문젯거리다. 만약 우주가 미생물로 가득 차 있다면 우리만 존재한다고 할 수 있을까? 여러분이 빠져 나갈 수 없는 깊은 동굴 속에서 수십 억 마리의 박테리아와 함께 지낸다면 누구랑 같이 있는 느낌이 들까? 만약 누군가와 함

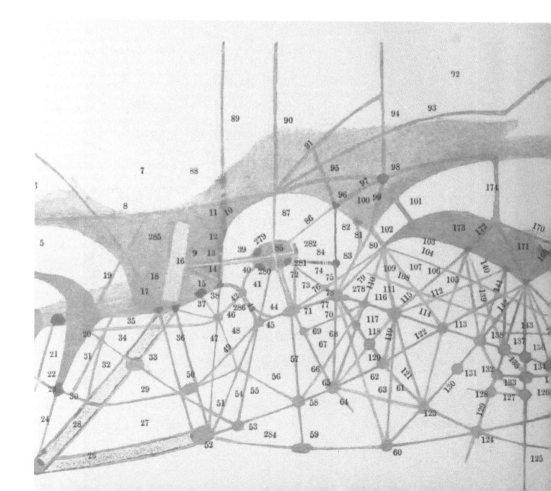

화성의 운하

미국의 아마추어 천문학자 퍼시벌 로웰(Percival Lowell, 1855~1916)의 화성 지도는 당시에 화성 표면의 운하라고 널리 알려진 지형을 보여준다. 로웰은 지적인 생명체가 이런 형태를 만들었다고 믿었다.

께 있다는 것이 의사소통을 나눌 지적인 존재(문명을 이루고, 감정을 느끼며 과학을 하고 우주에 정서적으로 반응하는 정교한 생명체)와 함께 있다는 뜻이라면, 태양계에서는 우리 질문에 답이 나와 있다. 즉 지구가 문명의 고향인 유일한 세계이며 우리만이 태양계에 존재한다.

우리 질문의 범위를 태양계 너머로 어디까지 타당하게 넓힐 수 있을까? 우리은하 너머의 우주를 탐사하는 건 내가 보기에 불가능할 듯하다. 우리은하와 가장 가까운 이웃 은하인 안드로메다까지의 거리만 해도 200만 광년이 넘는

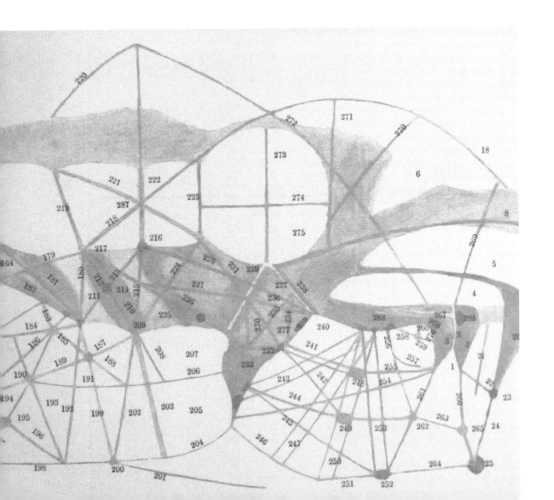

데, 내가 보기에 이것은 우리가 도달할 수 없는 거리다. 적어도 지금까지 알려진 물리학 법칙으로는 그렇다. 하지만 그렇게 보더라도 10만 광년 거리에 수천억 개의 별이 남아 있다. 그러므로 과학적인 조사 대상을 우리은하로 국한시키고, 질문을 살짝 바꿔서 이렇게 묻자. "우리가 우리은하 안에 있는 유일한 지적 문명인가?" 만약 답이 예라면, 우리는 벗어날 수 없는 우주의 동굴에 갇힌 셈이며, 열한 살 때부터 밤하늘을 바라보며 무수히 많은 세계를 꿈꾸었던 나로서는 무척 슬플 것이다. 그리고 먼 은하들 가운데 다른 지적인 생명체가 존재하더라도, 우리는 결코 알지 못할 것이다. 그런데 답이 '아니오'라면, 정말 중대한 결과를 초래한다. 외계인이 진정한 공상과학의 의미에서 존재한다는 말이기 때문이다. 우주선, 문화, 종교, 예술, 신앙, 희망, 꿈을 지닌 존재들이 저 멀리 별에서 우리가 말을 걸어주길 기다리고 있다는 의미다. 그럴 확률이 얼마일까? 그건 모르지만, 적어도 우리는 과학적으로 탐구할 수 있는 질문은 던졌다. 오늘날 입수 가능한 증거로 볼 때 우리은하 내에 얼마나 많은 지적 문명이 존재할 수 있는가?

최초의 외계인

1947년 6월 24일, 몬태나 주 스코비 출신의 아마추어 비행사 켄 아놀드가 위험하기로 악명 높은 화산인 마운트 레이니어 상공을 날고 있었다. 아놀드는 수천 번의 비행 경험이 있는 노련한 조종사였기에, 그가 보았다는 말은 신빙성이 있다고 할 수 있다. 비행장으로 돌아가는 중에 그는 산 위 하늘에 아홉 대의 물체가 날고 있는 걸 보았다고 주장하면서, 그 물체들이 '프라이팬처럼 납작'하고 '크고 평평한 접시처럼'

켄 아놀드가 UFO 목격 내용을 적은 첫 편지인데, 1947년 7월 12일 미 공군 정보국에 보낸 것이다.

UNCLASSIFIED

Page 9

I have received lots of requests from people who told me to make a lot of wild guesses. I have based what I have written here in this article on positive facts and as far as guessing what it was I observed, it is just as much a mystery to me as it is to the rest of the world.

My pilot's license is 333487. I fly a Callair airplane; it is a three-place single engine land ship that is designed and manufactured at Afton, Wyoming as an extremely high performance, high altitude airplane that was made for mountain work. The national certificate of my plane is 33355.

생겼다고 묘사했다. 그 접시들은 편대를 이루어 최대 시속 1,920킬로미터로 날았다고 한다. 언론에서 그 이야기를 대서특필했고(이때 '비행접시'라는 신조어가 생겼다), 몇 주 내에 전 세계에서 수백만 건의 비슷한 목격담이 보고되었다. 7월 4일 유나이티드 항공사 승무원들이 9개의 접시가 아이다 호 상공을 편대비행하는 걸 보았다고 보고했으며, 나흘 후에는 모든 UFO 이야기의 어머니가 뉴멕시코 주 로즈웰에서 폭발했다. 곧이어 미 공군이 이를 확인하고 '비행접시(지구에 추락한 외계인의 비행체)'를 재빨리 회수했다고 한다.

이쯤에서 내 패를 보여주겠다. 나는 UFO를 믿는다. 그러니까 나는 관찰자들이 정체를 확인할 수 없었던 것들이 하늘을 날아다니는 걸 목격했다는 말을 믿으며, 그것들 중 일부는 물체라고 믿는다. 하지만 나는 그것들이 외계인이 타고 있는 우주선이라고는 일단 믿지 않는다. 오컴의 면도날은 과학의 중요한 도구다. 물론 그걸 남용해서는 안 된다. 자연은 복잡하고 기이할 수 있다. 그렇기는 해도 대략 말해서, 어떤 관찰이 나오면 가장 단순한 설명을 채택하는 것이 제일 타당하다. 다른 압도적인 증거가 나오기 전까지는 말이다.

외계인의 지구 방문 가능성을 배척하는 것은 비과학적이라는 비판이 있다. 이런 비판에 대해 내가 가장 좋아하는 반응은 노벨 상 수상자인 리처드 파인만이 1964년에 코넬 대학교에서 한 메신저 강연에서 나왔다. 파인만은 이렇게 말했다. "몇 년 전에 과학에 문외한인 어떤 사람과 비행접시에 관해 대화를 나누었습니다. 나는 과학자니까 비행접시의 실체를 모조리 아니까요! 그 사람한테 이렇게 말했지요. '비행접시가 있을 것 같진 않습니다.' 그랬더니 이렇게 반박하더군요. '비행접시가 있을 수 없단 말인가요? 그게 없다는 걸 증명할 수 있습니까?' 나는 이렇게 대답했습니다. '아뇨, 그게 없다는 걸 증명할 수는 없습니다. 다만 그럴 가능성이 거의 없다는 겁니다.' 그랬더니 그 사람 왈, '아주 비과학적이시군요. 없다는 걸 증명할 수도 없으면서 어떻게 그럴 가능성이 거의 없다고 말할 수 있습니까?' 하지만 과학이란 게 그런 겁니다. 무엇이 더 가능성이 높은지 그리고 무엇이 더 가능성이 낮은지를 말하는 게 바로 과학입니다. 가능한 것과 불가능한 것을 늘 증명하는 게 과학이 아닙니다. 지금 내 생각을 그때도 정확히 알았다면 아마 이렇게 말해주었을 겁니다. '제 말 좀 들어보세요. 그러니까 내 말은 내가 알고 있는 지식의 한도 내에서 판단할 때, 비행접시

쓰레기를 훔치러 왔다?

앨런 던이 1950년 5월 20일 〈뉴요커〉 지에 실은 만화는 뉴욕 주민들의 쓰레기통을 훔쳐가느라 뉴욕에서 외계 인들이 점점 더 자주 '목격' 된다며 외계인들을 비난하고 있다.

*
저자가 MRI 운운하는 것은 당시 외계인이 지구인을 납 치해 조사하면서 항문을 통 해 인체를 살폈다는 소문을 빗댄 것이다.

보고는 미지의 외계 지성의 합리적인 노력의 결과라기보다 는 지구 지성의 비합리적인 특성의 결과라는 겁니다.' 그럴 가능성이 더 큽니다. 그뿐입니다."

돌연변이를 일으킨 소, 밭에 생긴 원 그리고 이 외계 방문 객들한테서 폭행을 당했다는 미국 중서부 사람들 이야기가 사실인지 여부는 차치하더라도, 그런 초기 목격담의 문화적 충격은 매우 현실적이었다. 언론의 분위기에 편승해 미국은 빛나는 원반을 타고 다니며 항문 탐침을 휘두르는(그들은 왜 MRI 스캐너를 사용하지 않았을까? 프로이트 신봉자가 아니라면 분명 던져 보았을 질문이다) 외계 침입자들과 금세 사랑에 빠졌다.* 수십만 건의 비행접시 관련 소식이 언론에 등장했는데, 특히 1950년 5월 20일 〈뉴요커〉지에 실린 앨런 던의 만화는 뉴멕시코 주 로스앨러모스 국립연구소에 있던 일군의 과학자들의 점심시간 대화 내용에서 비롯되었다.

엔리코 페르미는 20세기의 가장 위대한 물리학자 가운데 한 명이다. 이탈리아 출생이지만, 무솔리니의 압제가 심해진 1938년에 유대인 아내 로라와 함께 조국을 떠나 미국에서 가장 큰 연구 업적을 이루었다. 페르미는 2차 세계대전 내내 맨해튼 프로젝트에 참가했는데, 처음에는 로스앨러모스에서 이어서 시카고 대학에서 일했다. 그 대학에서 세계 최초의 핵반응로인 시카고파일 1의 책임자를 맡았다. 1942년 12월, 사용되지 않는 경기장 지하의 한 스쿼시 코트에서 페르미는 최초의 인공적인 핵 연쇄반응을 감독했다. 이로써 히로시마와 나가사키 폭탄으로 향하는 문을 열어젖혔다.

전후에 페르미는 시카고 대학 교수로 지냈지만 종종 로스앨러모스에 들렀다. 그러던 차에 1950년 여름 페르미는 동료들 몇몇과 함께 둘러앉아 점심을 먹었는데, 수소폭탄의 설계자인 에드워드 텔러와 맨해튼 프로젝트 시의 동료인 허버트 요크와 에밀 코노핀스키 등이 함께한 자리였다. 어느덧 대화 주제가 최근의 UFO 목격담과 〈뉴요커〉의 만화로 옮겨가자, 페르미는 사소한 잡담을 심각한 논의로 바꾼 단순한 질문을 하나 던졌다. "외계인은 어디에 있지?"

페르미의 질문은 대단히 어렵지만, 그 답은 매우 가치가 있다. 이를 가리켜 페르미 역설이라고 한다. 우리은하에는 수천억 개의 별이 존재한다. 우리 태양계는 약 46억 살이지만, 우리은하는 우주와 나이가 거의 맞먹는다. 생명이 비교적 흔해서, 적어도 우리은하 내의 행성들 중 일부에서는 지적인 문명이 출현했다고 가정하면, 우리은하 내 어딘가에는 우리보다 훨씬 앞선 문명이 존재해야 마땅하다. 왜 그런가? 우리 문명은 약 1만 년 동안 존재했으며 현대적인 기술을 이용하게 된 것은 몇 백 년 전부터다. 우리 종 호모 사피엔스는 약 25만 년 동안 존재해오고 있다. 우리은하의 나이

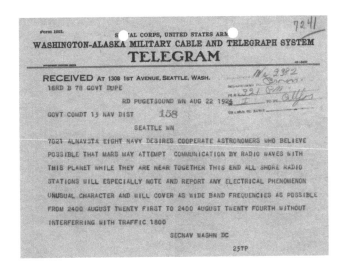

페르미 역설

페르미 역설은 외계 문명이 존재할 높은 가능성과 인류가 그들과 접촉하지 못한 또는 그런 문명의 증거를 찾지 못한 현실 사이의 모순을 드러내준다.

에 비하면 눈 깜빡할 순간에 지나지 않는다. 그러니 우리가 우리은하 내의 유일한 문명이 아니라고 가정한다면, 적어도 몇몇 다른 문명이 우리보다 수십 억 년 앞서 출현했어야 한다. 그렇다면 도대체 어디 있단 말인가? 거리는 원리적으로 별 사이의 여행을 상상할 수 없을 정도로 멀지는 않다. 라이트 형제의 첫 비행기로부터 달 착륙 성공까지 채 백 년도 걸리지 않았다. 다음 백 년 동안 어떤 대단한 발진이 있을 수 있지 않을까? 아니면 만 년 동안에? 현재 상상할 수 있는 로켓 기술만으로도 우리는 백만 년의 시간 척도 안에서 은하수 전체를 식민화할 수 있다. 페르미 역설은 그럼에도 왜 다른 어느 누구도 그 일을 해내지 못했는가라는 질문으로 귀결된다. 백 억 년이 넘는 시간 동안 수천억 개의 세계가 존재했는데도 말이다. 핵심을 꿰뚫은 질문이 아닐 수 없다.

유심히 들어라

1924년에 윌리엄 F. 프리드만은 사흘간 매우 중요한 일을 맡았다. 미 육군의 수석 암호해독 요원으로서 프리드만은 국가안보 업무를 줄곧 맡고 있었다. 하지만 8월 21일부터 23일까지 그는 특이한 메시지를 찾으라는 지시를 받았다. 그 사흘 동안 화성과 지구는 서로 5,600만 킬로미터 이내에 위치해, 1845년 이래로 서로 가장 가깝게 접근했다. 그리고 2003년 8월이 오기 전까지는 다시 두 행성은 그처럼 가까 워지진 못할 터였다. 그러니 전파가 발명된 이후로 지구인 이 이웃 행성의 소식을 들을 절호의 기회가 아닐 수 없었다.

이런 행성 배치를 최대한 활용하기 위해 미 해군 천문대 의 과학자들은 야심찬 실험 하나를 실시하기로 했다. 미국 각지와 협력하여 그들은 '전국 전파 끄는 날' 프로젝트를 실시했다. 전국의 각 무선 송신기를 36시간에 걸쳐 매시 정 각에 5분 동안 끄자는 계획이었다. 전파를 끄고 전함 위에 특수 설계된 전파 수신기를 설치하자는 이 전무후무한 발 상은 화성의 '근접비행'을 최대한 활용해 그 붉은 행성에서 오는 메시지(고의적인 것이든 아니든)를 듣자는 의도였다.

음모론이라는 소문도 있지만, 윌리엄 F. 프리드만은 외계 문명에서 온 최초의 메시지를 해독해내지 못했으며, 미국 대중들은 어수선한 그런 소식들에 곧 싫증을 냈다. 하지만

MARCONI SURE MARS FLASHES MESSAGES

Regularity of Signals, London Expert Says, Eliminates Atmospheric Disturbance Theory.

WAVES TEN TIMES OURS

J. H. C. Macbeth Declares It Would Be Simple Matter to Arrange a Code.

William Marconi is now convinced that he has intercepted wireless messages from Mars, J. H. C. Macbeth, London manager of the Marconi Wireless Telegraph Company, Ltd., said at a Rotary Club luncheon at the McAlpin yesterday. Mr. Macbeth added by way of prediction, that should this prove to be so, it will be only a question of time before inventive genius and ingenuity in deciphering unknown codes will evolve a method of communication between the two planets.

Signor Marconi's announcement nearly two years ago that he had caught wireless signals with wave lengths far in excess of those used by the highest powered radio stations in the world aroused a storm of scientific controversy in this country and Europe. Numerous explanations were offered disputing the Martian communication theory, usually on the ground that the mysterious signals were caused by atmospheric disturbances.

Mr. Macbeth last night elaborated upon his Rotary Club address. What convinced Signor Marconi and other wireless 'experts and scientists that these messages came from another planet, he said, was the fact that the wave length is almost ten times that produced at our most powerful stations. Marconi, he added, could not accept the atmospheric or electric disturbance theory because his signals were interrupted arguerularly compelling the interrupted.

외계 신호 포착

전파의 발명 덕분에 많은 사 람은 외계인과 곧 의사소통 을 하게 될 것이라고 여겼다. 화성은 지적 생명체가 살 가 능성이 가장 높은 이웃 천체 로 꼽혔다.

수소 원자는 2개의 입자, 즉 하나의 양성자와 하나의 전자로 이루어져 있다. 양성자와 전자는 스핀이라는 성질이 있는데, 이 두 유형의 입자(엔리코 페르미의 이름을 따서 스핀 1/2 페르미온이라고 알려진 입자)의 스핀은 두 가지 값, '업 up'과 '다운 down' 중 하나만을 가질 수 있다. 따라서 한 수소 원자에는 가능한 스핀의 구성이 단 두 가지다. 둘 다 '업'이나 '다운'으로 서로 나란한 경우, 아니면 하나는 '업'이고 다른 하나는 '다운'인 경우다. 알고 보니, 서로 나란한 경우가 서로 상반된 경우보다 에너지가 조금 더 크다. 그리고 스핀 구성이 나란한 경우에서 상반된 경우로 바뀔 때, 이 여분의 에너지는 파장이 21센티미터인 빛의 광자로서 방출된다.

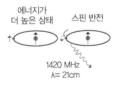

에너지가 더 높은 상태　　스핀 반전

1420 MHz
λ= 21cm

그 실험의 원리는 타당했다. 외계 신호를 듣자는 발상은 이미 30년 전에 물리학자 겸 공학자였던 니콜라 테슬라가 처음으로 내놓았다. 테슬라는 자신이 고안한 무선 전송 시스템을 사용해 화성인들과 접촉하자고 제안했고, 얼마 후 첫 접촉의 증거를 제시했다. 엉터리 증거이긴 했지만 H. G. 웰스의 《우주전쟁》 출간 일 년 전인 1896년이었던지라 충분히 그럴싸한 주장이었다. 테슬라만이 아니었다. 당대의 권위자들도 테슬라의 낙관주의에 동참했는데, 여기에는 장거리 무선송신의 개척자인 굴리엘모 마르코니Guglielmo Marconi, 1874~1937도 포함되어 있었다. 마르코니는 외계의 신호를 듣는 것이 현대 의사소통의 일상이 될 거라 믿었다. 1921년에 마르코니는 자신이 화성에서 온 무선 메시지를 가로챘으며, 암호를 해독할 수만 있다면 대화가 곧 시작될 것이라고 공개적으로 말했다.

전국 전파 끄는 날이 실패하면서 외계 신호를 조직적으로 찾는 일은 당분간 중단되었고, 그 발상은 2차 세계대전 후의 비행접시 붐이 일기 전까지 과학계에서 자취를 감추었다. 외계인 찾기를 과학적으로 다시 인정받을 만한 일로 만든 과학자는 필립 모리슨Philip Morrison, 1915~2005이었다. 그는 페르미의 동료로서 같은 시대를 살았던 인물이다. 둘이 페르미 역설을 직접 논의했는지는 모를 일이지만, 그 질문에 답을 찾자는 생각은 1950년대 내내 분명 모리슨의 마음속에 자리 잡고 있었다. 드디어 1950년대의 끝자락에서 모리슨은 유명하고 큰 영향을 미친 논문 한 편을 발표했다. 페르미의 동료였던 주세페 코코니Giuseppe Cocconi, 1914~2008와 함께 쓴 논문이었는데, 전파망원경을 이용하여 외계 신호를 포착하는 원리를 설명하는 내용이었다. 저명한 학술지 〈네이처〉에 실린 〈항성 간 통신을 위한 탐색〉이라는 제목의 이 논문은 가장 가까운 항성계를 특정한 전파 주파수(이른바 21센티미터 수소선)로 찾는 체계적인 방법을 제안했다.

모리슨과 코코니가 수소선을 선택한 까닭은 그것이 천문학에 관심을 가진 어떤 기술문명이라도 동조할 수 있는 주파수였기 때문이다. 수소는 우주에서 가장 풍부한 원소이며, 수소 원자는 바로 이 주파수로 전파를 방출한다. 만약 이 파장을 우리 눈으로 볼 수 있다면, 하늘은 이 빛으로 환히 빛나고 있을 것이다. 그래서 천문학자들은 전파망원경을 21센티미터 수소선에 동조시켜 우리은하와 그 너머 은하의 먼지와 가스의 분포를 지도로 작성하는 것이다. 만약 한 기술문명이 자신들의 존재를 알리길 원한다면, 전파천문학을 안다고 가정할 때 메시지를 보낼 방법으로 21센티미터 수소선을 선택할 것이 명백하다.

모리슨과 코코니의 논문은 현대의 천문학 프로젝트들 중에서 가장 광범위한 논쟁을 낳았다. 논문이 발표되고 일 년이 지나지 않아, 웨스트버지니아의 그린뱅크에 있는 국립전파천문대의 26미터 구경 전파망원경이 가까운 별 두 군데, 고래자리 타우 별과 에리다누스자리 엡실론 별을 겨냥했다. 망원경은 그 별들에서 나오는 신호를 포착하려고 21센티미터 수소선을 유심히 살폈다. 라이먼 프랭크 바움이 쓴 《환상의 나라 오즈》에 나오는 인물을 따서 오즈마 프로젝트라고 알려진 그 탐사는 코넬대학의 젊은 천문학자인 프랭크 드레이크Frank Drake, 1930~ 의 머리에서 나온 것이다. 드레이크가 고래자리 타우 별과 에리다누스자리 엡실론 별을 첫 번째 목표물로 삼은 까닭은 두 별이 우리 태양과 비슷하고, 지구에서 겨우 10광년과 12광년 거리로 가깝기 때문이었다. 1960년에 드레이크는 그 별들이 행성계를 이루고 있는 줄은 몰랐

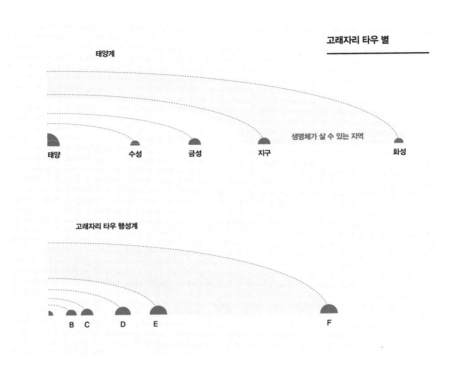

태양계

고래자리 타우 별

태양　　　수성　　　금성　　　지구　　생명체가 살 수 있는 지역　　　화성

고래자리 타우 행성계

B　C　　D　　E　　　　　　　　F

다. 당시로서는 태양계 밖의 어떤 행성도 발견되지 않았기 때문이다. 어쨌든 드레이크의 추측은 훌륭했다. 알려지기로 고래자리 타우 별은 5개의 행성을 거느리고 있는데, 그중 한 행성은 생명체가 존재할 가능성이 있는 지역이다(136쪽 참고). 에리다누스자리 엡실론 별도 공전주기가 약 7년인 적어도 하나의 거대한 가스 행성을 갖고 있다. 150시간 동안 관측을 했지만 드레이크는 아무 소리도 듣지 못했다. 하지만 그로서는 평생에 걸친 외계지성체 탐사의 시작이었다. 외계지성체 탐사search for extraterrestiral intelligence는 보통 약자로 SETI라고 불린다.

오늘날 SETI는 국제적인 과학 활동으로서, 주로 전파천문학을 이용해 망원경에서 얻은 데이터를 분석한다. SETI 조직은 샌프란시스코의 햇크릭 전파천문대에 외계 문명의 신호를 탐지하기 위해 특수하게 설계된 전용 망원경 조합을 지니고 있다. 이

우주에는 우리만 있는가?

망원경 조합은 프로젝트의 설립에 3,000만 달러 이상을 기부한 마이크로소프트 창업자 폴 앨런의 이름을 따서 앨런 배열이라고 하는데, 21센티미터 수소선을 포함해 여러 주파수로 하늘의 넓은 영역을 탐색할 수 있는 42대의 안테나로 구성된다. 만약 1,000광년 이내 거리에서 적어도 우리와 같은 수준의 기술로 우리와 진지하게 접촉하려는 문명이 존재한다면, 앨런 배열이 그들의 신호를 포착할 것이다.

1960년대 초에 과학계는 그런 노력에 회의적이었고 프랭크 드레이크는 외골수 취급을 받았다. 과학에서는 회의적인 태도가 중요하긴 하지만, 페르미가 이해하고 있듯이, 몇 가지 타당한 가정을 세우고서 봉투 뒷면 계산을 해보면 외계문명 탐색이 쓸데없지 않다는 점이 드러난다. 정말이지, 우리 문명이 수천억 개 별로 이루어진 은하에서 유일하거나 극도로 희귀한 것이라는 발상은 굉장히 유아론적인 듯하며, 삐딱한 사람들이 으레 세상만사를 회의적으로 보기 십상이다. 그런데 소수의 과학자들은 큰 질문의 가치를 이해했다. 미국의 저명한 국립과학아카데미의 선임 과학자인 피터 피어먼Peter Pearman과 함께 드레이크는 최초의 SETI 회의를 1961년 11월에 개최했다. 이 그린뱅크 회의는 소규모였지만, 스스로를 돌고래회라고 불렀던 참석자 명단은 인상적이었다.

필립 모리슨도 참석했고, 1959년의 기념비적인 〈네이처〉 논문의 공저자인 주세페 코코니도 함께했다. 직업상 나는 코

제1회 SETI 회의 참석자

피터 피어먼
회의 주최자

프랭크 드레이크

필립 모리슨

다나 애츨리
기업가 겸 아마추어 무선사

멜빈 캘빈
화학자

수슈 후앙
천문학자

존 C. 릴리
신경과학자

바니 올리버
발명가

칼 세이건
천문학자

오토 스트루베
전파천문학자

주세페 코코니
입자물리학자

코니와 인연이 있다. 그는 저명한 입자물리학자로서 제네바의 CERN에 있는 양성자 싱크로트론 가속기의 책임자를 맡았다. 코코니는 포메론에 대한 초기의 실험 증거를 발견하는 데 핵심 역할을 했는데, 입자물리학에서 레제 궤적이라고 알려진 이 물체를 연구하는 데 나도 연구 경력의 대부분을 바쳤다. 많은 이들로부터 존경받던 저명한 천문학자 오토 스트루베Otto Struve, 1897~1963도 참석했다. 스트루베는 외계지성체의 존재를 믿는다고 공개적으로 밝혔는데, 아마도 태양계 바깥의 외계행성을 찾는 방법을 그즈음에 내놓은 것도 같은 맥락이었던 듯하다(137쪽 참고). 이외에도 광합성 연구로 유명한 노벨상 수상자 멜빈 캘빈, 장래에 휴렛패커드 사의 R&D 부사장이 된 바니 올리버, 천문학자 수슈 후앙Su-shu Huang, 1915~1977, 통신 전문가 다나 애틀리 그리고 파란만장한 신경과학자 겸 돌고래 연구자 존 릴리도 함께했다. 최연소 참석자는 스물일곱 살의 박사후과정생, 칼 세이건이었다. 나도 참석했더라면 얼마나 좋았을까. 하지만 그랬더라도 포메론에 관해 코코니와 이야기하느라 시간을 다 보냈을 것이다.

회의를 준비하면서 드레이크는 참석자들 간에 체계적인 대화를 촉진하도록 하나의 의제를 마련했다. 외계지성체 탐사를 진지하게 고찰하려면, 드레이크가 보기에 논의가 엄밀해야 하며 향후의 연구를 위한 기틀을 내놓아야 했다. 그러려면 그 문제를 정성적이라기보다 정량적으로 다루어야 했다. 즉 관찰 데이터를 사용하여 적어도 원리적으로라도 그 문제를 추산할 수 있는 일련의 확률들로 분해해야 했다.

드레이크는 이미 밝혀진 질문 하나에 초점을 맞추었다. 우리가 앞서 논의했던 내용이다. 즉 우리은하 내에 원리적으로 의사소통이 가능한 지적 문명은 몇 개가 존재하는가? 드레이크의 빛나는 통찰은 이것을 일련의 확률을 포함하는 간단한 방정식으로 표현했다는 것이다.

우리은하 내에 행성을 거느리는 별들의 비율은 얼마인가? 한 별에 속한 행성들 중에서 생명의 출현을 뒷받침할 수 있는 행성은 평균적으로 몇 개인가? 그런 행성들 중에서 실제 생명이 시작될 비율은 얼마인가? 단순한 생명체가 등장했을 때 그것이 지적생명체로 진화할 확률은 얼마인가? 그 지적생명체가 전파망원경을 제작하여 우리와 의사소통을 할 정도로 진화할 확률은 얼마인가? 이 모든 확률을 전부 곱하고, 거기에다 우리은하 내의 별들의 개수를 곱하면, 우리은하에 존재한 지적문명의 개수가 얻어진다.

하지만 드레이크는 여기서 그치지 않았다. 우리가 지금 이야기를 나눌 수 있는 문명의 수가 관심사였기 때문이다. 그러려면 약간 진지하게 생각해보아야 할 항목이 보태져야 했다. 즉 그 문명이 의사소통 기술을 개발한 순간부터 기산한 문명의 평균수명을 추가해야 했다. 만약 십억 년 전에 등장해 곧바로 사라진 문명이라면 우리와는 결코 연락을 주고받지 못할 테니까. 문명의 수명이라는 문제는 오늘날보다 1960년대 초반에 더욱 실감나는 주제였을지 모른다. 맨해튼 프로젝트가 많은 위대한 물리학자들을 훈련시키는 기반이었으며, 쿠바의 미사일 위기 등이 곧 다가오게 될 그 무렵은 소련의 흐루시초프 수상이 케네디 대통령에게 한 말대로 세계가 '… 세계 핵미사일 전쟁의 심연'으로 치닫던 시기였기 때문이다. 그린뱅크 회의 참석자들이 보기에 문명이 자멸의 길로 들어선다는 것은 어처구니없으면서도 충분히 가능한 현실이었다. 우리는 안타깝게도 장기적인 계획에 서툴며 파괴적인 충동에 어리석게도 휘둘리며 평온하게 살아갈 능력이 병적으로 부족하다. 이 이야기는 나중에 더 자세히! 따라서 문명의 수명 항목을 방정식에 넣는 것은 과학적으로 타당했으며 정치적으로도 묘수였다. 그런 문제를 접하기만 해도 우리는 잠시나마 곰곰이 생각에 잠기기 마련이니까.

수명 항목을 포함시켜 방정식을 완성하려면(그러면 우리은하 내에서 현재 우리와 연락 가능한 문명의 수가 얻어진다) 잠시만 생각해보아도 결과 값에다가 우리은하 내의 현재 별 생

$$N = R_* \times f_p \times n_e \times f_l \times f_i \times f_c \times L$$

N
전파 통신이 가능할지 모르는(즉 우리의 현재의 과거 빛 원뿔 상에 존재하는) 우리은하 내의 문명의 수

R_*
우리은하의 평균 별 생성률

f_p
행성을 거느린 별의 비율

n_e
행성을 거느린 별당 생명체의 출현을 뒷받침할 수 있는 행성들의 평균 개수

f_l
어느 시기에 실제로 발생한 생명체를 뒷받침할 수 있는 행성의 비율

f_i
생명체가 실제로 지적생명체(문명)로 진화할 수 있는 행성의 비율

f_c
지적생명체가 자신들의 존재를 알릴 신호를 우주 공간으로 방출할 수 있는 기술을 갖춘 문명의 비율

L
그런 문명이 신호를 우주로 방출할 수 있는 시간의 길이

성 비율을 곱해야 한다. 퍼뜩 이해가 안 될지도 모르지만, 내가 확신하기에 여러분은 그렇게 해야 옳다는 것을 직접 증명할 수 있으리라고 본다. 숙제로 내기에 좋은 문제다.

이렇게 해서 완성된 방정식을 드레이크 방정식이라고 하는데, 왼쪽 여백에 나와 있다. 드레이크가 이 방정식을 적었을 때, 오직 R만 정확하게 알려져 있었다. 별 생성은 우리은하 일부에서 이전부터 면밀하게 연구되었기에, 일 년에 새 별이 하나 꼴로 생긴다는 결과가 이미 나와 있었다. 나머지 항들은 1960년대에는 알려져 있지 않았는데, 이후 50년 동안의 천문학, 생물학 연구 자료를 바탕으로 우리는 이 장의 대부분을 그 항들을 살피는 데 할애할 것이다. 하지만 실험 데이터의 부족에도 불구하고 그린뱅크 참석자들은 드레이크 방정식의 각 항을 열띠게 논의했다. 이것이 바로 드레이크 방정식의 힘이다. 생명체가 등장할 행성들의 비율을 정밀하게 알아내기란 아직도 불가능하지만, 우리가 지구에서 겪은 경험 그리고 앞으로 점점 더 많아질 태양계 탐사 자료를 통해 더욱 타당한 추측을 하는 것은 가능하다. 단순한 생명체가 지적생명체로 진화할 확률 또한 어려운 문제인데, 하지만 우리는 지구에서 30억 년 이상 걸렸다는 사실은 알고 있기에, 이를 단서로 삼을 수 있다. 따라서 드레이크 방정식은 매우 소중하다. 논의와 토론을 이어갈 기틀을 마련해주고 주제에 집중하게 해주며 향후 연구의 방향을 잡아주기 때문이다. 그것이 바로 드레이크의 의도였다.

실제로 그린뱅크 회의는 참석자들 저마다의 값진 전문지식을 바탕으로 하나의 값을 만장일치로 도출했다. 우리가 충분한 전파망원경을 갖추고 체계적인 탐사를 수행할 의지만 있다면 의사소통을 할 수 있는 우리은하 내의 현재 문명의 수는 만 개쯤이라고 결론을 냈다. 흥미롭게도 맨해튼 프로젝트의 베테랑인 필립 모리슨은 기술 문명의 수명이 매우 짧기에 이 수는 영이 될 수도 있다고 여겼다. 그렇긴 해도 그는 다음과 같이 말했다. "… 우리가 찾지 않으면 성공 확률은 그야말로 영이다."

다행히도 나는 TV 시리즈로 제작된 〈인간의 우주〉를 촬영할 때 프랭크 드레이크를 만났다. 내가 보기에 그는 현존하는 가장 위대한 천문학자 중 한 명이다. 프랭크는 난초를 수집하고 기르는데, 마침 우연히도 내가 그의 자택을 찾았을 때 스탄호페아Stanhopea 난초가 피어 있었다. 이 섬세하고 미묘한 꽃은 일 년에 딱 이틀만 꽃이 피기에, 아무 때나 방문해서 꽃을 볼 확률은 매우 낮다. 프랭크는 나를 향해 이렇게 말했다. "그러니까 SETI도 마찬가질세. 수천 년 동안 계속 계속 계속 찾아야 한다는 사실을 우리는 깨달았네. 딱 알맞은 시간에 딱 알맞은 장소에서 발견을 해내기 전까지 말일세." 꽃 이름에 '희망hope'이 있듯이, 약간의 희망이라도 있다면 그 희망을 끝내 놓지 않아야 한다.

1960년대와 70년대를 거치면서 SETI 프로젝트는 큰 규모든 작은 규모든 계속 전 세계적으로 발전해나갔다. 소련

전파천문학

야심찬 스퀘어 킬로미터 어레이(Square Kilometer Array, SKA) 프로젝트는 차세대 전파천문대의 과학적 목표와 기술적 세부사항 개발을 위한 전 세계적인 노력의 일환이다. 2012년 SKA 위원회는 남아프리카공화국과 호주가 세계 최대의 전파망원경 배열을 공동으로 구성할 것이라고 밝혔다. 여기 나오는 배열은 남아프리카공화국의 외딴 노던케이프 주에 있는 배열이다.

우주에는 우리만 있는가?

과학자들도 미국 과학자들과 협력하여 전파 수신기를 하늘로 향하게 했다. 잡음 속의 신호 하나를 포착하려는 희망을 품고서. 나사는 프로젝트 사이클롭스에 자금 지원을 고려했다. 백억 달러를 들여 1,500개의 접시형 안테나 배열을 통해 지구에서 1,000광년 이내의 거리에서 오는 신호를 포착하자는 프로젝트였다. 계획 단계를 넘어서 진행되지는 못했지만, 프로젝트 규모로 볼 때 SETI가 진지한 과학 탐구로 여겨졌음을 알 수 있다. 1970년대 중반이 되자 다양한 프로젝트가 시도되었지만 어떤 것도 유의미한 신호의 아주 희미한 흔적 하나도 포착하지 못했다. 이런 실패를 겪은데다 드레이크 방정식의 항들 중 어느 하나도 정확한 값을 추산하는 데 진전이 없자(심지어 태양계 너머에 다른 행성들이 다수 존재하는지조차 불확실했다), SETI는 더욱 쓸모없는 짓으로 보였다. 끔찍한 침묵의 시간이 이어졌을 뿐 아니라, 어디를 살펴야 할지 어떻게 신호를 들을지 아무도 마땅한 방법을 알지 못했다. 하지만 나사는 믿음을 잃지 않았으며, 1973년에는 오하이오 대학의 제조된 지 10년 된 빅 이어Big Ear 망원경이 SETI 탐사에 최적화되어 데이터를 수집하기 시작했다.

4년 후인 1977년 8월 18일, 당시 빅 이어에서 자원 활동을 하던 제리 R. 에먼Jerry R. Ehman이 자기 집 문을 두드리는 소리를 들었다. 목요일 아침이었는데, 여느 때처럼 문 앞에 서 있는 사람은 인쇄된 종이 묶음을 전달하러 온 기술자였다. 당시는 최첨단 하드디스크에 고작 2메가바이트밖에 담지 못하던 때여서, 며칠마다 누군가가 망원경에 가서 데이터를 출력하고 안테나를 청소해야 했다. 에먼은 사흘치의 출력 데이터를 식탁에 놓고서 살피기 시작했다. 그러다가 수백 개의 숫자와 문자로 뒤덮인 종이 수십 장과 마주쳤다.

숫자와 문자 목록은 상이한 시간에 망원경을 때린 신호의 세기를 나타낸다. 빈칸은 낮은 세기를 나타내며, 더 높은 세기들은 0에서부터 9까지의 숫자로 표시된다. 그보다 더 센 신호는 A에서 Z까지의 숫자를 써서 나타낸다. '빅 이어'가 줄곧 기록해

오던 데이터 대다수에는 문자가 없었으며, 1들과 2들의 열은 하늘의 일반적인 전파 잡음을 의미했다. 하지만 그날 아침 에먼이 마주한 것은 조금 달랐다. 동부 표준시로 대략 8월 15일 오후 10시 16분에 매우 강한 전파 펄스가 안테나에 수신되어, 알파벳-숫자 혼용 코드로 6EQUJ5라고 기록되어 있었다. 그 신호는 72초 동안 지속되었는데, 이 시간은 먼 전파원에서 온 신호를 지구의 자전으로 인해 망원경이 그 신호를 훑고 지나가는 시간과 정확히 일치했다. 이것은 엄청나게 중요한 사건이었다. 만약 그 신호가 지구에서 생긴 일종의 간섭 때문에 생겨났다면, 이런 식으로 치솟았다가 떨어지기란 매우 어려울 테다. 그런 신호가 지구의 회전으로 인해 망원경이 하늘을 훑는 시야와 정확하게 일치할 가능성은 너무나 낮기 때문이다. 최고 세기는 대문자 U로 표시되어 있었는데, 이는 빅 이어가 이제껏 기록한 최고 강도의 신호로서 우리은하의 배경복사 세기의 서른 배 이상이었다. 또 한 가지 이상한 점으로서, 그 신호는 파장이 21센티미터였다. 모리슨과 코코니가 1959년 〈네이처〉 논문에서 거론한 바로 그 수소선이었다. 이만하면 외계 통신의 결정적 증거가 아닐까?

에먼은 출력 데이터의 여섯 문자에다 동그라미를 치고서, 지금은 아주 유명해진 표시로 '와우!Wow'라고 휘갈겼다. 이어서 과학자답게, 그것이 다시 나오는지 살폈다. 페이지를 넘기고 또 넘겨 보아도 8월 15일 오후 10시 16분의 사건은 배경잡음 속에서 딱 한 번 일어났다. 이것이 문젯거리였는데, 그 사건은 다시 일어나야 했기 때문이다. 빅 이어 망원경은 하늘의 각 부분을 3분 간격으로 두 번 검색하기에, 비슷한 와우! 신호가 3분 후에 또 있어야 했다. 그런데 아무것도 없었다. 그렇다고 외계지성체한테서 온 신호가 아니라는 뜻은 아니다. 어쩌면 외계인은 첫 번째 신호가 검출된 후 그냥 잠시 송신기를 껐을지 모른다. 누가 알겠는가?

와우! 신호의 출처는 궁수자리 방향의 한 점으로 좁혀졌다. 태양 질량의 약 두 배인 주황색의 안정된 별로서 122광년가량 떨어져 있는 궁수자리 타우 별이 신호 출처에서 가장 가까운 밝은 별이다. 1977년 8월 이후로 세계에서 가장 민감도가 높은 전파망원경들을 이용해 그 신호를 복원하려는 숱한 시도가 있었다. 많은 시간을 들여 신호 탐색에 나섰지만, 어떤 특별한 신호도 다시 포착되지 않았다. 이후 35년이 지난 오늘날에도 만족스러운 설명이 존재하지 않는데, 진지한 과학자라면 설령 SETI에 흠뻑 빠진 이라고

와우! 신호

지금은 유명해진 에먼의 출력 데이터에는 빅 이어가 기록한 가장 센 신호가 나온다. 이 신호는 그가 적어놓은 문구대로 와우! 신호라고 한다.

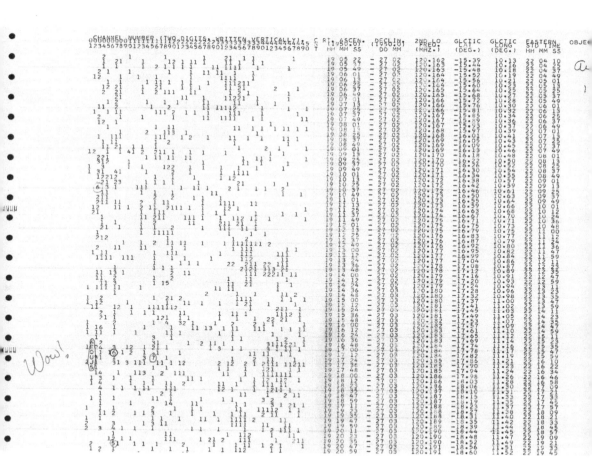

해도 그것을 외계지성체와의 통신의 결정적 증거라고 주장하지는 않을 것이다. 과학적 결과는 반복될 수 있어야 하는데, 그 관측 결과는 결코 반복되지 않았다. 단 한 번 포착된 와우! 신호는 고요한 하늘의 흥미로운 특이 현상으로 지금까지 남아 있다. 그것은 꿈속에서 벌어진 일 같으며, 거대한 침묵 속의 들릴 듯 말 듯한 속삭임 같은 것이다.

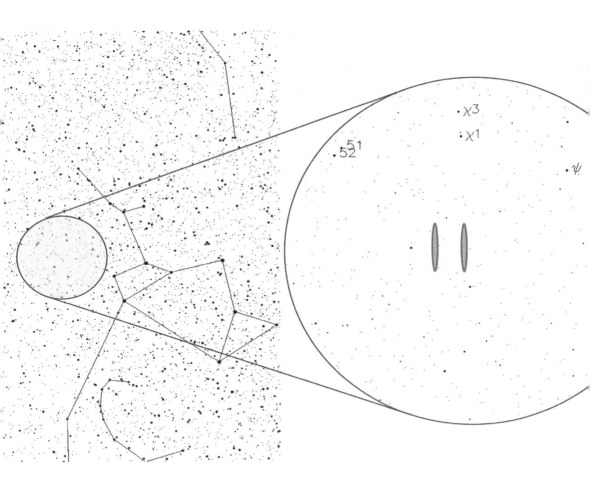

신호의 출처

이 그림은 와우! 신호의 위치를 콕 집어서 보여준다. 궁수자리의 카이 삼성계(Chi Sagittarii) 근처인. 여기 표시된 2개의 붉은 띠 가운데 하나에서 온 신호다.

우주에는 우리만 있는가?

프로토타입 탐사선

1977년에 발사된 두 보이저 우주선의 이 프로토타입은 캘리포니아 주 패서디나에 있는 나사의 제트추진연구소에서 제작되었다. 1977년 3월 탐사선은 발사를 견딜 수 있는지 알아보는 일련의 시험을 거쳤다. 모든 시험을 통과하였고, 태양계의 거대 가스 행성들 즉 목성, 토성, 천왕성, 해왕성을 탐사하기 위해 보이저 우주선들을 날려 보내는 임무가 시작되었다.

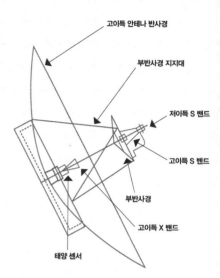

고아득 안테나

- 고아득 안테나 반사경
- 부반사경 지지대
- 저이득 S 밴드
- 고이득 S 밴드
- 부반사경
- 고아득 X 밴드
- 태양 센서

탐사선 궤도

보이저 우주선들은 태양계를 지나며 대다수 행성들을 방문했다. 각각의 방문은 행성의 중력을 이용한 슬링샷 효과로 탐사선을 날려 원하는 궤도로 보냈다.

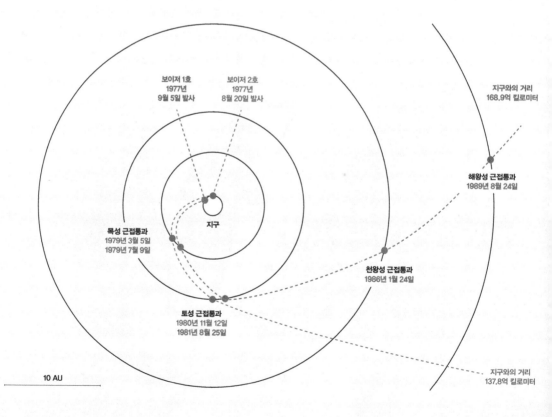

보이저 1호
1977년
9월 5일 발사

보이저 2호
1977년
8월 20일 발사

지구

지구와의 거리
168.9억 킬로미터

해왕성 근접통과
1989년 8월 24일

목성 근접통과
1979년 3월 5일
1979년 7월 9일

천왕성 근접통과
1986년 1월 24일

토성 근접통과
1980년 11월 12일
1981년 8월 25일

지구와의 거리
137.8억 킬로미터

10 AU

황금의 여행

도해의 의미

레코드를 회전하는 적절한 속도를 규정한 이진부호(3.6초)(I = 이진수 1, − = 이진수 0).
수소 원자의 기본 전이와 관련된 시간 간격인 0.70 × 10⁻⁹초 시간 단위로 표현되어 있다.

바늘이 달린 카트리지

레코드의 그림 평면도

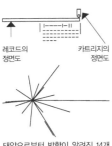

레코드의 정면도

카트리지의 정면도

태양으로부터 방향이 알려진 14개 펄서들을 이용한 태양의 위치. 이진 부호는 펄서의 주파수를 정의한다.

레코딩의 비디오 부분

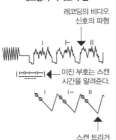

레코딩의 비디오 신호의 파형

이진 부호는 스캔 시간을 알려준다.

스캔 트리거

이것은 작고 먼 세계에서 보내는 선물입니다. 우리의 소리, 우리의 과학, 우리의 모습, 우리의 음악, 우리의 생각과 감정의 징표입니다. 우리는 우리의 시대를 살아남아 당신들의 시대 속에서 살고자 시도하고 있습니다.

– 미국 대통령, 지미 카터

제리 에먼이 와우! 신호를 포착한 지 이틀 후에, 인류는 항성 간 대화를 위해 오랫동안 계획해온 임무를 마침내 시작했다. 격정과 행운이 함께 깃든 순간에 보이저 2호가 케네디 우주센터의 스페이스 론치 콤플렉스 41 발사대 위로 우주를 향해 날아올랐다. 2주 후에는 쌍둥이 우주선 보이저 1호가 그 뒤를 따랐다.

보이저 임무는 드문 행성 배치를 이용하여 태양계의 거대 기체 행성들인 목성, 토성, 천왕성, 해왕성을 탐사하려고 추진되었다. 나는 발사 장면을 기억한다. '우주를 향한 질주'라고 적힌 일련의 찻잔 받침대도 모았는데, 거기에는 그 위대한 여정Grand Tour 임무를 가리켜 '이제껏 가장 야심 찬 무인우주선 프로젝트'라고 치켜세워져 있다. 새로 제시된 중력 도움을 이용하여 우주선은 목성, 토성, 천왕성 주위에서 가속하여 발사 10년 만에 해왕성을 마주할 수 있었다.

보이저 우주선들은 설계자들의 야심찬 꿈을 훌쩍 뛰어넘어 목성과 토성의 이국적인 위성들의 상세한 사진들을 최초로 전송했다. 보이저 2호의 경우, 계속 나아가 지금껏 천왕성과 해왕성을 방문한 유일한 우주선이 되었는데, 그곳에서 1989년 여름에 아득히 먼 얼음 위성 트리톤의 사진을 촬영했다.

이 글을 쓰고 있는 지금 2014년 7월 8일, 보이저 1호는 인간이 만든 물체 가운데서 지구로부터 127천문단위(AU) 이상 가장 멀리 날아갔는데, 너무나 멀어서 전파가 도달하는 데 17시간 30분이 걸린다. 지금 보이저 1호는 태양계의 가장 바깥 가장자리에서 항성 간 공간을 향해 나아가고 있다. 버스 크기의 그 우주선에는 충분한 전력이 있어서 2020년경까지 자신의 고향과 통신을 계속할 수 있지만 이후부터는 두절되고, 4만 년 후에는 기린자리의 적색왜성 글리제 441의 1.6광년 거리 안에서 떠돌아다닐 것이다. 보이저 2호는 밤하늘의 가장 밝은 별인 시리우스에 다다를 것이다.

스캔의 방향을 보여주는 비디오영상 프레임. 이진 부호는 스캔이 한 번 훑고 지나가는 시간을 가리킨다(사진을 한 장 완성하는 데 512개의 수직선).

적절하게 해독하면, 처음으로 나타날 영상은 원이다.

수소 원자의 가장 낮은 에너지 상태. 점과 함께 그려진 직선은 양성자와 전자의 스핀 모멘트를 가리킨다. 한 상태에서 다른 상태로의 전이 시간은 모든 커버 도해와 해독된 그림에 사용된 기본 클럭 참조 값(clock reference)을 알려준다.

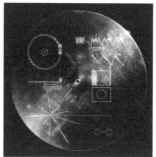

골든 디스크

머나먼 세계로 보내는 우리의 메시지. 보이저 우주선에는 이 축음판이 실려 있다. 지구의 삶을 보여줄 소리와 영상을 녹화한 것이다.

29만 6000년 후에.

보이저 호들은 태양계 밖으로 날아가는 외로운 비행을 하나의 꿈과 함께 동행한다. 40년 전에 이 우주선들의 측면에 부착된 과학 임무는 지금 생각해보면 정말로 감성적이고 희망찬 꿈이 아닐 수 없다.

보이저 골든 레코드는 병 속에 든 우리의 메시지다. 황금 도금한 구리판으로 제작된 구식 축음기 레코드 한 장이 우주를 떠다니고 있는데, 그 안에는 소리 녹음, 영상과 정보의 초현실주의적 혼합물이 들어 있다. 외계 문명에게 우리가 누군지 우리가 무엇을 아는지 그리고 우리 행성이 어떤지를 알려줄 정보가 담겼다. 그 디스크에는 116장의 영상이 들어 있다. 처음 약 30개는 과학적인 것으로서 우리 태양계, 우리의 고향 세계, 우리의 DNA 구조, 인체의 해부학적 구조, 우리의 번식과 출산에 관한 정보를 시각적으로 보여준다. 인체의 해부학적 구조가 다른 주제보다 더 큰 공간을 차지하는데, 이는 아마도 외계인의 모습이 어떨지 궁금해 견디지 못하는 우리의 태도를 반영하는 듯하다. 굳이 거창하게시리 외계인의 도덕적 감수성을 존중한답시고 나체는 허용되지 않았다! 우리는 외계인 두뇌가 내부적으로 어떻게 작동할지 상상하기 어렵다. 마찬가지로 인체를 그처럼 터무니없이 묘사한 이의 마음속에 무슨 생각이 들었던 것인지 나로서는 짐작조차 할 수 없다. 외계인들은 우리 모습을 보고 이럴지 모른다. '이 존재들은 어떻게 번식할까? 아마도 팔 끝에 매달려 있는 저 10개 부위를 이용할까? 혐오스럽군!'

삽화들은 우리 행성의 풍경과 지구의 다양한 생명을 상세히 보여주다가, 이어서 중국의 만리장성부터 슈퍼마켓에 이르기까지 우리의 생활과 우리가 세운 문명을 담은 50장의 사진을 집중적으로 보여준다. 마지막으로 현미경에서부터 망원경까지 우리가 우주를 탐구하는 데 사용하는 과학 기기들의 영상과 더불어 보이저 호들을 우주로 쏘아 보낸 타이탄 로켓의 영상이 들었다. 아울러 그 디스크에는 칼 세이건이

위원장을 맡은 위원회에서 선택한 음악과 음향이 담겨 있다. 55가지 언어로 사람이 인사하는 소리며, '지구의 소리들'을 들려주는 녹음이며, 베토벤에서부터 척 베리에 이르는 1977년의 궁극적인 90분짜리 메들리 테이프 등이다. 세이건은 비틀즈의 '히어 컴즈 더 선Here comes the Sun'을 디스크에 담고 싶었지만, EMI 사는 우주를 위한 저작권 허락을 거부했다. 어쨌거나 칼 세이건이 지구 회사에 한 방 제대로 먹이려고 그 노래를 레코드에 담는 장면을 나는 즐겨 상상한다. 천진난만한 세이건이라면 능히 그러고도 남을 테니까. 그리고 이렇게 중얼거렸을지도. "가서 가져오시려면 가져오시든가!"

골든 디스크의 바깥쪽 커버는 좀 더 기능적이다. 오디오의 경우 분당 16과 2/3회의 회전 속도로 영상과 소리를 재생하는 방법, 레코드 플레이어를 제작하는 방법과 더불어, 외계 문명이라도 그 레코드의 출처를 추적할 수 있는 지도를 담고 있다. 지도는 14개 펄서들의 위치가 표현되어 있는데, 이들 펄서의 위치는 태양을 기준으로 한다. 각각의 펄서에는 고유의 지문으로 정체를 나타내고 있다. 각 펄서마다 고유한 불변의 회전 속도를 표시해둔 것이다. 커버의 가장 중요한 내용은 정보를 푸는 열쇠(수소 원자의 스핀 구성을 설명하는 도해)에 관한 것이다. 21센티미터 수소 방출선은 자연의 근본적이고 보편적인 속성으로서, 외계인 과학자가 지구의 비밀을 풀게 해주는 로제타석인 셈이다. 디스크에는 또한 겉으로 드러나지 않는 마지막 정보가 하나 담겨 있다. 반감기가 44.68억 년인 우라늄 238의 극도로 순수한 표본이 커버 표면에 전기도금이 되어 있는 것이다. 이것은 보이저의 시계로서, 어떤 문명이라도 나이를 알아낼 수 있는 척도 구실을 한다. 단 외계인이 방사능연대측정을 부정하는 창조론자가 아니라면 말이다. 그런 외계인이라면 우리가 나체 사진을 보냈을 때 불쾌감을 느낄지 모르겠다.

이 디스크에 깃들어 있는 온갖 심사숙고와 세심한 배려에도 불구하고, 보이저 우주선은 어떤 특정한 별을 향해 나아가고 있지는 않다. 인간의 손으로 만든 이 조그마한 비행체는 아마 결코 발견되지 못할 것이다. 우주의 광대함이 이 여행자들을 삼키고 말 텐데, 보이저를 만든 과학자들과 공학자들도 당연히 그걸 알았다. 하지만 그게 요점이 아니다. 금박을 입힌 이 특사를 우주 공간으로 날려 보내는 행위 자체가 어떤 중요한 점을 담고 있다. 그것은 생명체들과 가능성들이 가득 찬 〈스타워즈〉 속의 한 은하에 살리라는 내 어린 날의 공상과학 꿈이다. 가능성이 한없이 적더라도 다른 세계에 도달하고자 하고 외계 문명과 접촉을 시도하려는 소망이다. 골든 디스크는 소용없을지 모르지만 희망으로 가득 차 있다. 기나긴 침묵 속에서 정말로 우주에 우리뿐일까 염려하는 우리의 조바심을 언젠가는 풀어줄지 모를 상자인 것이다.

'가보트와 론도'
바흐의 파르티타 3번 중에서

밤의 여왕의 아리아, 14번
마술피리, 모차르트

'차크룰로Tchakrulo'
합창, 조지아

팬파이프 & 드럼
페루

'멜랑콜리 블루스'
루이 암스트롱

백파이프
아제르바이잔

봄의 제전
스트라빈스키

평균율 클라비어 곡집
2권, 바흐

5번 교향곡
베토벤

'델료 두목이 나가셨네Izlel je Delyo Hagdutin'
불가리아

밤의 성가
나바호 인디언

'더 페어리 라운드'
앤서니 홀번의 파반느, 갤리어드, 알르망드 그리고 다른 짧은 아리아들

팬파이프
솔로몬 제도

혼례의 노래
페루

'흐르는 시냇물'
중국 진 왕조

우주의 벗들이여, 다들 안녕하신가? 식사는 하셨는가?

시간이 있으면 우리한테 한번 들르시게나.

– 마가렛 수크 칭, 보이저 골든 레코드 중

다른 세계들

매우 일어나기 어려울 듯한 사건도 시행 횟수가 매우 크면 일어날

가능성이 높아질지 모른다…. 우리은하 내의 수십 억 행성들 중 꽤

많은 수가 지적생명체를 진화시킬 수 있을 것이다. 내가 보기에 이

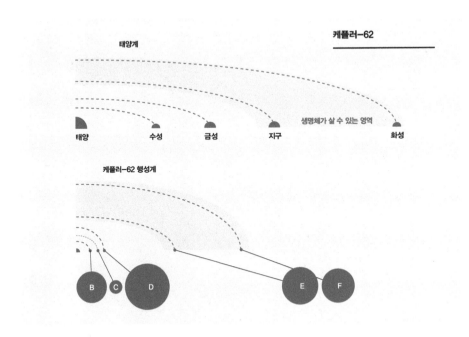

결론은 철학적으로 매우 흥미롭다. 바야흐로 과학은 물리학의 고전적인 법칙들과 더불어 지적인 존재의 행동까지도 고려해야 할 때가 되었다.

– 오토 스트루베

다시 드레이크 방정식으로 돌아가서 그것을 기틀로 삼아 우리의 고독이라는 문제를 체계적으로 다루어보자. 그 방정식은 일련의 항들로 구성되는데, 항들을 모두 곱하며 우리은하 내에서 현재 접촉 가능한 문명의 추산치가 나온다. 1961년의 그린뱅크 회의 때는 첫 번째 항의 값(우리은하 내의 별 생성률)만 정확하게 알려져 있었다. 반세기가 지난 지금 우리는 훨씬 더 많은 것을 알 수 있다. 방정식의 그다음 항은 우리은하 내 별 중에서 행성들을 거느린 별의 비율이다. 지적문명이 출현하려면 행성의 존재가 절대적으로 필요하다. 그런데 사실 문명이 꼭 고향 땅에만 머물러야 하는 건 아니긴

한데, 이 가능성은 나중에 다시 살펴보자. 하지만 생명이 출현하여 우주선을 만들 수 있는 단계까지 진화하려면 어떤 식이든 행성이 필요하다는 것은 두말할 나위가 없다.

이 우주는 무한하다고 우리는 선언한다….

그 속에는 우리와 같은 종류의 무한한 세계들이 있다.

- 조르다노 브루노, 1584년

인류는 오랜 세월 동안 다른 세계가 존재할 가능성을 생각해왔다. 코페르니쿠스가 태양계를 우주의 중심 자리에서 좌천시킨 이후로, 적어도 하늘의 별들 중 일부에는 행성계가 틀림없이 존재한다고 자연스럽게 가정할 수 있게 되었다. 하지만 이 상식적인 듯한 결론은 조르다노 브루노 이후 생각이 올바른 거의 모든 천문학자들의 견해이긴 했지만, 다른 행성의 존재는 내 평생 동안에도 교육을 통해 심어진 추측에 불과했다. 별들 사이의 광대한 거리 그리고 기술상의 한계로 인해 우리는 더 멀리 내다볼 방법이 없이 태양계 안에만 갇혀 있었다. 19세기 내내 다수의 천문학자들은 먼 행성들을 발견했다고 주장했지만, 이 관측들은 전부 틀렸다.

오늘날에는 상황이 전혀 다르다. 알고 보니 밤하늘은 온갖 세계들로 가득 차 있었다. 알려진 여러 태양계들 가운데 특히 매혹적인 것은 케플러-62라는 우리 태양보다 조금 작

케플러-62E를 새벽별로 거느리고 있는 케플러-62F

생명체가 살 수 있는 가장 작은 행성을 그린 어느 화가의 그림. 태양계와 마찬가지로 케플러-62에는 생명체가 살 수 있는 두 영역이 존재한다. 케플러-62는 지구보다 40퍼센트쯤 크다. 케플러-62e는 지구보다 60퍼센트쯤 크며, 생명체가 살 수 있는 영역의 안쪽 모서리를 따라 돈다.

우주에는 우리만 있는가?

고 더 시원한 별 주위에 위치해 있다. 지구에서 1,200광년 떨어진 거문고자리의 이 별은 그 안에 행성이 적어도 5개가 들어 있기 때문에 널리 연구되어왔다. 그중 두 행성인 케플러 62-e와 케플러 62-f가 특히 흥미로운데, 크기며 그 별로부터의 거리가 지구와 비슷하기 때문이다. 케플러-62의 햇빛이 그득 비치는 이 두 세계는 대기 조건이 적당하다면 행성 표면에 액체 물로 이루어진 바다가 있을지 모른다.

외계행성의 발견이 가능했던 까닭은 정밀 천문 관측 도구가 급격히 발전했기 때문이다. 지상, 우주 공간에 설치된 이 도구들 덕분에 우리는 별의 광휘 속을 뚫고서 그늘 속에 놓인 세계들을 볼 수 있게 되었다. 지구에서 가장 가까운 항성계인 켄타우루스자리 알파 별에서 우리 태양계를 바라본다고 상상해보자. 알파 별은 4.37광년 떨어져 있으며, 태양과 비슷한 두 별(하나는 다른 하나보다 질량이 조금 더 크다)로 이루어져 있고 서로를 대략 80년의 주기로 공전한다. 적색왜성인 켄타우루스자리 프록시마 별이 이 쌍성계와 중력으로 연결된 가장 먼 별인데, 이 별까지 합치면 느슨하게 연결된 삼중성계라고 할 수도 있다. 아무튼 40조 킬로미터 바깥에서 맨눈으로 지구 쪽을 바라보면, 우리 태양은 다른 여느 고독한 별처럼 보일 것이다. 외계행성 찾기란 쉬운 일이 아닌데, 행성은 매우 작고 희미하며 부모 별의 밝은 빛에 가려지기 때문이다. 그래서 외계행성을 직접 촬영하기란 지금도 기술적으로 매우 어려운 과제다.

밝은 별빛에서 벗어나려면, 놀랍도록 민감도가 높은 기술을 바탕으로 한 간접적인 탐지 방법이 필요했다. 1992년 4월 21일에 외계행성이 최초로 발견되었다. 푸에르토리코 아레시보 천문대의 전파천문학자 알렉산데르 볼시찬Aleksander Wolszczan과 데일 프레일Dale Frail이 이룬 쾌거였다. 둘은 지구에서 1,000광년 떨어진 PSR 1257+12라는 펄서 주위의 행성들을 찾고 있었다. 이때 펄서 타이밍pulsar timing이라는 간접적이지만 미묘한 관측 방법을 이용했다. 펄서는 회전하는 중성자별로, 우주에서 가장 특이한 천체 가운데 하나다. PSR 1257+12는 태양보다 질량이 50퍼센트 더 크지만, 반지름은 고작 10킬로미터가 조금 넘는다. 사실 그것은 0.006219초마다 자전(9,650rpm)하는 하나의 거대한 원자핵이다. 이 자세한 설명에서 여러분도 짐작했을지 모르지만, 펄서의 회전 속도를 매우 정밀하게 측정할 수 있는데, 이를 위해 마치 등대 불빛처럼 별에서 방출되는 전파 펄스 사이의 시간 간격을 잰다. 볼시찬과 프레일은 다음과 같이 추론했다. 만약 매우 큰 행성이 펄서 주위를 돌고 있다면, 중력 때문에 전파 펄스의 지구 도달 시간이 달라질 테니 그 변화를 탐지할 수 있을 것이라고. 아나나 다를까, 둘은 PSR 1257+12 주위에 두 행성이 돌고 있음을 알아냈고, 두 행성의 질량과 궤도도 측정했다. 행성 A는 질량이 지구의 0.020배이며 공전주기는 25.262일이다. 행성 B는 지구 질량의 4.3배이며 공전주기는 66.5419일이다. 이후 세 번째 행성이 발견되었는데, 질량이 지구의 3.9배이고 공전주기는 98.2114일이다. 펄서 천문학은 정말로 정밀한 과학이 아닐 수 없다.

　이것은 역사적인 관측이지만 SETI와는 직접적인 관련성이 적었다. 그런 난폭한 천체 주위의 적대적인 환경에서 생명이 살아남을 가능성은 전무하기 때문이다. 하지만 그것은 존재 증명이었다. 우리 태양계 너머에 다른 행성이 있음을 처음 발견한 것이니, 그것만으로도 경이로운 일이었다.

　태양과 비슷한 별 주위에서 지구형 행성을 찾으려면 그 방법과 다르면서도 마찬가지로 멋진 관측 방법들이 개발되어야 했다. 그중 처음으로 나온 것이 바로 시선속도법視線速度法, radial-velocity method이다. 별은 주위에 행성들을 거느린 채 행성계의 중앙에 가만히 앉아 있는 것이 아니다. 대신에 별과 행성들은 공통의 질량 중심 주위를 따라 돈다. 하나의 별을 지닌 행성계의 질량 중심은, 그 별이 질량의 거의 전부를 차지하기 때문에 언제나 별 그 자체의 내부에 있다. 하지만 지구에서 보면 별은 행성계의 질량 중심 주위를 따라 흔들흔들 도는 듯이 보일 것이다.

　행성의 존재로 인해 생기는 이러한 요동은 작지만 측정 가능하다. 태양계의 경우 목

생명체가 살 수 있는 영역

우리가 잘 알고 있듯이, 생명의 진화를 위한 가장 중요한 조건은 액체 상태의 물이다. 액체 상태의 물은 행성이 그 행성계의 중심에 있는 별로부터 충분히 멀다면 행성 표면에만 존재할 수 있다. 너무 가까워서 표면이 너무 뜨거우면 모든 물이 끓어서 우주 공간으로 날아가 버린다. 너무 멀어서 표면이 차가우면 물이 얼음으로만 존재한다. 너무 뜨겁거나 너무 차가운 상황을 가리켜 골디락스 영역이라고 한다. 골디락스 영역의 거리와 너비는 또한 중심 별의 크기와 온도에 따라 달라진다. 그 영역은 크고 뜨거운 별일 경우 멀리 위치하며 작고 차가운 별일 경우 가까이 위치한다. 헤르츠스프룽—러셀 도형(152쪽 참고), 별의 알려진 크기를 이용하면 각 행성계의 골디락스 영역을 계산할 수 있다. 이로써 관찰되는 행성이 액체 물을 지닐지, 따라서 생명 진화에 적합한 후보인지 여부를 알아낼 수 있다.

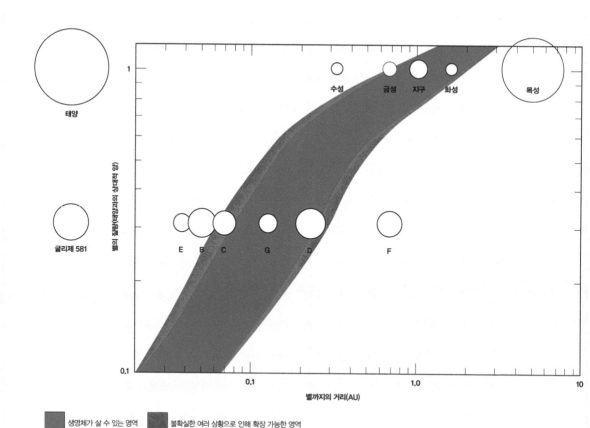

성이 태양으로 하여금 12년의 주기에 걸쳐 대략 12.4m/s의 속도 변화를 일으키며 앞뒤로 흔들거리게 만든다. 지구의 변화는 이와 비교하면 미미한데, 일 년 동안에 고작 0.1m/s 의 속도 변화를 일으킨다.

1950년대에, 향후 그린뱅크 회의의 선구자가 될 오토 스트루베는 도플러 효과를 이용하여 그런 행성 유도 요동을 탐지할 수 있다고 제안했다. 한 별이 지구 쪽으로 다가올 때는 별빛이 스펙트럼의 푸른 쪽으로 이동하는 반면에 지구에서 멀어질 때는 스펙트럼 붉은 쪽으로 별빛이 이동한

도플러 방법

오토 스트루베는 천문학 왕조의 일원이었다. 아버지, 삼촌, 할아버지와 고조할아버지가 모두 유명한 천문학자였다. 그는 1944년에 항성 분광학 연구로 영국왕립천문협회의 금메달을 수상했는데, 이로써 가문에서 이 상을 받은 네 번째 인물이 되었다.

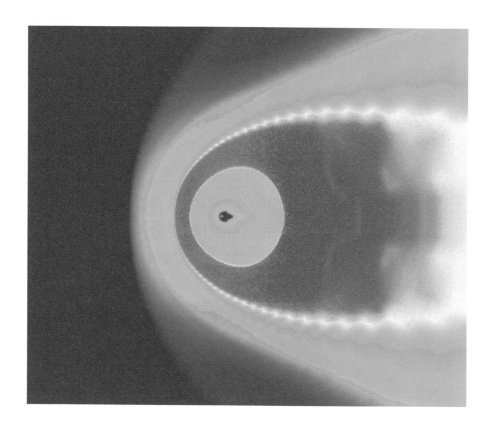

다. 그 별의 대기 속 화학원소들에 흡수된 빛의 특정 주파수(즉 색깔)를 측정함으로써 그리고 이 주파수가 여기 지구 상에서 측정된 알려진 주파수에 비해 얼마만큼 이동했는지를 측정함으로써, 그 별이 일정 기간 동안 얼마나 지구 쪽으로 또는 지구 반대쪽으로 이동했는지를 알아낼 수 있으며, 이를 이용해 해당 행성의 공전주기를 계산하고 질량을 추산할 수 있다. 행성이 2개 이상이면 별의 운동은 더 복잡해지지만, 행성들의 공전주기는 규칙적이므로 상이한 별들

태양권 모형

이 전자기유체역학(Magne-tohydrodynamics, MHD) 모형은 태양풍의 영향이 미치는 영역인 태양권(가운데 푸른 점 내부)이 왼쪽에서 오른쪽으로 이동하는 국부 성간 물질(interstellar medium, ISM)과 일으키는 상호작용을 시각적으로 보여준다.

이 별의 요동에 미치는 영향을 충분히 알아낼 수 있다.

저명한 과학자들 중에서 스트루베는 외계인의 존재를 믿는다고 공개적으로 밝힌 최초의 인물들에 속했다. 하지만 1950년대에 적색편이, 청색편이를 측정하는 데 쓰인 분광기는 초당 몇 천 미터의 속도 변화만 탐지할 수 있었는지라, 그린뱅크 회의에서 스트루베는 자신의 기법이 언젠가는 행성계가 우주에 널려 있다는 자신의 믿음을 확인시켜줄 날이 오리라고 짐작만 할 뿐이었다. 스트루베는 자신의 방법이 실제로 적용되는 것을 볼 만큼 오래 살지 못했다. 그린뱅크 회의 후 2년 만에 죽었으니, 그 기술이 스트루베의 염원을 실현시켜주기 한참 전에 세상을 떠난 것이다. 시간이 흘러 1995년이 되어서야 2명의 스위스 천문학자 미셸 마이어Michel Mayor와 디디에 켈로즈Didier Queloz가 프랑스의 오트프로방스 천문대를 이용해 행성 유도에 의한 도플러 편이를 탐지해냈다. 연구팀은 지구에서 50.9광년 떨어진 거리에서 태양과 비슷한 페가수스자리 51 별 주위를 도는 한 행성을 발견했다.

이 행성의 공식 명칭은 페가수스자리 51 b인데, 별명으로 벨레로폰이라고도 한다. 날개 달린 종마種馬 페가수스를 탔던 신화 속 그리스 영웅의 이름을 따서 지었다. 이 역사적인 발견 이후로 벨레로폰을 계속 관찰하여 꽤 자세히 살펴보았더니 그것은 두 번째 지구가 아니었다. 매우 살벌한 세계로, 수성이 태양에 접근하는 것보다 훨씬 가까운 궤적을 따라서 나흘마다 별을 공전했다. 그러나 수성과 달리 벨레로폰은 거대한 기체 행성으로서, 질량이 지구의 150배에 달하고 표면 온도는 1,000도에 육박한다. 질량은 목성의 절반밖에 안 되지만 반지름은 훨씬 더 큰데, 높은 표면 온도 때문에 부풀어 오르기 때문이다. 이런 외계행성을 가리켜 '뜨거운 목성'이라고 한다. 부모 별에 아주 가깝고 아주 커서 별에 상당한 요동을 일으키는 행성이다. 그런 까닭에 초기의 행성 사냥꾼들한테 이런 유형의 세계가 최초로 발견된 것이다.

지구와 비슷할지 모르는 행성이 존재한다는 첫 증거는 2007년에 나왔다. 칠레의

시선속도법

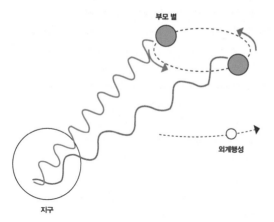

부모 별

외계행성

지구

통과법

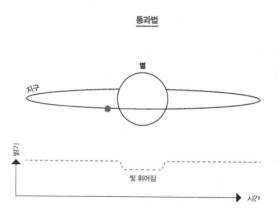

별

지구

밝기

빛 휘어짐

시간

외계행성 찾기

현재 천문학 연구의 가장 흥미진진한 분야 중 하나는 다른 별 주위의 행성, 즉 외계행성을 사냥하는 것이다. 바로 외계생명체의 고향일 가능성이 있는 곳을 찾는 일이다. 최근까지는 그런 탐사가 불가능했는데, 성간 거리를 넘어서 보기에는 행성이 너무 희미하기 때문이다. 하지만 새로운 도구 덕분에 이제 우리는 외계행성의 숨기려 해도 숨길 수 없는 신호를 포착할 수 있게 되었다. 이때 사용하는 주요 기법 두 가지는 시선속도법과 통과법(transit method)이다. 이 기법들을 이용해 수백 개 별 주위에서 개별 행성, 심지어 행성계가 발견되었다. 이 외계행성들의 질량은 지구의 몇 배에서부터 목성의 스물다섯 배까지 다양하다.

	케플러-4B	케플러-5B	케플러-6B	케플러-7B	케플러-8B
플럭스	(그래프)	(그래프)	(그래프)	(그래프)	(그래프)
공전주기 (지구일)	3.2일	3.5일	3.2일	4.9일	3.5일
지구 질량	4.31	18.8	15.0	16.9	18.3

남유럽천문대에서 연구하는 스테판 오드리Stephan Audrey와 그의 연구팀이 지구에서 고작 20광년쯤 떨어진 적색왜성 글리제 581 주위를 도는 한 행성을 발견했다고 알렸던 것이다. 이것은 그 별 주위에서 발견된 두 번째 행성이었는데도, 글리제 581-c는 지구와 비슷한 성질을 보인 까닭에 전세계에 걸쳐 헤드라인 뉴스를 장식했다. 이 행성은 돌의 세계로, 질량은 지구의 약 다섯 배이며 부모 별과 적당한 거리만큼 떨어져 있기에 표면에 액체 상태의 물이 존재할 가능성이 높다. 바로 그 사실로부터 공상과학의 꿈이 펼쳐진다. 추가 연구를 해보니, 글리제 581-c가 생명체를 뒷받침할 필요한 조건인지 미심쩍어졌다. 하지만 2009년 3월 두번째 지구를 찾는 사냥꾼들은 또 하나의 전용 과학 도구를

글리제 581-c
————————

글리제 581-c(오른쪽)는 지구와 비슷한 성질 때문에 뉴스의 헤드라인을 장식했다. 컴퓨터 합성 비교 사진에 나오는 이 행성은 지구 질량의 다섯 배이며, 지구로부터 약 20.3광년 거리에 있다.

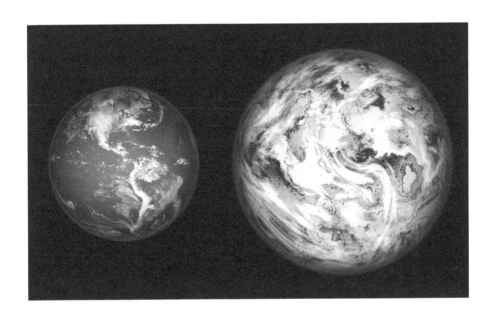

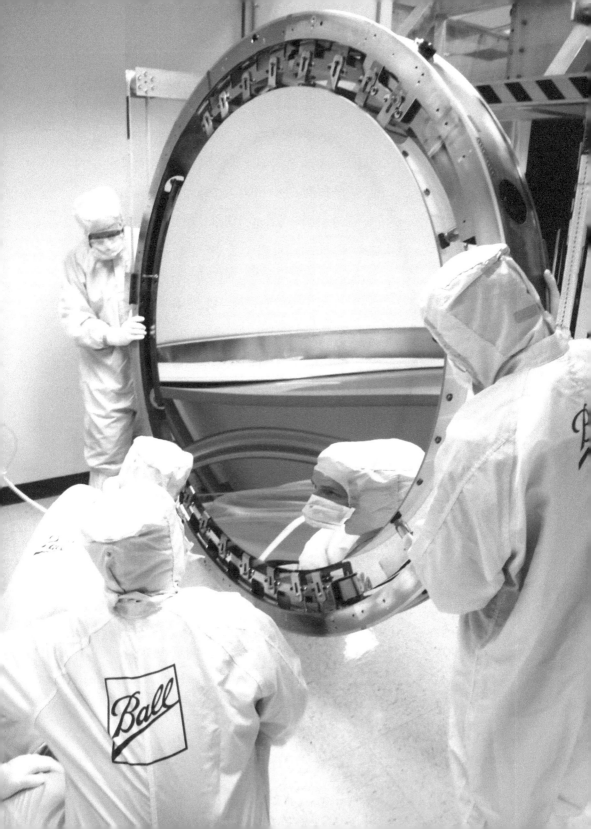

케플러 우주망원경의 주 거
울을 검사하는 기술자들. 이
망원경은 우리은하 내의 행
성 분포에 관한 우리의 지식
을 근본적으로 뒤엎었다.

손에 넣었고, 그걸 이용해서 새로운 데이터들이 쏟아졌다.

케플러 우주망원경은 우리은하 내 행성들의 분포에 관한
우리의 지식을 근본적으로 뒤엎었다. 케플러 우주망원경
은 다수의 탐지기와 수많은 목적을 지닌 범용 관측도구가
아니다. 그 망원경은 하나의 목적을 위해 설계되었다. 바로
지구형 행성을 찾는 것. 지구 대기의 왜곡 효과에서 자유로
운 케플러는 고정밀도 광도계를 장착하고 있다. 이 광도계
로 광도를 측정한 10만 개 이상의 별들이 생명체를 뒷받침
할 만큼 안정적인 행성들을 거느리고 있을 것으로 보인다.
그리고 케플러는 통과법이라는 기법을 사용해 행성을 찾는
다. 만약 한 행성이 지구에서 보이는 한 별의 표면을 가로
질러 지나간다면, 별의 관찰된 밝기는 미세하게나마 줄어
들 것이다. 케플러의 광도계는 0.01퍼센트 미만의 밝기(정밀
한 천문학 용어로 말하자면, 겉보기 등급) 변화까지 측정할 수 있다.
밝기의 반복적인 감소를 관측하면 행성의 공전주기와 더
불어 밝기 변화의 세부사항도 알아낼 수 있다. 이런 내용을
궤도에 관한 지식과 결합하면 두 번째 지구의 후보인 행성
의 크기와 질량도 추산해낼 수 있다. 통과법은 외계행성 사
냥에서 대단한 전과를 올리긴 했지만, 이 기법은 전적으로
신뢰하기는 어렵고 종종 거짓 양성 결과를 내놓는다. 일단
촉망 받는 후보 하나가 발견되면, 그 위치를 지상의 망원
경에 전송해 자세한 분석을 해보는데, 만약 사실로 확인되
면 대단한 발견으로 인정받게 된다. 케플러는 2009년 5월

우주에는 우리만 있는가?

에 본격 가동된 이후, 통과법을 이용해 엄청난 규모로 행성들을 사냥하고 있다. 이 글을 쓰는 2014년 7월 현재, 나사의 외계행성 목록에는 1,737개의 확인된 행성들이 들어 있는데, 그중 50퍼센트 이상은 케플러 데이터를 이용해서 발견되었다. 케플러가 우리은하 내 소수의 행성계만 탐색할 수 있음을 감안할 때, 정말 놀라운 숫자가 아닐 수 없다. 케플러는 백조자리, 거문고자리, 용자리 별자리의 약 0.3퍼센트만 보았는데, 심지어 이 작은 영역 내에서 그 망원경은 부모 별과 지구 사이에서 직접 통과하는 행성들만을 탐지해

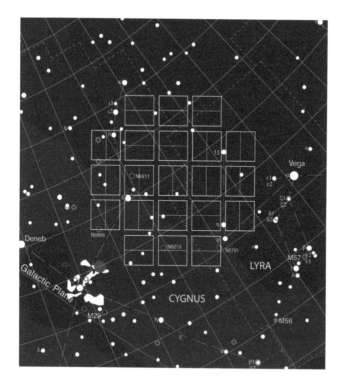

케플러 우주망원경의 시야

이 별 지도는 백조자리와 거문고자리를 보여준다. 네모로 표시된 영역은 망원경의 시야를 가리키는데, 여기에 10만 개 이상의 별이 포함되어 있다.

낼 수 있다. 만약 행성의 공전궤도면이 알맞지 않은 각도이면 케플러는 그런 행성들은 전혀 보지 못하는데, 그럴 경우가 훨씬 더 많다. 게다가 케플러의 관측 기간은 고작 4년에 지나지 않았다. 또한 궤도를 측정하려면 한 차례 이상의 통과를 보아야 하므로 그 망원경은 4년 이상의 공전주기를 지닌 행성들은 보지 못한 셈이다. 이는 태양계 바깥의 모든 외계행성에 해당되는 말이다. 그리고 마지막으로 케플러는 대략 3,000광년 거리의 별까지만 볼 수 있는데, 정작 우리은하의 지름은 10만 광년이나 된다. 그렇기에 케플러의 데이터 집합은 태양계 바깥 행성계의 극히 미미한 비율만 담고 있는 것이다. 이런 손실은 전부 통계적 방법으로 보정될 수 있는데, 그렇게 얻은 데이터를 종합하면 드레이크 방정식에 대입할 신뢰할 만한 관측 기반 숫자가 얻어진다. 행성계를 거느린 별의 비율은 100퍼센트에 가깝다! 평균적으로 우리은하에는 별당 적어도 1개의 행성이 있기에, 확신을 갖고서 우리는 드레이크 방정식의 두 번째 항에 그 값, $f_p = 1$을 대입할 수 있다.

이 굉장한 케플러 임무는 2016년까지 지속될 것으로 예상되었지만, 기기 오작동으로 판단하건대 이제는 행성 탐색 활동을 종료했다고 볼 수도 있다. 그렇기는 해도 방대한 분량의 데이터는 지금도 처리되고 있으며, 여태까지의 데이터만 보아도 케플러는 먼 별들 주위를 공전하는 최대 3,000개까지의 행성들에 대한 증거를 확보한 듯하다.

이는 SETI 마니아들에게는 고무적인 일이다. 하지만 문명 사냥의 경우, 정말로 중요한 것은 외계행성의 수가 아니다. 대신에 그런 행성들 중 몇 개가 생명을 뒷받침할 수 있느냐가 중요하다. 그것이 바로 드레이크 방정식의 그다음 항, 생명을 뒷받침할 수 있는 행성들을 거느린 별당 행성들의 평균 개수 n_e이다. 이것을 가리켜 때때로 골디락스 문제라고도 한다. 즉 수십억 행성들 중 몇 개가 너무 춥지도 너무 덥지도 않고 행성 표면에 생명이 존재할 수 있기에 딱 알맞은 환경일까?

생명의 레시피

액체 상태의 물이 널리 퍼져 있는 영역, 복잡한 유기 분자들의 결합에 우호적인 조건, 그리고 대사 작용을 가능하게 해주는 에너지원

– 나사, 2008년

왜 지구일까? 우리 행성이 생명의 고향이 된 까닭은 무엇일까? 2008년에 나사는 일군의 과학자들로 연구팀을 꾸렸다. 현재의 과학 지식으로 볼 때 한 행성이 생명을 뒷받침하기 위해 필요한 성질들을 가장 기본적인 용어들로 정의하기 위해서였다. 목록의 제일 위에 오른 것은 액체 상태의 물이었다. 이것은 거의 모든 생물학자가 생명에 필수적이라는 데 동의한 구성요소다. 물은 특별히 복잡한 액체인데, 언뜻 단순해 보이는 H_2O 분자들은 수소결합으로 느슨하게 결합된 큰 화합물들을 생성해낸다. 물은 생명 현상의 발판을 마련해주는데, 분자들을 붙잡아서 화학반응이 일어나는 정확한 방향으로 이끈다. 훌륭한 용매인 이 물은 대단히 넓은 범위의 온도와 압력에서 액체 상태로 유지된다. 흔히 하는 말로, 우리는 물을 이해하기 전까지 결코 생명을 제대로 이해하지 못할 것이다. 그 정도로 물은 지구의 생명 작용에 핵심적인 역할을 한다. 다행히도 물은 우주에 풍

가장 뜨거운 계단

자연의 싱크홀. 안데스 고원의 석회석 지대의 지반이 꺼진 모습. 대략 500~600년 전에 잉카 제국은 이곳을 단장하여 원형 계단을 만들었다. 이곳은 기본적인 농업 연구 단지였으리라고 짐작된다. 계단마다 일정 범위의 미시기후(미기후)가 존재하기에, 그 각각이 작물들의 재배 가능 지역이었던 듯하다. TV 촬영지로 안성맞춤인 곳.

우주에는 우리만 있는가?

부하다. 수소는 가장 흔한 원소로서, 질량으로 볼 때 우주의 모든 물질의 74퍼센트를 차지한다. 산소는 세 번째로 풍부한 원소로, 약 1퍼센트를 차지한다. 반응성이 높은 이 두 원자들은 언제든 여건만 마련되면 결합하여 물이 된다. 물은 120억 년 동안 우주에 존재해오고 있는데, 우리가 그걸 어떻게 아느냐면 직접 보았기 때문이다. 2011년 7월, 거대한 물의 저장고가 APM 08279+5255라는 활발한 은하 주위에서 발견되었다. 그곳의 구름에는 지구 바닷물 양의 140조 배 이상의 물이 포함되어 있었다. 120억 광년 이상 떨어져 있으며, 빅뱅 이후 20억 년이 지나지 않아 생겨난 곳이다. 따라서 물은 생명에 필수적인데, 다행히도 우주 전체에 걸쳐 매우 흔하다.

그러나 태양계에는 물이 세 가지 상태, 즉 액체와 기체 그리고 고체로 존재하기에 딱 알맞은 표면 조건을 갖춘 곳은 지구뿐이다. 북극과 높은 산의 정상 부근에는 얼음이 존재한다. 대기 속에서는 수증기 구름이 비와 눈을 생성하여 떨어뜨리고, 이것은 다시 강으로 흘러들어 지구 표면의 70퍼센트 이상을 차지하는 바다를 이룬다. 화성에도 물이 있지만, 이 차가운 붉은 행성에서 물은 북극, 지하 깊숙한 곳에 갇힌 얼음의 형태로만 존재한다. 그러나 지면 아래에는 액체 호수가 존재할지 모른다. 금성은 한때는 축축했을지 모르지만, 태양에 너무 가까워 온실효과가 없는 탓에, 원시 해양의 물은 전부 펄펄 끓어서 수증기가 우주 밖으로 사라졌다. 그렇다면 지구와 태양 사이의 거리가 생명의 지속 가능성을 정의하는 척도인 듯하다. 만약 지구가 태양에 더 가까워진다면, 온도가 상승하여 바닷물이 대기 속으로 증발할 것이다. 그리고 온도가 너무 올라가면 물 분자는 드디어 우주 공간으로 빠져나가서 지구는 메마른 금성 같은 세계가 되고 말 것이다. 반대로 지구가 화성 쪽으로 가까워지면, 온도가 떨어져서 마침내 표면의 물이 얼고 말 것이다.

따라서 생명의 세계를 찾으려면 지구와 태양 사이의 거리와 거의 동일하게 부모별로부터 떨어진 행성들을 찾고 싶은 유혹이 든다. 이런 생각은 지나치게 단순한 짐

물의 순환

잉카 지역의 한 계곡에 있는 고대의 염전. 물은 녹은 얼음이 흘러 온 것인데, 이 물이 증발하여 소금을 남긴다. 물이 세 가지 상태, 즉 고체 얼음과 액체 물 그리고 수증기로 존재함을 보여주는 예다.

작인데, 상황이 훨씬 더 복잡하기 때문이다. 한 행성 표면의 조건은 여러 요소들에 달려 있으며, 별과의 거리는 그중 하나일 뿐이다. 행성의 질량은 대기의 분자들에 가하는 중력을 결정하고, 이 중력은 어떤 분자들이 특정 온도에서 대기에 머물 수 있는지를 결정한다. 이것이 중요한 까닭은 대기가 한 행성의 표면 온도를 정하는 데 결정적인 역할을 하기 때문이다. 금성은 태양을 제외하고 태양계 내 다른 어떤 곳보다 표면 온도가 높다. 수성보다 태양에서 훨씬 더 멀리 떨어져 있는데도 온실효과로 생긴 기체들이 대기에 가득 차 있기 때문이다. 한편 달은 질량이 작아서 대기가 매우

헤르츠스프룽–러셀 도표

별의 크기와 표면 온도는 별 주위를 공전하는 행성이 액체 상태의 물을 가질 수 있도록 해주는 적절한 거리를 계산하는 데 핵심 요소다. 크기와 표면 온도는 또한 별의 일생 동안 달라지는데, 그 결과 골디락스 영역은 별에 가까운 쪽으로 이동한다. 늙은 별일수록 더 낮은 온도에서 연소하는 경향이 있기 때문이다.

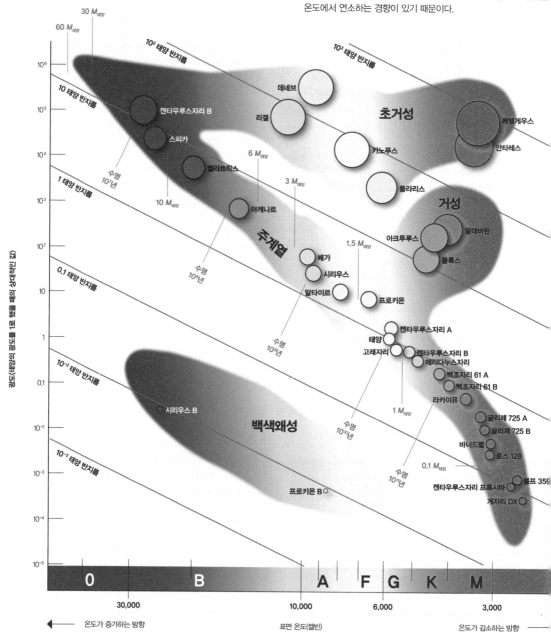

세로축: 광도(태양의 광도를 1로 했을 때의 상대적 광도)

가로축: 표면 온도(켈빈)

30,000   10,000   6,000   3,000

← 온도가 증가하는 방향   온도가 감소하는 방향 →

적은 까닭에, 태양과의 거리가 지구와 동일한데도 표면 온도는 직사광선을 받으면 120도까지 치솟고 밤에는 −150도까지 떨어진다. 나사의 달 정찰 궤도 탐사선LRO이 측정한 바에 따르면, 달의 북극에 있는 한 분화구의 가장자리는 이제껏 태양계에서 최고로 낮은 온도인 −247도를 기록했다. 달의 자전축은 공전궤도면과 거의 수직인지라 햇빛을 받지 못한 지역이기 때문이다. 대기의 구성성분은 어느 정도 행성의 지형에 의해 결정된다. 지구의 경우 판구조가 대기의 이산화탄소 양을 조절하는 데 중요한 역할을 한다. CO_2는 온실가스인지라, 농도가 높아지면 온도 상승을 초래한다. 그러나 화산 폭발로 인해 대기에 이산화황이 존재하면 행성의 표면을 식힐 수 있다. 황산염 에어로졸이 햇빛을 반사시켜 우주 공간으로 되돌려 보내기 때문이다. 일례로 1991년 6월에 발생한 피나투보 화산 폭발로 인해 지구의 표면 온도는 폭발 이후 3년 동안 1.3도까지 떨어졌다. 그리고 잊지 말아야 할 것이, 생명 자체가 행성의 대기 구성성분을 꽤 급속하게 바꾼다는 사실이다. 오늘날 지구의 대기는 생명체 활동의 산물이다. 광합성 생물이 진화하기 전에는 대기에 자유 산소는 매우 적었는데, 식물들은 CO_2를 대기에서 제거하고 생물체 내에 저장하는 데 중요한 역할을 한다. 행성의 질량, 자전축, 공전궤도, 지형, 대기 구성성분이 전부 복잡한 방식으로 협력하여 평균적인 표면 온도와 대기압을 결정하는데, 이것이 결국 액체 상태의 물이 표면에 존재할 수 있는지 여부를 정한다. 그리고 생명이 유지되려면, 그런 환경을 갖추는 일에 생명 자체도 참여해야 한다.

행성 너머에서 생명의 세계를 만드는 데 핵심적으로 중요한 요소는 물론 부모 별 자체인데, 별들은 분명 전부 제각각이다. 우리은하 내에는 2,000억 개 이상의 별이 있다. 알려진 가장 큰 초거대 별은 지름이 태양의 1,500배를 넘는다. 만약 그런 별이 태양계의 중심에 있다면, 목성까지 집어삼킬 것이다. 스펙트럼의 반대편 끝에는 작은 적색왜성이 있는데, 지름이 태양의 절반쯤에서부터 10분의 1까지 정도로 작다. 이

글을 쓰는 현재까지 알려진 가장 작은 별은 2MASS JO5233822-1403022라는 것인데, 태양보다 8,000배나 어두우며 목성보다도 크기가 작다(하지만 밀도는 더 높다).

물리학에서는 늘 그렇듯이, 이러한 별 무리를 이해하려면 그래프를 그리면 좋다. 천문학 전체를 통틀어 가장 유명한 그래프는 헤르츠스프룽-러셀 도표라는 것이다. 각각 독립적으로 이 도표를 작성했던 천문학자 아이나르 헤르츠스프룽과 헨리 노리스 러셀Henry Norris Russell, 1877~1957의 이름을 딴 명칭이다. 둘은 별의 표면 온도(이것은 별의 색깔과 직접적으로 관련되는데, 뜨거운 별은 푸르거나 밝은 흰색이며, 차가운 별은 붉다)를 밝기에 대하여 그래프로 그려보았다. 그러자 별들이 그래프 상에 무작위로 분포되어 있지 않음이 명백하게 드러났다. 대다수는 오른쪽 아래에서 왼쪽 위로 올라가는 띠 구간에 놓여 있다. 이 띠를 가리켜 주계열이라고 한다. 우리의 노란 태양은 주계열의 가운데 부근에 위치하며, 이 띠의 모든 별들은 동일한 방식으로 에너지를 생성한다. 즉 별의 중앙에서 수소 원자들을 융합해 헬륨을 생성하여 에너지를 만든다. 이 별들을 '표준적인 별'이라고 불러도 좋다. 하지만 질량이며 수명 그리고 생명이 있는 행성계를 뒷받침하기의 적합성 등은 별마다 천차만별이다.

주계열 현상의 바탕이 되는 물리학적 원리는 간단하다. 별들은 수소와 헬륨의 구름인데, 우주에 얼마만큼 존재하는지 꽤 정확하게 추산 가능한 이 풍부한 원소들은 자체 중력으로 인해 붕괴된다. 붕괴되면서 구름은 뜨거워진다. 당연한 일이다. 모든 기체는 압축되면 뜨거워지기 때문이다. 자전거 타이어에 바람을 불어넣어보라. 마침내 붕괴되는 기체의 공이 너무 뜨거워지면 양으로 대전된 수소 원자들은 상호 전자기 반발력을 이겨내고 함께 융합되고, 이 핵반응을 통해 헬륨을 생성한다. 이때 엄청난 양의 에너지가 방출되면서 기체를 한층 뜨겁게 가열시켜 핵반응의 속도를 높이고 계속 기체가 뜨거워지게 만든다. 뜨거운 기체들은 팽창하려고 하며, 따라서 결국에는 중력으로 인해 안쪽으로 찌그러지는 힘과 핵반응으로 인해 뜨거워진 기체들이 가하는 바깥쪽 방향의 압력 사이의 균형에 도달하게 된다. 이것이 우리 태양의 현재 상태인데, 다행스럽게도 매초 6억 톤의 수소를 헬륨으로 변환시킴으로써 중력으로 인한 붕괴에 맞서고 있다. 질량이 더 적은 별일 경우에는 내부로 향하는 중력이 더 약하므로 더 낮은 온도에서 균형에 이른다. 표면 온도가 낮은 별은 우리 태양보다 더 붉고 또한 덜 밝다. 이런 별들은 도표의 오른쪽 아래에 있으며, 적색왜성이라고 한다. 앞에서 이미 적색왜성의 사례를 만난 적이 있는데, 바로 우리와 가장 가까운 이웃 별 고래자리 프록시마다. 적색왜성은 또한 주계열상의 별들 가운데서 수명이 가장 길다. 중력과의 안정적인 균형에 도달하기 위해 연료를 천천히 때도 되기 때문이다.

주계열의 다른 쪽에는 육중한 푸른 별들이 있다. 우리 태양의 열 배가 넘는 질량인지라 안쪽으로 향하는 중력이 강력하기에, 이 별들은 중력 붕괴에 맞서려면 수소 연료를 마구잡이로 태워야 한다. 따라서 뜨겁고 푸른색이며 단명한다. 가장 큰 주계열 별들은 핵 연료를 대략 천만 년 동안 사용하는데, 그 시점에 이르면 주계열을 떠나서 적색거성이 된다. 적색거성은 오리온자리의 유명한 베텔게우스처럼 삶의 막바지에 가까운 별이다. 중심부에 수소가 고갈된 탓에 적색거성은 헬륨을 융합시켜 탄소나 산소 같은 더 무거운 원소들을 만들기 시작한다. 그러므로 적색거성이 바로 우리 몸의 대다수 무거운 원소들의 기원이다. 적색거성의 중심부는 결국에는 지고 말 중력과의 싸움으로 무진장 뜨거워지고, 이로써 별의 바깥층이 팽창하여 식는다. 그런 까닭에 적색거성은 헤르츠스프룽-러셀 도표의 오른쪽 위에 놓인다. 적색거성은 거대하므로 밝게 빛나지만, 식은 표면 때문에 진한 붉은색을 띤다. 적색거성은 고작 몇 백만 년 동안 지속되다가 핵연료를 고갈하게 되는데, 그 시점에서 바깥층을 날려 보내면서 자연의 가장 아름다운 장관 중 하나인 행성상성운planetary nebula이 된다. 탄소와 산소가 풍부한 바로 이 구름이 결국 생명의 구성요소를 은하 속에 퍼뜨리는 역할을 한다. 여러분 몸의 구성요소 또한 50억 년 이전의 어느 시점에 생겨난 한 행성상

성운의 일부였을 가능성이 농후하다. 이 성운의 가운데 중심부가 식어 별의 중심부가 차츰 사라지면서, 결국에는 백색왜성으로 변한다. 이 별들은 헤르츠스프룽-러셀 도표의 왼쪽 아래에 놓인다.

우리은하에는 다른 이색적인 별들도 소량 존재한다. 데네브와 같은 거대하고 푸른 초거성들은 극도로 뜨거우며 극도로 밝다. 케플러 우주망원경의 시야에서 가장 밝은 별인 백조자리의 데네브는 태양보다 거의 20만 배쯤 밝으며, 질량은 태양의 스무 배다. 이 별은 핵연료를 굉장한 속도로 연소한다. 아마도 몇 백만 년 이내에 초신성폭발을 일으키며 블랙홀이 될 것이다.

따라서 헤르츠스프룽-러셀 도표는 별 진화를 이해하는 열쇠이며, 행성 사냥꾼들을 위한 요긴한 정보를 담고 있다. 주계열에 위치하지 않는 별들은 생명에 알맞은 조건을 갖춘 행성을 거느릴 가능성이 매우 낮다. 그런 별들은 격렬하게 빛나며 수명이 짧거나, 아니면 난폭함과 변화로 점철된 생활사를 갖는다. 수소를 연소시키는 별들로 이루어진 주계열상의 별들이야말로 안정성에 어울리는 후보들이다. 하지만 거기에서도 질량이 더 크고 더 밝은 별들은 복잡한 생명이 출현하기에는 수명이 너무 짧을 가능성이 높다. 지구에서는 생명이 30억 년 넘게 지속되다가 고작 5억 5000만 년 전에야 캄브리아기 대폭발로 복잡한 생명체들이 출현했다. 지구의 생명의 역사는 조금 후에 더 자세히 논할 것이므로, 지금으로서는 약 10억 년보다 꽤 짧은 수명을 지닌 별들은 지적 문명을 갖춘 행성들을 거느리기 어렵다고 추측하는 정도로 그치자. 그러면 주계열의 왼쪽 위에 있는 푸른 별들은 후보군에서 빠진다. 밤하늘의 가장 밝은 별이자 태양 질량의 고작 두 배인 시리우스 같은 낯익은 별들도 아마도 배제될 듯하다. 주계열상의 수명이 기껏해야 10억 년쯤으로 예상되기 때문이다. 따라서 복잡한 생명을 뒷받침할 수 있는 행성계의 후보로는 우리 태양 질량의 두 배 미만인 주계열상의 별들만 남았다.

고양이눈 성운

나사의 허블 우주망원경이 찍은 이 사진은 바깥층들을 날려 보내며 죽어가는 별의 묘한 아름다움을 잘 드러낸다.

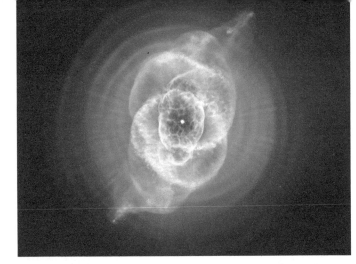

생명을 주는 별

주계열 내의 안정적인 별들은 지구와 같은 행성에서 생명을 유지시키는 데 필요한 열과 빛을 제공한다.

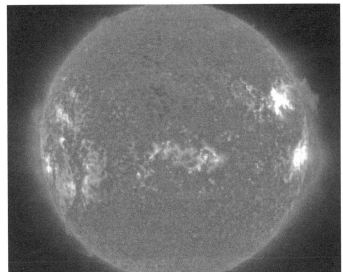

초거성

안타레스(사진의 왼쪽 아래에 있는 흰 별)는 초거성의 가장 유명한 예다.

생명을 뒷받침할 수 있는 별들의 질량에는 하한선도 존재할지 모르는데, 이는 요즘 활발히 연구되고 있는 분야다. 우리은하 내 별들의 대략 80퍼센트는 적색왜성이고, 다수는 행성계를 거느린다고 알려져 있다. 적색왜성은 예상 수명이 수조 년에 이를 것으로 보이기에, 수명은 문제가 되지 않는다. 하지만 연료를 검소하게 사용하는 데도 적색왜성은 방출하는 빛의 세기가 변덕스러운 편이다. 흑점이 빛의 세기를 장기간에 걸쳐 두 배나 감소시킬 수 있으며, 반대로 난폭하게 치솟는 표면 불꽃은 며칠 또는 심지어 몇 분 동안 빛의 밝기를 두 배나 증가시킬 수도 있다. 따라서 적색왜성 주위를 공전하는 행성들은 유입되는 빛과 복사선의 양이 급격하게 변할 수 있다. 게

골디락스 영역 바깥에서

유로파에서 본 목성. 유로파에는 지표 아래의 액체 상태의 물에서 생명이 존재할 가능성이 있다.

다가 방출되는 별빛이 적기 때문에, 행성들은 대기의 세세한 상황과 무관하게 액체 상태의 물이 표면에 존재할 만큼 따뜻해지려면 별에 매우 가까워져야 한다. 행성이 별과 가까이서 공전하면 조석 고정tidally locked 현상이 발생하여, 한쪽 반구는 영원히 별을 향하고 다른 쪽 반구는 영원히 우주의 어둠을 향하게 된다. 달이 한쪽 면만 보이는 것도 바로 이 때문이다. 조석 고정은 행성 가까이 공전하는 위성이나 별 가까이 공전하는 행성에게는 피할 수 없는 숙명이다. 이로 인해 적색왜성 주위의 생명체가 살 수 있는 한 행성에는 특이한 유형의 기후가 생긴다. 즉 영원히 낮인 지역과 영원히 밤인 지역으로 나뉘는 것이다.

그러나 이런 온갖 문제점들이 있긴 하지만, 최근의 컴퓨터 모델링에 의하면 적색왜성의 행성은 안정적인 표면 조건을 유지할 수 있을지 모른다. 단 행성에 두터운 절연성의 대기와 깊은 바다가 있고 생명이 (우리에게는) 낯선 이런 조건에서 진화할 시간이 많다면 말이다. 그래도 헤르츠스프룽–러셀 도표의 작은 질량 구역을 차지하는 적색왜성이 생명의 행성계를 거느릴 후보일 수 있는지는 아직 불분명하다.

그렇다면 이제 우리는 어떻게 해야 할까? 만약 보수적인 길을 택해서 주계열상의 태양과 비슷한 주황색과 노란색 별에 관심을 집중한다면, 우리은하 내에 이러한 소위 F, G, K 유형 별들을 케플러 데이터를 통해 살펴볼 수 있다. 그래서 그중 몇 개가 적절한 궤도를 따라 공전하는 암석 행성으로서, 적어도 원리적으로 표면에 액체 상태의 물이 존재할 수 있는지 추산해내면 된다. 이런 행성들은 이른바 생명체가 살 수 있는 영역 내에 위치하는데, 이런 행성의 수를 알아내서 드레이크 방정식에 대입하면 되는 것이다. 실제로 그랬더니 결과는 놀라웠다. 최근의 한 연구에서 케플러 데이터 집합에서 10개의 행성이 지구와 비슷하다고 확인되었다. 이들은 장기간에 걸쳐 표면에 액체 상태의 물이 존재할 수 있게끔 질량과 구성성분이 적절하고 F, G, K 유형의 주계열 부모 별 주위의 적절한 거리에서 공전하고 있다. 지구와 비교하여 다른 행성계의 배치 상태를 감안하여 온갖 통계적 보정을 거치고 더 긴 공전주기를 지닌 행성들을 관측할 수 없었던 점까지 고려할 때, 케플러의 시야에 생명체를 뒷받침할 수 있는 지구형 행성의 수는 1만 개 정도라고 타당하게 추산할 수 있다. 그러니까 우리은하 내의 F, G, K 유형 별의 약 4분의 1이 생명의 행성들을 거느릴 수 있다는 뜻이다. 결론적으로 우리은하에는 생명이 살 수 있는 행성이 백억 개나 된다는 말이다. 적색왜성 주위의 행성도 생명체가 살 수 있는 영역이라고 본다면, 숫자는 두 배 이상이 된다.

 별 주위의 생명체가 살 수 있는 영역에 관해 마지막으로 언급해야 할 점이 있다. 우리 태양계의 경우 금성과 화성, 지구는 생명체가 살 수 있는 영역인데, 다른 장소에도 생명이 존재할지 모른다. 목성과 토성의 여러 위성은 행성 크기의 세계이며, 알려지기로 목성의 위성인 유로파와 가니메데 그리고 토성의 거대 위성인 타이탄, 작지만 활동적인 엔셀라두스도 지표면 아래의 바다나 호수에 액체 상태의 물이 존재한다. 특히 유로파는 비록 태양 주위의 생명체가 살 수 있는 영역 바깥에 놓여 있지만 지구 이외에 생명을 뒷받침할 수 있는 가능성이 가장 큰 곳으로 여겨진다. 만약 행성 크기의 위성들도 별 주위의 확장된 생명체가 살 수 있는 영역일 가능성을 우리가 받아들인다면, 우리은하 내에서 생명체가 살 수 있는 세계의 수는 상당히 많아진다.

 그린뱅크 회의 이후 50년이 지나면서, 드레이크 방정식의 첫 세 항은 실험 데이터를 통해 값이 알려졌다. SETI로서는 고무적인 일이다. 물론 불확실성이 크며, 학문적 문헌에는 데이터를 상이하게 해석한 사례도 여럿 볼 수 있다. 하지만 분명한 것은 우리은하 내 생명체의 잠재적인 고향들의 수는 적게 잡아도 수억 군데, 가장 크게 잡으면 수십 억 군데로 추산된다. 천문학적인 관점에서 볼 때 우리은하는 생명으로 가득 차 있을 수 있다. 드레이크 방정식의 다음 세 항은 생물학적이다. 이 항들은 생명이 적절한 조건의 행성에서 저절로 출현할 확률, 그리고 처음 출현해 필연적으로 단순할 수밖에 없는 생명이 기술문명을 세울 정도로 복잡한 지적 생명체로 진화할 확률에 관한 것이다. 이제부터 이 어려운 질문들을 살펴보자.

기원

지구는 45.4 ± 0.7억 년 전에 젊은 태양 주위를 도는 납작한 먼지 원반으로부터 생겨났다. 생겨난 지 몇 억 년 동안은 결코 쾌적한 행성이 아니었다. 화산 활동이 활발한 굉장히 뜨거운데다가 소행성과 혜성의 폭격이 끊이지 않았다. 적어도 한 차례 다른 행성과 충돌했는데, 그 결과 자전축이 23.5도 기울었고 달이 생겨났다.

　서서히 태양계는 정돈이 되어갔고, 지구도 식어서 액체 상태의 물이 표면에 존재할 수 있게 되었다. 액체 상태의 물이 44억 년 전부터 존재했다는 증거도 있긴 하지만, 우리 행성이 38억 년 전의 늦은 폭격이 끝났을 때는 이미 확실히 푸르러져 있었다. 그리고 이 무렵이 바로 생명의 첫 증거가 나온 시기다. 미생물에 의해 형성된 침전 구조물이 호주 서부 필바라 지역의 어느 외진 곳에서 발견되었다. 그것은 34억 8000만 년 전 시생대 초기에 형성된 퇴적암 지층에서 나왔다. 비슷한 구조물이 오늘날에도 해안가와 강과 호수를 따라 발견되는데, 물에 휩쓸려온 침전물과 미생물 깔개가 뭉쳐서 생긴 것이다. 이 깔개는 복잡한 미생물 생태계의 흔적으로, 보라색의 끈적거리는 층이 초기 지구의 고온다습하고 산소가 없는 환경을 뒤덮었다. 대기에는 혐기성 호흡으로 생겨난 황 냄새가 진동하는 기체들로

시생대 풍경

시생대에 속하는 34억 8000만 년 전 지구의 모습

가득했다. 초기 지구는 우리들의 눈과 코에는 결코 반가운 환경이 아니었을 것이다.

35억 년 이전인 37억 년에도 생명이 존재했다는 간접적인 증거가 있다. 서부 그린란드의 이수아 선지각 벨트Isua supracrustal belt에서 아주 오래된 퇴적암을 연구하던 지질학자들은 퇴적암 속 탄소 동위원소의 비율을 분석했다. 보통의 탄소 12에 대한 무거운 탄소 13 동위원소의 비율은 생물지표로 이용될 수 있다. 유기체는 대사 과정에서 가벼운 탄소 12 동위원소를 더 즐겨 사용하기 때문이다. 자연에서 발견되는 탄소의 약 98.9퍼센트는 탄소 12이며, 만약 이 농도가 특정한 암석 지층에서 상당히 높다면 생물체의 대사 과정에 의해 생긴 탄소라는 증거로 볼 수 있다.

이 증거가 다른 세계에서 생명이 저절로 출현할 확률에 관해 무엇을 말해줄 수 있을까? 문제는 지구는 표본 개수가 하나뿐인지라, 확실한 결론을 끌어내기란 무리라는 것이다. 그렇긴 하지만 흥미롭게도 생명은 지구의 역사에서 매우 일찍 출현했다. 조건이 알맞게 갖추어지자마자 즉시 나타났다. 지구 생성 후 5억 년의 기간을 가리켜 하데스 이언hadean eon이라고 한다. 그리스 신화 속 지하세계의 신 하데스를 따서 지은 이름이다. 아마도 이산화탄소 대기, 화산 활동, 운석의 빈번한 충돌 때문에 하데스 이언 동안에는 지구 표면에 생명의 출현이 불가능했다. 그러다가 40억 년 전 시생 이언이 시작되면서 그리고 후기 운석 대충돌기(Late Heavy Bombardment, 달 암석의 분석을 통해 이 시기는 38억 년 전에 끝났음이 밝혀졌다)라고 알려진 태양계의 난폭한 시기를 지난 후에 지구는 더욱 안정적인 행성이 되었는데, 이 시기가 바로 생명의 최초 증거가 나타난 때와 일치한다. 따라서 생명은 지구의 난폭한 생성기 직후에 준비가 되자마자 곧장 시작되었다고 보고 싶은 유혹이 인다. 만약 이것을 유용한 가설로 삼는다면, 생명을 뒷받침할 수 있는 행성에서 생명이 실제로 출현할 확률(드레이크 방정식의 f_l)은 100퍼센트에 가깝다. 물론 추정이긴 하지만, 화성이나 유로파처럼 지표면 위나 아래에 액체 물이 상당량 있었거나 지금도 있는 태양계의 여러 천체들 중 하나에서 독립적으로 생명이 출현했음이 밝혀진다면, 이 수치는 훨씬 더 확실해질 테다. 화성을 포함해 태양계의 여러 위성들을 탐사하려는 가장 중요한 이유 가운데 하나도 바로 그것이다.

지구의 생명에 관한 짧은 역사

이만하면 드레이크 방정식을 다루는 외계 문명 사냥꾼들은 희망에 부풀 듯하다. 우리은하 내에 생명체가 살 수 있는 세계가 수십 억 개나 되며, 지구에서 생명이 처음 출현한 사례를 힌트로 삼아서 해석해보면 단순한 생명체는 조건이 알맞기만 하면 필연적으로 생겨날 수 있기 때문이다. 하지만 방정식의 그다음 항을 보면 낙관론을 펼치기엔 만만치가 않다. 우리는 단순한 생명체가 문명을 이룰 지적인 생명체로 진화할 행성의 비율인 f_i 그리고 그러한 문명이 외계와 연락할 수 있는 기술을 발달시킬 비율인 f_c를 추산해야 한다. 생명의 기원에 관해 우리가 가진 유일한 증거는 지구상의 생명의 역사에서 찾을 수 있으니, 우리가 알고 있는 내용을 잠시 요약해보자.

현존하는 모든 생명의 공통 조상을 가리켜 LUCALast Universal Common Ancestor라고 한다. 이 이름은 매우 구체적인 어떤 것을 의미한다. 오늘날 지구상의 모든 생명체는 DNA를 포함하여 동일한 기본 생화학적 구조를 공유하므로, 모든 생명체는 서로 친척이며 공통의 기원을 갖는다고 볼 수 있기 때문이다. 구체적으로 말해, 여러분의 개인적인 가계를 역추적(부모로, 조부모로, 고조부모 등으로)하면, 끊임없이 이어져 결국 LUCA에 다다른다. 지구에 상이한 생화학적 구조를 지닌 또 다른 유형의 생명이 출현했을지도 모르지만, 그런 증거는 없다. LUCA는 오늘날의 생명체에 비하면 알아볼 수도 없는 것일지도 모른다. 이들은 세포를 이루고 있지도 않은데다가, 단백질과 자기복

제형 분자들로 구성된 생화학 반응의 집합체였을 뿐이었으며, 아마도 심해의 열수분출공 주위의 바위틈에서 살았을 것이다. 우리에게 알려진 최초의 미생물 깔개보다도 분명 더 단순한 구조였을 테지만, 여러분의 유전자 어딘가에는 아득한 지질학적 시간을 거쳐 충실하게 전달된 DNA 서열이 있을 것이며, 여러분한테 자녀가 있다면 이 40억 년 묵은 정보를 자녀에게 물려주게 될 것이다.

우리의 임무는 시간이 충분하다고 할 때 LUCA가 문명을 세울 수 있는 생명체로 진화할 가능성이 얼마일지를 추산해보는 것이다. 물론 이것은 정확하지 않다. 단 하나의 표본 크기로 정확한 과학적 데이터를 내놓을 수는 없으니! 우리한테 확실한 것은 그런 문명이 지구에 발생했다는 사실이다. 우리가 할 수 있는 최선은 시간을 거슬러 우리의 가계를 추적하여, 그 도중에 병목 지점을 찾아 확인하는 것이다.

우리 호모 사피엔스는 동아프리카지구대에서 약 25만 년 전에 등장했다. 호모 사피엔스가 문명을 세운 유일한 종임을 감안할 때, 초기의 원시인류hominin로부터 우리 종이 진화할 확률을 알아내면, 이를 바탕으로 f_c를 추산할 수 있다. 요약하자면, 호모 사피엔스의 등장은 동아프리카지구대의 지형 조건, 지구 공전궤도의 주기적 변화의 세부사항 등 여러 요인들에 따른 다분히 우발적인 현상이었다. 하지만 시간이 충분히 길고 지구상에 비교적 지적인 동물이 많이 존재했으니, 적어도 어떤 생명체는 오랜 진화를 통해 언젠가

동아프리카지구대

동아프리카지구대에 속하는 탄자니아의 나트론 호수. 호모 사피엔스의 출생지다.

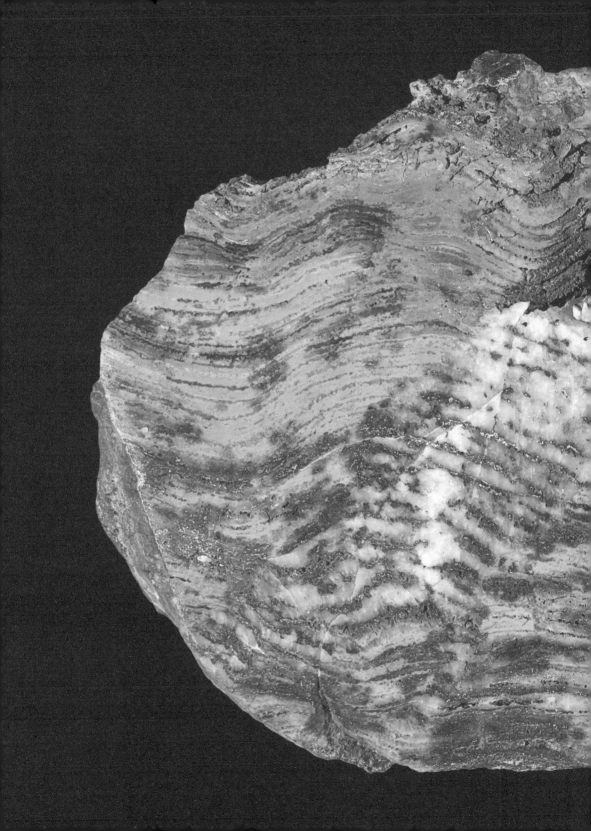

고대의 생물

스토로마톨라이트는 층층이 쌓인 구조물로, 지구상의 가장 오래된 생명 기록 가운데 하나다. 이 속의 화석은 350만 년 전의 것이다.

는 문명을 세울 수 있었을 것이다. 비록 우리 호모 사피엔스가 등장하지 않았더라도 말이다. 이것은 물론 내 개인 의견이며 여러분도 책을 더 읽고 나면 나름대로 생각의 가닥이 잡힐 것이다. 그러므로 우리가 존재하게 되었다는 것은 엄청난 행운이긴 하지만, 영장류에서 인간으로의 진화가 기술 문명으로 가는 도정에서 가장 중요한 진화 상의 병목이라고 나는 보지 않는다. 지구에 생물학적 다양성이 이미 존재했고 수천만 내지 수억 년의 안정된 환경이 지속되고 있었으니 말이다. 오히려 내가 보기에, 우리 는 지구상의 생명의 기원에서부터 최초의 지적인 동물의 등장 사이의 훨씬 더 긴 기 간에 주목해야 한다. 우리는 포유류인데, 포유류는 트라이아스기인 2억 2500만 년 전 에 처음 출현했다. 공룡도 이 무렵 등장했는데, 공룡은 새, 악어와 친척인 아르코 사우루스(지배파충류)의 한 하위집단이었다. 다수의 복잡한 동물의 첫 증거는 5억 3000만 년쯤 전에 찾을 수 있다. 캄브리아기 대폭발이라고 알려진 생물다양성의 급 격한 증가 시기 동안이다. 에디아카라 생물군이라고 하는 다세포 생물의 가장 이른 화석은 6억 5500만 년 전까지 거슬러 올라간다. 이 생물체들 중 다수는 해면이나 이 불처럼 보이는데, 오늘날에는 어디에도 존재하지 않는다. 일부 에디아카라 화석에 는 확연히 구별되는 머리를 지닌, 동물처럼 보이는 몸 형태의 증거도 있다. 하지만 부드러운 몸 때문에 화석으로 남은 것이 드물어서 이들에 대해 알려진 바가 거의 없 다. 6억 5500만 년 전에는 지구에 다세포 생물의 증거가 존재하지 않는다.

캄브리아기 대폭발에서부터 현재까지의 약 5억 년은 지질학적 시간으로 보자면 비교적 짧은 편이므로, 생명은 그동안 줄곧 엄청난 복잡성을 향하여 행진해온 듯하 다. 지나친 단순화일지 모르니, 진화는 지적인 생명체로 향해 가는 필연적인 행진이 라고 단언하기는 무리다. 하지만 캄브리아기 대폭발과 비슷한 어떤 상황이 있다면, 지적인 생명체로 진화할 확률은 꽤 높아질지 모른다. 물론 이런 견해에 강하게 반대 하는 과학자들이 있다.

LUCA와 캄브리아기 대폭발 사이의 기간은 30억 년 이상으로, 상당히 길다. 만약 우리가 지적 생명체의 출현을 가로막았을지 모르는 장벽을 찾고자 한다면, 복잡한 다세포 생명이 출현하기 전까지의 광대한 시간을 조사해야 한다. 단세포 생명체는 왜 그토록 오랫동안 지구에서 '단순한' 형태로 지냈을까? 대다수 생물학자들에 따르면, 캄브리아기 대폭발을 촉발시키는 데에는 충분하지 않았지만 꼭 필요한 진화상의 결정적인 변화가 적어도 두 차례 있었다. 첫 번째는 산소발생성 광합성이었다. 아마도 산소가 포함된 대기는 복잡한 생명체가 발달하기 위해 필요한 전제조건이었다. 오늘날 다세포 동물은 전부 산소로 호흡한다. 이것은 우연의 일치도 생물학적인 요행도 아니며, 화학 작용일 뿐이다. 우리는 먹은 음식을 산화시켜서 그 속에 저장된 에너지를 얻는다. 산소가 있을 경우 약 40퍼센트의 효율로 진행되는 화학반응이다. 음식은 황과 같은 다른 원소들에 의해 산화될 수도 있지만, 이런 반응은 효율이 보통 10퍼센트 정도다. 식물 등을 먹는 동물을 포식자가 잡아먹는 먹이사슬이 유지되려면, 산소는 아마도 필수적이다. 산소가 없다면 포식자가 얻을 수 있는 에너지는 먹이사슬의 각 단계에서 90퍼센트만큼 줄어들 것이다. 이는 산소에 굶주린 지구가 양이나 소와 같은 초식 동물로 가득 찰 수 있다는 뜻만이 아니라, 고양이나 상어나 인간과 같은 포식자가 존재할 수 없다는 뜻이기도 하다. 포식자들과 먹이 사이의 군비경쟁은 지구상의 복잡한 생명체를 향한 중차대한 진화상의 동인이었다. 눈과 귀와 뇌는 여러분이 사냥꾼이든 사냥 당하는 쪽이든 생존에 도움이 된다. 그리고 만약 에너지 문제 때문에 포식 행위가 불가능했다면, 복잡한 동물이 진화하기란 아주 어려웠거나 어쩌면 불가능했다.

　광합성은 오랜 세월 동안 진행되어왔다. 호주 서부에서 발견된 35억 살 된 미생물 깔개는 박테리아로 이루어졌는데, 이 박테리아들은 아마도 초기 광합성 생물이었을 것이다. 햇빛을 이용해 황화수소로부터 전자를 떼어내, 이 전자를 이산화탄소와 반

응시켜 당을 만들었을 것이다. 하지만 오늘날 지구의 풍경을 채색하는 초록 엽록소와 같은 복잡한 색소를 사용하지는 않았을 것이다. 대신에 포르피린이라고 하는, 엽록소와 비슷한 기능을 하면서도 더 단순한 분자를 이용했을 테다. 이 화합물은 자연적으로 생성되는데, 달의 암석과 항성 간 공간에서도 그 전구체*들이 발견된 적이 있다. 생명체들은 전자회로와 비슷하다. 대사 과정에 에너지를 공급하려면 전자의 흐름이 필요하기 때문이다. 햇빛을 이용할 수 있는 환경이 갖추어져 있고 아울러 자연스럽게 생성된 분자들이 결합하여 일종의 생명 기계로서 햇빛을 포획하고 전자들을 전달할 수 있게 되자, 원시의 광합성이 지구의 생명 역사의

**스트로마톨라이트,
드문 구경거리**

전 세계의 스트로마톨라이트의 수는 목초지의 증가로 인해 빠르게 감소하고 있다. 이 표본은 웨스턴 오스트레일리아의 하멜린 풀 해양 자연보호구역에 있다.

*
일련의 대사 반응으로 화합물이 생성될 때, 그 반응 과정상 해당 화합물의 전 단계 물질

아주 초기에 어렵지 않게 등장할 수 있었을 것이다.

생명 과정의 에너지원으로 햇빛을 사용하면 매우 유용했기에, 초기의 어떤 박테리아는 광합성을 다른 목적에 이용했다. 광합성으로 아데노신삼인산, 즉 ATP라는 분자를 합성했다. 이것은 생명을 위한 에너지 저장 시스템이다. ATP는 모든 생명체들이 지니고 있는 분자이므로, 매우 오래되었다. 아마도 LUCA와 생명의 기원으로까지 거슬러 올라갈 것이다.

오늘날의 식물, 나무와 조류藻類에서 보이는 광합성의 유형은 이 두 과정의 혼합인데, 하지만 한 가지 중요한 변형이 있다. 핵심을 말하자면, 전자를 황화수소에서 얻지 않고 물에서 얻었다. 조금 다른 이 두 유형의 광합성의 혼합 그리고 햇빛을 이용하여 물에서 전자 얻기는 지구 대기의 산소화로 이어진 엄청난 진화상의 도약이었다. 산소발생성 광합성이라고 알려진 이 현상은 25억 년 이전의 어느 시기에 진화했다. 우리가 그 사실을 아는 까닭은 그때부터 지구가 녹슬기 시작해 호상철광층이라는 거대한 주황색 산화철 층을 생성했는데, 그러려면 다량의 자유 산소가 대기에 존재해야 하기 때문이다. 분자 상태의 산소는 불안정하여 반응성이 매우 큰 기체이며, 지속적으로 보충해주어야만 한다. 외계행성에서 생명을 찾는 천문학자들은 산소 대기의 발견을 광합성의 존재를 밝힐 스모킹건이라고 여길 테다. 그런데 산소발생성 광합성은 굉장히 복잡한 과정이다. 그 분자 메커니즘을 가리켜 Z-도식Z-scheme이라고 하는데, 작동 과정이 자세히 밝혀진 것은 근래의 일이다. 제2광계photosystem 2라고 하는 당 제조 과정만 하더라도 4만 6,630개의 원자들로 구성된다. 물 분자를 전자 획득에 알맞게 준비하는 과정을 가리켜 산소방출복합체라고 하는데, 이것이 발견된 때가 2006년이다. 따라서 필시 10억 년 넘도록 더욱 원시적인 형태의 광합성들은 함께 결합되어 산소발생 Z-도식을 구성해내지 못했을 테다.

하지만 산소발생성 광합성의 진화가 그토록 오랜 세월 일어났다는 것 이외에, 진

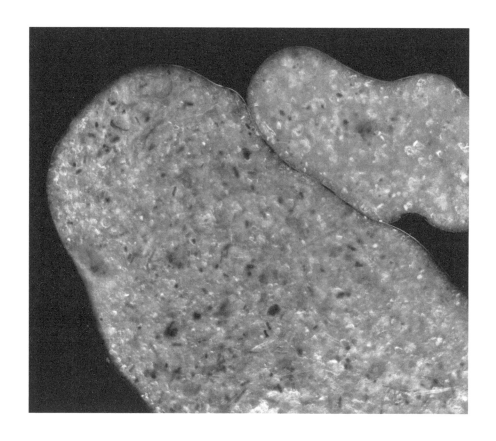

화상의 병목을 짚어줄 또 다른 정황 증거 한 가지가 있다. 오늘날 지구의 대기를 채우는 모든 녹색 식물과 소류는 엽록소라고 하는 구조 내에서 광합성을 수행한다. 엽록소는 자유롭게 생활하는 박테리아를 꼭 빼닮았는데, 아주 오래전부터 그런 식으로 존재해왔기 때문이다. 무슨 말이냐면, 시아노박테리아라고 알려진 초기 광합성 생물의 위대한 가족 중 하나인 박테리아가 다른 세포에게 삼켜졌다. 이후 둘은 함께 합력하여, 전자를 물에서 획득하고 이를 이

세포내공생의 활약

이 자이언트 아메바(Giant Amoeba, 학명 *Pelomyxa palustris*) 속에 보이는 것이 바로 세포내공생 박테리아다.

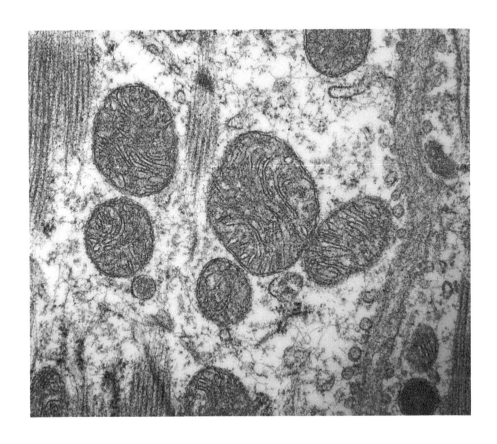

미토콘드리아

이 온순해 보이는 원들이 세포의 발전소로서, ATP 생산을 통해 여러분이 사용하는 에너지의 대략 80퍼센트를 공급한다.

용해 ATP와 당을 만들고 그 과정의 부산물로 산소를 방출했다. 한 세포가 다른 세포를 삼키는 이 과정, 두 속성의 이러한 합병을 가리켜 세포내공생이라고 한다. 이 과정을 통해 일부 세포들은 상이한 유기체에서 오랜 세월 동안 개별적으로 진화해온 여러 능력을 하나로 통합함으로써 생명의 발전 과정에서 대단한 혁신을 이룰 수 있었다. 하지만 핵심 요점은 바로 이것이다. 즉 오늘날 지구에서 산소발생성 광합성을 행하는 모든 생명체는 Z-도식을 이용하는데, 이는 필시 시아노박테리아의 한 개체군에서 25억 년 전에 그 현상이 단 한 번에 진화했음을 강하게 암시한다. 이 혁신은 엄청나게 유용했던지라 나무나 풀잎, 조류를 포함해 지구상의 모든 식물이 그 방식을 채택했다. 덕분에 대기는 산소로 가득 차서 캄브리아기 대폭발을 일으켜 매우 아름다운 온갖 생명체들이 지구를 뒤덮었다. 병목 현상을 촉발한 스모킹건을 하나 꼽으라면, 단연 그것이다.

하지만 도대체 세포는 다른 세포를 삼켜서 생존하는 법을 어떻게 '배웠을까'? 세포 내공생은 어떻게 일어났을까? 하나의 단서, 그리고 아마도 훨씬 더 중요한 병목은 캄브리아기 대폭발을 일으키기 위한 필수적인 단계에서 찾을 수 있을 듯하다. 바로 진핵세포다. 모든 다세포 생물은 진핵세포라는 세포들로 구성된다. 진핵세포는 하나의 핵과 구체적인 임무를 수행하는 여러 전문화된 구조들로 이루어진다. 어떤 생명체든 간에 진핵세포들은 매우 비슷하기에, 지구 행성을 전혀 모르는 외계인 생물학자라도 인간의 진핵세포가 풀잎의 진핵세포와 밀접한 관련성이 있음을 금방 알아차릴 것이다. 가장 먼저 등장한 진핵세포는 약 20억 년 전으로 거슬러 올라간다. 그전에는 원핵생물들이 지구의 유일한 생명체였다. 오늘날에도 지구에 번성하고 있는 단세포인 박테리아와 고세균류가 바로 원핵생물이다. 이들은 진핵생물의 거창하고 전문화된 (생물학적) 기계장치가 없다는 점에서 단순하지만, 그래도 매우 중요하고 복잡한 몇 가지 능력을 지니고 있다. 광합성은 그중 대표적인 예다.

진핵생물과 원핵생물의 가장 두드러진 차이는 진핵생물에는 DNA가 포함된 세포핵이 있다는 사실이다. 하지만 지구의 생명 진화 이야기에서 가장 흥미로운 점은 핵 바깥에 저장된 소량의 DNA다. 거의 모든 진핵세포에는 미토콘드리아라고 하는 구조가 있다. '거의'라는 단어는 생물학에 흔히 쓰인다. 물리학과 달리 생물학에는 늘 한두 가지 예외가 문법을 깨트린다. 그러나 대다수 생물학자는 미토콘드리아를 갖지 않는 진핵생물조차도 과거의 어느 시점에는 미토콘드리아가 있었다고 믿기에,

이 구조는 보편적이라고 볼 수 있다. 미토콘드리아는 세포의 발전소로서 ATP를 생산하는 일을 한다. 여러분의 대략 80퍼센트 에너지가 미토콘드리아에서 생산된 ATP에서 오기에, 그것이 없다면 여러분은 살 수 없을 것이다. 미토콘드리아의 기원에 관한 단서는 그것의 DNA 속에 들어 있는데, DNA는 세포핵의 유전 물질과 분리되어 고리 모양을 하고 있다. 박테리아 또한 자신의 DNA를 고리 형태로 저장하는데, 이는 우연이 아니다. 미토콘드리아가 한때는 자유롭게 살던 박테리아였던 것이다.

그렇다면 이런 질문을 하지 않을 수 없다. 어떻게 박테리아인 미토콘드리아가 지구의 모든 복잡한 유기체 세포 속으로 들어갈 수 있었을까? 답은 엽록체의 경우와 마찬가지로 세포내공생을 통해서였지만, 세부사항에 대해서는 누구나 동의하는 결론은 존재하지 않는다. 이 세부사항이 매우 중요하다. 그런데 의심의 여지가 없는 것은 미토콘드리아가 원래는 박테리아였다는 사실이다. 따라서 최초의 숙주 세포가 어떤 것인지가 논의의 핵심이다. 일군의 생물학자들은 숙주 세포는 이미 진핵생물이었는데, 이들이 수많은 세월 동안 식균작용이라는 능력(다른 세포를 흡수하는 능력)을 진화시켰다고 믿는다. 이것은 전통적인 다윈주의적 설명이다. 즉 복잡한 특성은 돌연변이와 자연선택을 통해 오랜 세월에 걸쳐 차츰 진화한다는 이론이다. 정말로 그렇다면, 진핵세포는 단지 또 하나의 진화상의 혁신이라고 볼 수 있다. 아주 중요한 혁신이긴 하지만 시간만 충분하다면 언제라도 생길 수 있는 현상이라는 말이다. 많은 생물학자들이 반기는 또 다른 가능성이 하나 있는데, 이는 사뭇 다른 의미를 내포한다. 기본 요지는 원시 미토콘드리아 세포를 삼킨 행위 자체가 진핵세포의 기원이라는 것이다. 식균작용이라든지 이 단일 사건 이전의 진핵세포 같은 것은 존재하지 않았으며, '운명적인 만남'이 모든 것을 달라지게 만들었다. 최근의 DNA 증거가 암시하는 바로는, 숙주 세포는 아마도 두 가지 위대한 원핵생물 중 하나인 고세균류였다. 어딘가에서, 어느 원시 대양에서 이 단순한 원핵생물은 박테리아 한 마리를 용케도

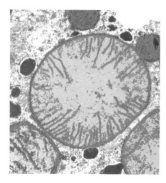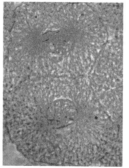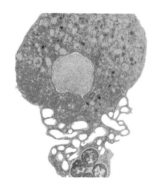

삼켰고 (두 세포 모두 전에는 구사하지 못했던 기술) 굉장히 어려운 확률로 둘은 한 쌍이 되어 생존했고 번식했다. 고세균류는 큰 이득을 보았다. 이전에는 상상도 못했던 많은 에너지를 박테리아의 정교한 ATP 공장에서 얻었으니까. 박테리아도 이득을 보았다. 숙주로부터 보호를 받았고, 오랜 세월에 걸쳐 전적으로 숙주를 위한 에너지 생산에만 특화되어 집중할 수 있었다. 만약 이 이론이 옳다면, 지구의 복잡한 생명의 기원은 완전히 우연이었다. 미토콘드리아로부터 에너지 공급을 받지 못했다면, 복잡한 다세포생물에 절대적으로 필요한 진핵세포의 모든 복잡성은 결코 진화하지 못했을 것이다. 지구가 오늘날 살아 있는 행성이 되었더라도 원핵생물의 행성이라면 문명의 본거지는 분명 되지 못했을 것이다.

이 두 이론 중 어느 것이 옳은지는 나도 모른다. 어느 생물학자라도 나와 마찬가지일 것이다. 하지만 내가 보기에, 운명적인 만남 이론이 요즘 훨씬 더 널리 인정받고 있다.

생명의 구성단위

지구의 생명은 상이한 생명체들의 놀라운 배열을 통해 등장하지만, 모두는 본질적으로 동일한 기본 세포로 만들어지며 각 세포는 구조가 매우 비슷하다. 왼쪽에서부터 오른쪽으로 다음과 같다. 포유류의 미토콘드리아, 체세포분열 후의 화이트피시(whitefish)의 딸세포, 호중성 백혈구와 같힌 박테리아, 세포분열, 적혈구 세포, 체세포분열

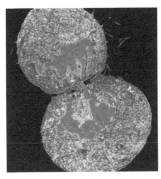

만약 그 이론이 옳다면, 이는 지적생명체의 진화 확률 추산에 중대한 의미를 갖는다. 진핵생물은 지성에 절대적으로 필요하다. 어느 생물학자라도 원핵생물이 비록 광합성과 미토콘드리아 장치를 발달시킨 재주는 인정하지만, 시간이 충분히 많고 행운이 따른다고 해서 망원경을 제작해내리라고 주장하지는 않을 것이다. 진핵생물이 없었다면, 지구에는 점액질뿐이었을 것이다.

내 생각에, 그런 점들이 드레이크 방정식에서 매우 중요한 고려 요소일 듯하다. 지구에 복잡한 다세포 생명체가 등장하는 데 필요한 바탕 중 적어도 두 가지는 거의 믿을 수 없을 정도의 우연적인 사건에서 일어났다는 것이 사실이라면, 그것은 우리은하 내의 다른 곳에서 지적생명체가 진화하는 데에도 잠재적인 병목이 될지 모른다.

그렇다면 한 행성의 생명의 기원을 알고 있는 지금 외계행성에서 지적생명체가 등장할 확률을 추산하려는 우리의 시도는 어디쯤 와 있는가? 여기서 우리는 과학에서 벗어나 추측과 의견으로 향하는 지점에 있는데, 이런 경고와 더불어 나의 개인적인 견해를 밝히고자 한다.

진핵세포와 산소 대기가 마련되자, 지구의 생명은 비교적 빠르게 다양해졌고 복잡해졌다. 캄브리아기 대폭발이 대기 산소 농도의 급증 직후에 일어난 것은 분명 우연이 아니다. 알맞은 생물학적 구성요소와 충분한 시간이 갖추어지면, 문명을 세우는

데 필요할 수준으로 지적생명체가 발생할 수 있는지 여부는 또 다른 문제다. 그건 우리도 모르지만, 25만 년 전에 초기의 현대 인류의 등장으로 이어진 동아프리카지구대의 매우 구체적인 조건들로 볼 때, 문명 수준의 지적생명체는 드문 일이다. 진핵생물과 산소 대기는 당연히 준비되어 있고, 심지어 유인원처럼 정교한 동물이 등장해 있더라도 말이다.

낙관주의자라면 우리은하에는 생명이 출현할 후보지가 수십 억 곳이나 되며 지구에도 하데스 이언이 끝나자마자 생명이 출현했으니, 우리은하에는 생명 그리고 결과적으로 문명이 가득할 것이라고 말할 테다. 나도 우리은하에 생명이 틀림없이 가득하다는 데 동의한다. 화학적 필연성이 생명을 낳을 수밖에 없다고 믿는다. 하지만 이런 사고방식을 인정하더라도 비관주의자는 진핵세포와 산소발생성 광합성의 진화가 잠재적인 병목이 될 수 있음을 기필코 지적할 것이다. 지구의 경우, 생명이 캄브리아기의 초입에 도달하는 데 30억 년이 넘게 걸렸다. 그것은 30억 년 동안 행성 안정성이 유지되었다는 말인데, 이 기간은 우주 나이의 4분의 1이다. 만약 필요한 단계들 중 단 하나(가령 운명적인 만남)만이라도 확률분포의 다행스러운 마지막 단계였다면, 우리은하 내의 지구형 행성 20억 개가 전부 원생생물 점액질로 덮여 있으리라고 쉽사리 상상할 수 있다. 살아 있는 은하임은 분명하겠지만, 지성을 갖춘 은하일까? 지구상의 원핵생물로부터 문명으로 올라가는 과정을 볼 때, 나는 답을 잘 모르겠다.

시간 속의 아주 짧은 한순간

1961년의 그린뱅크 회의로 다시 한 번만 더 돌아가 보자. 드레이크와 그의 동료들은 오늘날 우리가 가진 것보다 훨씬 적은 증거를 갖고서, 우리 은하가 유순한 별들의 광휘에 알맞게 데워진 지구형 세계들로 가득 차 있어서 생명을 낳기에 꽤 좋은 곳일 듯하다고 결론 내렸다. 또한 그들은 이들 10억 군데의 세계 중에서 꽤 많은 곳이 생명의 장소임이 분명하며, 자연선택에 의한 다윈의 진화 법칙이 온 우주에 틀림없이 적용된다고 보고서 지적생명체가 이들 행성 가운데 적어도 일부에서 필시 등장했을 것이라고 결론지었다. 앞에서 말했듯이 나는 지적생명체에 대해서는 확신이 서진 않지만, 우리는 적어도 진핵세포와 산소발생성 광합성과 같은 잠재적인 진화상의 병목 구간이 의외로 드물지만은 않을 가능성을 고려해 보아야 한다. 이 경우, 드레이크 방정식의 마지막 항은 매우 중요해진다. 아마도 위대한 침묵의 근본적인 원인은 L, 즉 문명의 수명인 듯하다. 정신이 번쩍 들게 만드는 말이 아닐 수 없다. 우리가 아무와도 연락하지 못한 까닭은 별이, 행성이, 생명체가 부족해서가 아니다. 지적인 존재의 피할 수 없는 타고난 어리석음 때문인 것이다.

약간 과격한 주장일지 모르지만, 맨해튼 프로젝트에 가담했던 인물인 필립 모리슨이 그린뱅크 회의에서 내놓은 의견이다. 모리슨은 최초의 원자폭탄 설계, 제작에 깊숙이 관여했으며, 히로시마 원폭투하를 맡게 될 에놀라 게이 폭격기에 리틀 보이*를 싣는 데도 일조했다. 인간이 민간인을 대상으로 문명을 통째로 파괴할 수도 있는 무기를 두 번

*
Little Boy. 히로시마에 떨어진 원자폭탄의 암호명

이나 개발했다는 사실 그리고 모리슨이 직접 그 두 무기 중 하나를 실었다는 사실은 결코 그의 마음에서 사라지지 않았다. 게다가 쿠바 미사일 위기를 목전에 둔 시점에서 인류는 엄청나게 더 큰 규모로 그 짓을 다시 할 가능성이 농후했다.

드레이크도 이 점을 잘 알았기에, 기술 문명이 지속할 수 있는 시간을 자신의 방정식에 포함시켰던 것이다. 어쨌든 이웃 문명이 우리와 같은 시기에 존재해야만 서로 연락할 수 있다. 이는 페르미 역설의 한 가지 해법이 될 수 있다. 문명은 전파 사용 기술을 습득한 직후에 필연적으로 자멸할 수 있기에 우리은하는 지적 문명들이 서로 겹치지 않고 잠시만 존재한다면 영원히 침묵만이 흐를지 모른다. 유아론적인 자만심으로 비칠지 모른다. 어떻게 인간의 어리석음이 전 우주에도 보편적이라고 가정할 수 있단 말인가? 물

녹고 있는 그린란드의 빙산

그린란드의 빙산이 녹고 있다는 사실은 기후 변화, 의도적인 행성 파괴 때문에 우리가 직면하는 재앙 수준의 위협을 일깨워준다.

론 그렇게 가정할 수는 없다. 하지만 다른 세계들에서 복잡한 생명체의 출현 가능성을 논의하는 과정에서 그랬듯이, 우리는 지구를 유일한 안내자로 삼아서 우리의 경험을 다른 세계로까지 확장하는 것이 할 수 있는 최선의 방법이다. 지구의 경우, 러더퍼드가 1911년에 원자핵을 발견했는데 고작 34년 후에 우리는 핵 기술로 두 도시를 파괴하고 같은 인류를 20만 명 넘게 죽였다. 그리고 17년 후쯤에 핵무기가 일으킬 수 있는 엄청난 파국을 예상하자 흐루시초프와 케네디는 어쨌든 그 사태를 끝내긴 했다. 하지만 오늘날까지도 거의 40억 년 동안의 진화의 결실을 끝장내는 데 우리가 얼마나 가까이 다가갔는지 잘 모른다. 여기 지구에서는 온전한 정신, 전일적인 전망과 문명의 희귀성, 소중함에 대한 인식이 거대한 폭탄 제조 능력 이전이 아니라 이후에야 등장했다. 폭탄만 잔뜩 갖고 있지, 우리들 다수는 별로 평화롭게 살지 못한다. 다른 젊은 문명이라고 별다르겠는가? 만약 이것 때문에 거대한 침묵이 지속되고 있다면, 우리는 은하수 내에 우리만이 유일한 바보천치가 아니라는 데서 위안을 얻을 수 있겠다. 내가 상상할 수 있는 가장 쓰디 쓴 위안이긴 하지만.

　물론 이런 생각은 순진한 푸념일지도 모른다. 서로 몰락할 수 있다는 두려움과 냉전의 기본 원칙이 우리 문명을 안정화시키는 역할을 했으며 지금도 그런 역할을 하고 있다고 주장할 수도 있겠다. 아마도 지적인 존재라면 고의적으로 자신의 문명을 파괴하지는 않을 텐데, 전 지구적인 핵전쟁이 일어나면 틀림없이 그렇게 될 것이다. 어쨌거나 케네디와 흐루시초프는 결국 그 점을 알아차렸다. 마찬가지로, 해수면 상승으로 마이애미와 노포크가 물에 잠기면 이른바 기후 변화 회의론자들(내가 보기엔 이상한 사람들)을 침묵시킬 테고, 문명을 끝장낼지 모를 기후 변화를 더 늦기 전에 되돌릴 정책 변화를 촉발할 것이라고 짐작할 수 있다. 하지만 내가 보기에, 지구와 같은 작은 행성은 우리가 스스로를 바라보는 관점을 크게 바꾸지 않으면 문명을 계속 키우고 번영시킬 수 없다. 만약 우리가 상호 파괴, 소행성 위협, 기후 변화, 전염병 등과 같은 전 지구적 문제들에 직면하여 21세기를 넘어서까지 번영하려면, 국경과 이해관계가 저마다의 지역적인 차이와 임의적인 종교적 독단(둘 다 은하 규모에서 보면 아주 부적절하고 무의미한 요소)에 의해 규정된 수백 개 국가들의 분열 문제를 꼭 짚어보아야 한다. 앞 문장이 막연한 유토피아처럼 들린다는 사실 자체가 거대한 침묵에 대한 답을 줄지 모른다.

그래서 우리뿐이란 말인가?

그렇다면 우리가 입수한 제한적인 증거로 볼 때, 우리은하 내의 문명은 과연 몇 개라고 추산할 수 있는가? 〈인간의 우주〉를 촬영할 당시 프랭크 드레이크가 내게 귀띔한 바로, 그린뱅크 회의에서는 대략 1만 개라는 숫자가 나왔으며 그가 볼 때 이 수치를 바꿀 이유가 없다고 했다. 놀라운 수치가 아닐 수 없으며, 이런 문명이 보낸 신호를 찾는 일은 21세기의 위대한 과학 탐구의 하나임이 분명하다. 나는 SETI를 강하게 지지하는데, 단 하나의 외계 문명과의 접촉도 모든 시대를 통틀어 가장 위대한 발견이 될 것이기 때문이다. 이 한 가지 이유만으로도 투자할 가치가 있다.

하지만 우리가 이 작은 세계에 홀로 있음을 암시하는 듯한 증거도 하나 있다. 1966년에 수학자 겸 박물학자인 존 폰 노이만은 '자기복제 자동자 이론'이라는 제목으로 연속 강연을 했다. 여기서 그는 자신의 복제본을 제작할 수 있는 기계를 제작할 가능성을 매우 자세히 분석했다. 그런 기계는 물론 자연에 존재한다. 모든 생명체가 일종의 그런 기계인 셈이다. 그러므로 원리적으로 매우 발전된 문명이 폰 노이만의 자기복제 우주선을 만들어 은하를 탐사하도록 우주 공간으로 날려 보내는 것을 우리는 상상할 수 있다. 이 우주선은 행성계에 도착하자마자 행성, 위성, 소행성을 채굴하여 자신을 한 번 이상 복제하는 데 필요한 재료를 얻을 것이다. 새로 제작된 우주선들은 스스로를 발사하여 이웃 행성계들로 날아갈 것이고 이 과정을 반복하여 온 은하수를 샅샅이 훑고 지나갈 것이다. 별들 사이의 거리가 매우 멀긴 하지만, 현재 구상 중인 로켓 기술을 바탕으로 한 컴퓨터 모형에 의하면 그런 전략을 통해 우리 은하 전부를 백만 년 안에 모조리 탐사할 수 있다고 한다.

공상과학이 아닐까? 그런 느낌이 물씬 풍기지만, 원리적으로 폰 노이만 우주선을 제작할 수 있음은 부정할 수 없다. 그렇다면 왜 아직 그런 것을 우리가 전혀 보지 못했는지를 논해야 한다. 그것이 어려운 까닭은 시간의 규모 때문이다. 우리은하는 백억 년 동안 생명을 뒷받침할 수 있는 상태로 이어져왔다. 그런 광대한 시간 동안 수억 개의 문명이 생겼다가 몰락했다고 상상할 수 있는데, 만약 오직 한 문명이 훌륭한 폰 노이만 우주선을 개발했다면, 우리은하는 그 후손으로 가득 찼어야 한다. 그리고 오늘날 태양계에도 적어도 하나의 폰 노이만 우주선이 작동하고 있어야 마땅하다. 칼 세이건과 천문학자 윌리엄 노이먼은 그런 식의 사고방식에 한 가지 결점을 간파했다. 만약 그런 우주선이 기하급수적으로, 무제한적으로 복제된다면 은하 전체의 자원을 꽤 빠르게 소모할 테니 우리가 분명 알아차릴 수 있을 것이다! 또는 더 정확하게 말해, 그걸 알아차릴 우리가 여기 존재하지 않을 것이다. 세이건은 그런 명백한 위험으로 판단하건대 지적인 문명이 폰 노이만 우주선을 실제로 만들었다고 보기 어렵다고 여겼다. 그것은 멸망을 초래할 기계가 되고 말 테다. 다른 천문학자들은 반박하기를, 매우 발달한 문명이라면 폰 노이만 우주선에 일종의 안전장치를 부착하여, 가령 한 행성계마다 한 대씩 또는 각 우주선마다 유한한 수명 동안만 작동하게 만들 수 있을 것이라고 한다. 또 어떤 이들은 모든 것을 집어삼키지 못하게 적절한 안전장치를 장착하고서 폰 노이만 우주선이 오늘날 정말로 태양계에 운항 중이라고 주장한다. 만약 그런 우주선이 소행성 속에 있거나 해왕성 궤도 너머의 얼음 혜

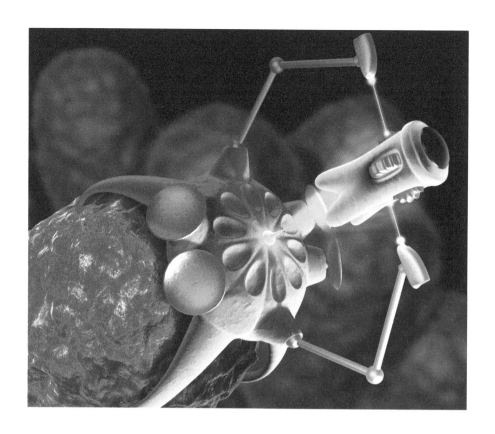

성들의 카이퍼 벨트 속에 있을 정도로 비교적 작다면, 우리는 그것이 존재하는지 결코 알아차릴지 못할 것이다.

폰 노이만 우주선이 고도로 발달한 문명의 유일한 증거는 아니다. 우리보다 수백만 년 이상 앞선 문명이 있어서, 은하 규모로 공학적인 프로젝트를 실시하고 있다고 상상해보자. 성간 우주선 또는 거대한 우주 식민지가 원래는 거주 불가능한 행성계에 건설되어 있다고 상상해보자. 왜 안 그렇겠는가? 이 장의 서두에서 언급했듯이, 우리는 라이트 형

로봇과의 만남

이론적으로 우주여행 문명과의 첫 만남은 실제 생명체보다는 자기복제 로봇일 가능성이 더 높다. 이 컴퓨터 그래픽 그림은 나노로봇 조립기가 집게를 이용해 자신을 박테리아에 부착시키는 모습을 보여준다. 이와 같은 나노기술의 한 가지 목적은 자기복제 시스템을 설계하는 것인데, 이 시스템 덕분에 다수의 제조 프로젝트가 값싸게 실현될 수 있을 것이다.

제에서 시작해 한 사람의 수명에 해당하는 기간 동안 달에까지 이르렀으니, 나는 다시 묻겠다. 물리학 법칙이 허용하는 한도 내에서 우리는 얼마나 더 오래 가야 하는가? 천 년? 만 년? 백만 년? 우리가 그렇게 오래 생존하고 번영한다면 하늘에 우리는 무슨 표시를 남길 것인가? 이런 질문들은 어느 하나도 시시하지 않다. 생명이 우리 은하 내에서 진화할 엄청난 시간 규모 덕분에 우리가 이런 질문을 제기할 수 있기 때문이다. 130억 년 된 우주에서 고작 반세기 동안 우주선을 만든 우리 인류가 왜 은하 내에서 가장 발전된 문명이어야 하는가? 늘 고민하는 이 질문의 답을 나는 모른다. 아마도 별들 사이의 거리가 너무나 멀기 때문에, 아니면 자기복제 기계나 우주선 제작에는 극복 못할 어려움이 있기 때문일지 모른다. 하지만 나로서는 그게 어떤 어려움일지 알 수가 없다.

그래서 나는 논의의 목적상 다음과 같이 주장하고 싶다. 우주 공간을 항해하는 발전된 문명은 극도로 드문데, 그 이유는 천문학 때문이 아니라 생물학 때문이라고. 내가 보기에 지구에 문명이 출현하는 데 거의 40억 년이 걸렸다는 사실이 중요하다. 우주 나이의 3분의 1이나 되기에, 매우 긴 시간이다. 진핵세포와 산소발생성 광합성 진화의 놀라운 우연성(캄브리아기 대폭발에서 최근의 호모 사피엔스와 문명의 등장은 말할 것도 없이)까지 함께 고려해보면 기술 문명은 굉장히 드물며, 평균적으로 2,000억 개의 행성계 가운데 하나 꼴보다 훨씬 더 드물게 일어나는 엄청나게 우연적인 사건이다. 이것이 페르미 역설에 대한 나의 해답이다. 우리는 은하수에 등장한 최초의 문명이며, 우리뿐이다. 이것이 내 견해인데, 안전을 소홀히 여기는 우리의 성향이 나를 두렵게 만든다. 여러분 생각은 어떠신지?

우리는
누구인가?

그런데 하필 왜 달이냐고요?
왜 달을 우리의 목표로 삼았냐고요?
그렇게 묻는 이들은 왜 가장 높은 산을 오르느냐,
왜 35년 전에 대서양을 비행기로 횡단했느냐고도 물었겠죠.
우리는 달에 가기로 했습니다.
— 미국 대통령, 존 F. 케네디

우주인

우주 비행사 존 영은 자신의 묘비에 '존 영: 궁극의 탐험
가'라고 쓰인다면 어떤 느낌이겠냐는 질문을 받은 적이 있
다. 영은 빙긋 웃더니, 시험 비행사다운 느릿한 말투로 이
렇게 대답했다. "묘비명을 쓴 사람한테 미안할 것 같은데
요." 영은 그때나 지금이나 나의 우상이다. 실제로 벌어지
는 우주 탐험을 내가 생생하게 기억하는 첫 장면은 1981년
4월 12일 우주왕복선 콜럼비아 호가 밝은 불꽃을 뿜으며
푸르른 케이프 코드 상공으로 날아오르는 모습이었다. 맨
체스터에서 부활절 휴일 기간 동안 텔레비전으로 본 장면
인데, 그때 나는 열세 살이었다. 이틀 동안의 발사 연기 때
문에 콜럼비아의 시험 비행은 유리 가가린이 흑백의 여행
으로 우주 궤도에 올랐던 20년 전인 1961년 4월 12일과 같
은 날에 이루어졌다. 하지만 영과 그의 동료 비행사 밥 크
리픈은 주황색 우주복 차림으로 컬러 시대와 미래의 우주
비행사였다. 빛나는 흰색 날개를 단 콜럼비아 호와 보스토
크 1호의 차이만큼이나 둘은 그 소련의 영웅과는 차이가
났다. 그 둘의 중간쯤이 바로 아폴로 우주선이고, 그걸 타
서 영은 달에 다녀온 적이 있다. 두 번씩이나. 원숭이가 우
주로 날아간 희망의 시대이자 경이의 시대, 곧 황금 시대였
다. 무인 시험 비행 없이 비행한 나사 최초의 유인 우주선

보스토크 호의 지구 궤도

6
9:51MT, 발사
장소에서
800KM
지점에서
역분사를 위한
방향 전환
시작

7
10:25MT, 역분사와
장치 모듈 분리,
10:35MT 재진입
시작

4
300초 후 코어
스테이지(core stage)
버림, 최종 단계 점화

3
156초 후
보호덮개
(shroud)
버림

2
119초 후 보조 로켓
분리

1
9:07MT, 레닌스크
바이코누르
코스모드롬에서 발사

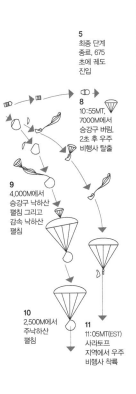

5
최종 단계
종료, 675
초에 궤도
진입

8
10:55MT,
7000M에서
승강구 버림,
2초 후 우주
비행사 탈출

9
4,000M에서
승강구 낙하산
펼침 그리고
감속 낙하산
펼침

10
2,500M에서
주낙하산
펼침

11
11:05MT(EST)
사라토프
지역에서 우주
비행사 착륙

우주 경쟁의 시작

보스토크 1호는 소련과 우주
인 유리 가가린을 역사책에
올렸다. 1961년 4월 12일, 보
스토크 호와 가가린은 최초
의 유인 우주 비행을 성공시
켰다. 바야흐로 우주 탐험 경
쟁이 시작이었다.

우리는 누구인가?

이 발사되는 동안 심장박동이 증가하지 않은 불굴의 비행사 영은 이틀 후 에드워드 공군기지에 완벽한 수동 착륙을 성공시키며 콜럼비아 호를 귀환시켰다. 그는 크리펀에게 고개를 돌려 이렇게 말했다. "우리 인류가 별까지 갈 날이 그리 멀지 않았네."

2014년이 되었건만, 별들은 두 우주 비행사가 1981년에 느꼈던 것보다 더욱 멀게만 느껴진다. 국제우주정거장은 경이로운 공학 작품으로서, 지구 근처 궤도에서 우리가 어떻게 살고 일할지를 배우게 해준다. 하지만 그곳은 콜럼비아 호가 갔던 곳보다 별에서 더 가깝지는 않다. 국제우주정거장의 건설은 결코 하찮은 성취가 아니다.

최첨단 공학 작품에서 깨달을 수 있는 가장 중요한 교훈은 무언가를 배우는 유일한 방법은 실제로 해보는 것뿐이라는 사실이다. 생각으로는 우주에 갈 수 없다. 직접 날아가야 한다. 하지만 새삼 영국 가수 빌리 브래그의 노래 가사처럼, 우주 경쟁은 끝났으며 우리는 모두 너무 일찍 자라버렸다.

가가린 시절에는 달랐다. 누구도 태어나면서부터 우주인이 되는 것은 아니다. 우리는 동아프리카지구대에서 작동

당대의 영웅

유리 가가린의 우주 비행은 소련과 전 세계에서 헤드라인 뉴스가 되었다. 그의 이름과 명성은 조국은 물론이고 전 세계의 역사에 길이 남았다.

한 자연선택이 뽑은 원숭이들이다. 가가린의 아버지는 목수였고 어머니는 젖 짜는 여자였다. 둘은 집단농장에서 일했다. 가가린이 열여섯에 얻은 첫 직장은 제철공장이었지만, 공군 사관후보생에 맞는 적성을 발견하고 스물한 살에 군에 입대하여 오렌부르크에 있는 제1치칼롭스크공군조종사학교에 배치되었다. 꾸준히 실력이 상승하여 그는 노련하고 똑똑한 비행사라는 명성을 얻었고 1960년대 초에는 다른 19명의 엘리트 비행사들과 함께 새로 설립된 우주 프로그램의 일원으로 뽑혔다. 158센티미터의 단신인 가가린은 자그마한 보스토크 우주선에 딱 알맞은 체형이었다. 좌석이하나뿐인 승무원 탑승 공간은 고작 외부 지름이 2.3미터에 불과했으니 말이다. 일 년의 훈련을 마치고 우주 프로그램의 수장인 니콜라이 카마닌은 겨우 비행 나흘 전에 게르만 티토프와 가가린 중에서 가가린을 선택했다. 역사책에는 인류의 집단 기억속에 빽빽이 들어 찬 위대한 남성과 여성들로 채워져 있다. 가가린은 암스트롱과 더불어 인류가 우주에 존재하는 한 기억될 것이다. 마찬가지로 훌륭했던 러시아의 두번째 우주비행사의 이름은 까맣게 잊혔다.

가가린의 비행은 미지의 세계로 나아간 진정한 여정이었다. 13회 비행을 통해 우주 공간으로 열한 차례 진입한 보스토크-K 로켓의 꼭대기에 묶인 스물일곱 살의 이 우주 비행사는 진정한 시험 비행사로 임무를 수행했다. 좌석에 꽁꽁 묶인 채로 우주선 승강구의 모든 부품이 분해되고 재조립되는 2시간의 발사 지연에도 불구하고, 그의 심장은 발사 직전에도 분당 64회의 박동수를 기록했다. 그렇다고 가가린이 자신에게 일어날 일을 제대로 몰랐던 것도 아니다. 탑승 전에 가가린은 당대의 가장 위대한 연설을 하나 남겼다.

"제가 아는 분들과 모르는 분들, 내 동포 러시아인들 그리고 세계 각국의 모든 분들에게 알립니다. 몇 분 후면 강력한 우주선이 나를 머나먼 우주 공간으로 데려갑니다. 출발을 고작 몇 분 앞두고 제가 무슨 말을 할 수 있을까요? 바로 지금, 제 한 평생은 경이로운 이 한순간에 집중되는 것만 같습니다. 지금까지 제가 경험하고 했던 모든 일이 이 순간을 위한 준비였습니다. 오랫동안 열정적으로 훈련해왔던 임무를 실제로 코앞에 둔 제 심정을 말로 표현하기는 너무나 어렵습니다. 내가 역사상 처음으로 비행사로 선택되었을 때 제 느낌은 굳이 말씀드리지 않겠습니다. 기뻤을까요? 아닙니다. 그것보다 더 큰 어떤 느낌이었습니다. 의기양양했을까요? 아닙니다. 단지 자부심이 아니었습니다. 나는 대단히 행복했습니다. 우주로 가는 첫 번째 사람이 된다는 것, 자연과의 전무후무한 대결에 홀로 참가한다는 것, 이보다 더 대단한 걸 꿈꿀 수 있을까요? 하지만 곧바로 엄청난 책임감이 밀려왔습니다. 남녀노소가 꿈꾸어왔던 일을 처음 시도한다는 책임감이었습니다. 이 책임감은 한 사람, 몇 십 명, 한 집단을 향한 것이 아닙니다. 인류 전부를 향한 책임감이며, 현재와 미래를 향한 책임감입니다. 이 우주 비행을 목전에 두고서 제가 행복할까요? 당연히 행복합니다. 어쨌거나 모든 시대를 통틀어 사람의 가장 큰 행복은 새로운 발견에 참여하는 것이었습니다. 이제 몇 분 후면 출발합니다. 친애하는 여러분, 기나긴 여행을 시작할 때 사람들이 서로에게 말하듯이 이렇게 말하고 싶네요. '다시 만날 때까지 안녕히 계세요.' 여러분 모두를 꼭 안아보고 싶습니다. 제가 아는 분이든 모르는 분이든, 가까운 친구든 낯선 분이든 모두. 곧 다시 뵙겠습니다!"

인간의 행동에 대해 그 원인을 단순한 관점에서 바라보고서 진부한 평가를 내리기(굉장하다느니 끔찍하다느니 그리고 그사이의 온갖 표현들로)는 너무나 쉽다. 로켓이 우주 비행사와 더불어 강대국의 자만심을 높이 들어 올렸다고 주장할 수도 있고, 분명 맞는 말이다. 하지만 가가린이 한 연설에서 진정성을 읽어내지 못할 사람은 별로 없으리라. 우리의 모든 행동에는 고상한 동기나 그렇지 못한 동기가 관여하지만, 그렇다고 해서 가장 위대한 인간의 모험이 덜 고귀해지지는 않는다.

현지 시각으로 오전 9시 07분에 가가린은 카자흐스탄의 바이코누르 코스모드롬에서 우주로 날아올랐다. 이후 러시아 우주인들은 전부 그곳에서 우주로 갔다. 10분 만에 그는 380킬로미터 고도에서 지구 궤도를 돌고 있었다. 그 궤도를 따라 시베리아 불모지와 하와이 제도 위쪽의 태평양을 거쳐 남아메리카 남단을 지나서 남대서양으로 갔고, 거기서 두 번째 일출을 맞았다. 그리고 42초 후에 앙골라 연안 상공에서 궤도 이탈 점화를 실시해 보스토크 1호는 포물선 궤도를 그리며 지구의 두터운 대기에서 8g로 감속했다. 다시 고향 세계로 돌아오는 여행에는 1시간 49분이 걸렸다. 가가린은 지상 7킬로미터 상공에서 캡슐에서 탈출했으며, 계획대로 우주 비행사와 우주선은 분리된 채 마지막 하강을 완료했다. 낙하산을 타고 활강하다가 가가린은 원래 착륙 예정지인 러시아의 엥겔스 시에서 280킬로미터 떨어진 곳에 내렸다. 주황색 우주복과 헬멧 차림을 한 가가린의 귀환을 오직 한 농부와 그의 딸만 목격했다. 가가린은 나중에 이렇게 회상했다. "내 우주복 그리고 내가 걸을 때 낙하산을 질질 끄는 모습을 보고서, 둘은 무서워서 움찔 뒷걸음을 쳤다. 그래서 이렇게 말했다. 무서워하지 마라, 나도 마찬가지로 소련 국민이다, 우주에서 내려왔는데 모스크바에 전화해야 되니 전화기 어디 없냐고!"

원인(猿人)

영장류는 지구의 생명 역사에서 비교적 최근에 등장했다. 미토콘드리아의 DNA 연구에 의하면, 마다가스카르 여우원숭이의 조상들이 포함된 곡비원숭이 아목亞目이 대략 6400만 년 전에 우리의 직비원류 아목에서 분리되었다고 한다. 훨씬 이전부터는 아니겠지만, 그때 이전에는 공통의 조상이 존재했다는 뜻이다. 지금까지 발견된 최초의 완전한 영장류 화석은 나무에서 살았던 **아르키세부스 아킬레스**로서 5500만 년 전의 것이다. 2013년 중국 중부의 화석 지대에서 발견된 이 작은 동물은 인간의 손 정도의 크기를 넘지 않아서, 가장 오래되었을 뿐 아니라 가장 작은 영장류로 알려져 있다.

호미니드hominid 또는 흔히 유인원이라고도 불리는 우리 과科는 2500만 년 전에 구세계 원숭이들과 공통조상을 갖는다. 〈인간의 우주〉를 제작하는 동안 우리는 에티오피아 고원에서 이 먼 사촌들 가운데 한 드문 종을 촬영했다. 아

지구 최초의 영장류

중국 중부 후베이 성의 한 암석에서 찾은 이것은 이제껏 발견된 나무에 살았던 영장류 중 가장 오래된 화석이다.

우리는 누구인가?

인간의 진화

이 인간 진화 나무는 인간의 유전 역사를 2500만 년 전에 지구에서 어슬렁거렸던 고대 세계의 원숭이들까지 추적한다. 흔히 루시라고도 하는 유명한 오스트랄로피테쿠스 아파렌시스 해골을 포함해 다양한 유물들의 발견 덕분에 우리는 우리 가계라는 개념을 한데 꿸 수 있었다. 대략 700~800만 년 전에 우리는 침팬지와 갈라졌으며 두 다리로 걷는 호모 사피엔스로 이르는 진화 과정이 이 원숭이들이 나무보다 땅에서 더 많은 시간을 보내면서 시작되었다.

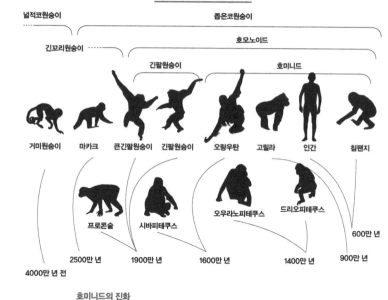

원숭이와 영장류의 진화 나무

넓적코원숭이 · 좁은코원숭이

긴꼬리원숭이 · 호모노이드

긴팔원숭이 · 호미니드

거미원숭이 · 마카크 · 큰긴팔원숭이 · 긴팔원숭이 · 오랑우탄 · 고릴라 · 인간 · 침팬지

프로콘술 · 시바피테쿠스 · 오우라노피테쿠스 · 드리오피테쿠스

600만 년
2500만 년 · 1900만 년 · 1600만 년 · 1400만 년 · 900만 년
4000만 년 전

호미니드의 진화

8 7 6 5 4 3 2 1 백만 년 전

*옮긴이
호모노이드: 모든 원인(APES)
호미니드: 모든 현재 또는 사라진 과거의 유인원(GREAT APES)
호미닌: 모든 현재 또는 사라진 과거의 인류

침팬지

보노보

사헬란트로푸스 차덴시스

오로린 투게넨시스

아르디피테쿠스

오스트랄로피테쿠스 아나멘시스

두 발로 걷기에 적응, 더 작은 송곳니

오스트랄로피테쿠스 아파렌시스

오스트랄로피테쿠스 가르히

더 넓어진 뺨과 턱니

오스트랄로피테쿠스 아프리카누스

파란트로푸스

큰 뺨과 턱니, 커진 저작근

호모 하빌리스

조금 더 커진 두뇌(600cc), 코 주위 돌출부가 없이 더 수직에 가까운 얼굴, 정확히 잡을 수 있는 손가락, 고기를 포함해 먹이를 처리하기 위한 간단한 석기를 제작하는 능력

호모 에렉투스

더 작은 턱과 어금니, 긴 다리 그리고 장거리 보행에 적합한 움푹한 발, 더 커진 뇌 (650~1200cc)

호모 네안데르탈렌시스

호모 하이델베르겐시스

정교한 돌 조각, 사냥용 도구, 두뇌 크기 1200cc로 커짐

호모 사피엔스

큰 두뇌(1,400cc), 머리 아래에 붙은 작은 얼굴, 둥근 머리덮개뼈, 작은 눈썹뼈, 예술과 상징적 사고, 본격적인 언어 사용 능력

디스에서 해발 3,000미터의 구아사 플래토로 난 길은 한 지점까지는 굉장히 좋았지만, 그 후로는 아주 좋지는 않았다. 한편 풍경은 고도가 올라가면서 더 나아진다. 어두운 구름 사이로 언뜻언뜻 비치는 빛에 어룽거리는 황금색 풀밭이 깎아지른 산비탈에 면해 있었고, 높은 계곡 바닥을 따라 그런 산비탈 사이에 깔끔한 마을이 자리 잡았다. 지구대 위의 정상은 산뜻하고 서늘하고 곤충이 없었다. 차와 시로를 먹기 좋은 장소였다. 시로는 병아리콩과 렌틸콩에 양념을 넣어 끓인 에티오피아의 스튜다. 차갑고 굉장히 적막한 구아사 마을의 오두막에서 하룻밤을 보내고 우리는 새벽에 길을 나섰다. 이른 아침 높은 산비탈에서 먹이 찾기를 마치고 동굴과 등성이로 돌아오고 있을 겔라다개코원숭이를 만나기 위해서였다.

겔라다개코원숭이는 에티오피아 고원에서만 볼 수 있는 구세계 원숭이의 한 종이다. 이 원숭이들은 한때 아프리카 전역은 물론이고 남유럽과 인도까지 번성했던 테로피테쿠스 속 가운데 유일하게 생존해 있는 종이다. 특히 수컷은 힘이 세며 머리카락이 길고 무게가 20킬로그램 이상 나간다. 흰 가슴에 드러난 밝은 붉은색의 살갗이 특징이다. 눈을 쳐다보지 말라는 말을 들었던지라, 그렇게 했다. 5만 년 전에 우리 행성이 마지막 빙하기를 벗어났을 때 겔라다개코원숭이들은 지구대 위의 고원으로 후퇴해 거기서 지금껏 살고 있다. 현존 영장류 가운데서 독특하게도 초식성 동물인 이 원숭이들은 거의 거친 고원의 풀과 가끔씩 자라는 식물만 먹으면서 산다.

이 원숭이들은 작은 무리를 이루어 침착하면서도 민첩하게 이동하는데, 이는 비인간 영장류의 가장 복잡한 사회적 구조를 드러내준다. 내가 본 무리 중 대다수에는 수컷이 한두 마리고 암컷과 새끼들이 여덟 내지 열 마리쯤 있었다. 이 무리는 번식 단위라고 불리며, 분명 무리 내부에 위계질서가 존재함을 말해준다. 암컷들은 대체로 평생 동일한 단위 안에 머물지만, 수컷들은 4~5년마다 이곳저곳으로 옮겨 다닌다. 열에서 열다섯 마리로 구성된 수컷만의 단위도 존재한다. 이러한 사회적 단위들이

모여서 떼, 집단, 군집이라는 더 큰 무리를 이룬다. 우리가 만난 군집은 작은 부족별로 몰려다니는 수백 마리의 개체들로 이루어져 있었는데, 암컷과 새끼들은 멈춰서 먹이를 먹거나 털을 골라주고 놀고 있었던 반면에 큰 수컷들은 우리를 바짝 경계했다.

진화상의 시간으로 2500만 년 분리되어 있었는데도, 겔라다개코원숭이들은 특히 분위기가 좋을 때에는 사람과 아주 비슷한 것 같았다. 아마도 행동이 우리 인간을 닮은데다 새끼들이 귀여웠기 때문인 듯하다. 우리처럼 그들도 주로 땅 위에서 시간을

구세계의 원숭이

겔라다개코원숭이(테로피테
쿠스 겔라다)는 에티오피아
고원의 초원 지대에서 산다.
이 원숭이들은 한때 아프리
카 전역은 물론이고 남유럽
과 인도까지 번성했던 테로
피테쿠스 속 가운데 유일하
게 생존해 있는 종이다.

보내며 사회 집단을 이루어 산다. 겔라다개코원숭이들을
잘 아는 일부 연구자들은 이 원숭이들이 비인간 영장류 중
에서 가장 정교한 의사소통 능력을 보인다고 주장한다. 몸
짓과 다양한 발성을 결합해 확신, 위로, 부탁, 공격, 방어 등
의 뜻을 전달할 수 있다는 것이다. 하지만 아무리 정교한
들 겔라다개코원숭이는 인간의 가장 단순한 특징과 능력에

우리는 누구인가?

비해서도 한참 뒤떨어진다. 물론 자명한 말이지만 그들은 원숭이다! 하지만 자명하지 않은 것은 그 이유다. 젤라다개코원숭이는 우리의 공통 조상과 동일한 시기에 분리되었으니, 우리는 다음과 같은 심오한 질문을 던지지 않을 수 없다. 도대체 2500만 년 전에 우리 조상에게 무슨 일이 생겼기에, 우리는 별로 향하는 반면에 저들은 구아사 플래토의 언덕배기에서 풀을 먹으며 지내는가?

하늘에 오른 루시

나는 비행광이다. 비행기를 무척 좋아한다. '유인원 우주인'을 위한 아프리카 장면을 촬영하려고 떠났을 때, 내가 런던 히스로 공항에서 탑승한 아디스아바바 행 에티오피아 항공의 보잉 787기(등록 명칭 ET-AOS)는 이름이 '루시'였다.

1974년 11월 24일 아침, 도널드 존슨을 포함한 고고학 발굴팀이 에티오피아의 아와시 강 근처에서 뼈 조각을 찾고 있었다. 그 지역은 희귀한 호미니드 화석이 많다고 알려져 있었지만, 바로 그날 아침에 존슨과 그의 제자인 대학원생 톰 그레이는 별로 대단한 걸 발견하지 못했다. 하지만 과학계에서 종종 일어나듯이, 뜻밖의 행운이 그 행운의 혜택을 받을 확률을 높이는 법을 잘 아는 숙련된 과학자를 만나면서 인류 진화를 이해하는 데 기념비적인 성취가 이루어진다. 존슨은 거기에 갈 상황이 아니었다. 원래는 현장 작업 노트를 정리하면서 캠프에서 지낼 계획이었다. 하지만 떠날 준비를 하면서 존슨은 이전에 발굴한 구곡*에 가서 마지막으로 한 번 더 살펴보기로 했다. 이미 조사한 지역이긴 했지만, 이번에는 존슨의 눈이 비탈에 반쯤 가려진 채 누운 어떤 것에게로 향했다. 자세히 검사해보니 그것은 팔뼈 하나랑 여러 다른 골격 조각이었다. 두개골 조각, 넓적다리뼈, 척추, 갈비뼈, 턱뼈가 땅속에서 나왔고, 결정적으로 전부 한 여성 해골의 일부였다. 그 발견이 3주 간에 걸친 발굴로 이어졌고, 그 결과 화석 AL 288-1의 마지막 뼈 한 점까지 복원되었다. 발굴팀은 그것에다 루시라는 이름을 붙였다. 비틀즈의 앨범《서전트 페퍼스 론리 하츠 클럽 밴드Sgt. Pepper's Lonely Hearts Club Band》의 사이드 1 트랙 3의 곡명을 딴 것이다. 그해가 1974년이었고 테이프레코더에서 그 곡을 자주 틀었기 때문이었다. '집에서 한 녹음이 음악 산업을 죽인다'는 말도 있었지만, 어쨌거나 덕분에 비행기에 노래 곡명도 붙은 게 아닌가.

루시는 320만 년 전 에티오피아의 아파르 삼각지의 탁트인 사바나 지대에서 살았다. 키는 겨우 1미터가 조금 넘고 몸무게는 30킬로그램 남짓인 그녀는 사람보다는 원숭이에 가까운 모습이었을 것이다. 두뇌는 작았는데, 현대인의 두뇌 크기의 3분의 1가량이어서 침팬지 뇌보다 그다지 크지 않았다. 무릎의 구조, 갈비뼈의 곡선 그리고 다리뼈의 길이를 볼 때 루시는 일상적으로 직립하여 두 다리로 걸었음을 알 수 있다. 하지만 다르게 보는 과학자들도 소수 존재한다. 일반적으로 합의된 바는 루시가 오스트랄로피테쿠스 아파렌시스라는 멸종한 호미닌 종의 구성원이었으며, 우리의 직계 조상이거나 아니면 직계 조상과 매우 가까운 친척지간이라는 것이다. 그녀의 직립보행은 아마도 동아프리카지구대의 기후 변화에 맞춰 진화상의 적응을 한 것일 테다. 나

---

*
溝谷, 물이 마른 골짜기

우리는 누구인가?

무 수가 줄고 풍경이 더욱 사바나 지형에 가까워지면서 우리 먼 조상의 나무 위 생활은 더욱 선호되지 않았을 것이며, 나무 사이의 거리가 멀어지자 지상에서 직립보행하는 오스트랄로피테쿠스가 자연의 선택을 받기에 더 유리해졌다.

칼 세이건의 《코스모스》 13장 '누가 우리 지구를 대변해 줄까?'에는 두 장의 사진이 나란히 나온다. 하나는 370만 년 전에 탄자니아 라에톨리 근처의 화산재에 찍힌 발자국인데, 아마도 루시와 같은 오스트랄로피테쿠스 아파렌시스가 남긴 것으로 보인다. 거기서 거리로는 약 40만 킬로미터 그리고 시간으로는 370만 년 후에 또 하나의 인류 발자국이 고요의 바다 흙 위에 남겨졌다. 이 둘은 함께 우리가 동아프리카지구대로부터 별까지 올라온 실로 믿기 어려운 위대한 여정을 아름답게 대변해준다. 이 장의 나머지 내용은 루시와 달 사이의 300만 년을 다룬다. 이 시간 규모는 엄청나게 작다. 생명이 지구에 존재해온 기간의 1퍼센트의 10분의 1보다 더 작다. 루시는 직립 침팬지에 불과했다. 동물이자, 유전자의 명령에 따라 움직이는 생존 기계였다. 우리는 지구에 예술, 과학, 문학, 의미를 가져왔다. 루시와 똑같은 세계에 거주하지만, 눈 깜빡할 사이에 우리는 확연히 다른 삶을 살게 되었다. "우리의 생존 의무는 우리 자신 덕분이기도 하지만 또한 우리가 태어난 곳인 오래되고 광대한 우주 덕분이기도 하다"라고 세이건은 적었다. 나는 또한 루시 덕분이라는 말도 보태고 싶다.

우리 아버지들의 발자국

1978년에 발견된 이 발자국들은 초기 인류가 남긴 가장 오래된 것이다. 탄자니아의 라에톨리에서 발견된 27미터 길이의 이 발자취를 가리켜 라에톨리 발자국이라고 한다.

미래의 발자국

닐 암스트롱이 1969년 7월 21일 달의 고요의 바다에 최초로 남긴 발자국.

북극성으로부터 다른 별들로

점성술이 과학 때문에 하찮은 오락거리로 내몰리기 전에는, 먼 별들에 대한 행성의 위치가 사람의 일상생활에 심오한 영향을 미친다고 다들 여겼다. 별이나 행성이 실제로 무엇인지 모르더라도 그런 영향이 합리적이기는 하다고 우리는 믿었다. 하지만 물리학 지식이 향상되면서, 고정된 별들에 대한 한 행성의 위치는 지구 표면에 사는 인간의 행동에 아무런 영향을 미칠 수 없음이 분명해졌다. 그러나 행성들은 인간의 수명보다 훨씬 더 큰 시간 규모에 걸쳐 태양계를 통해 지구의 운동에 영향을 미칠 수 있고 실제로도 미친다. 그리고 최근의 연구에 의하면, 지구의 방향과 궤도의 장기적인 변화가 인류의 진화에 결정적인 역할을 했을지 모른다.

북극성은 정말로 거대한 별로서, 태양 지름의 거의 50배에 달한다. 또한 세페이드 변광성이기에, 천체의 거리를 잴 수 있는 소중한 표준 양초인 셈이다. 고작 434광년 거리의 이 북극성은 가장 가까운 세페이드 변광성이자 밤하늘의 가장 밝은 별 중 하나로 작은곰자리의 으뜸 별이다. 또한 우연하게도 지구의 자전축과 직선상에 놓여 있는데, 천구의 북극에 놓인 이 특수한 위치 때문에 항해에 더할 나위 없이 소중하다. 지구가 자전축을 따라 회전할 때 북극성은 다른 모든 별들이 그 주위로 도는 동안 자신은 가만히 제자

별에 의지해 떠난 여행

아폴로 8호의 사령관 프랭크 보먼은 최신 기술에 의지해 새로운 세계를 탐험했다. 하지만 동료인 짐 러벨이 기술이 작동하지 않을 때를 대비해 육분의를 가지고 우주 공간으로 나갔음을 잘 알고 있었다.

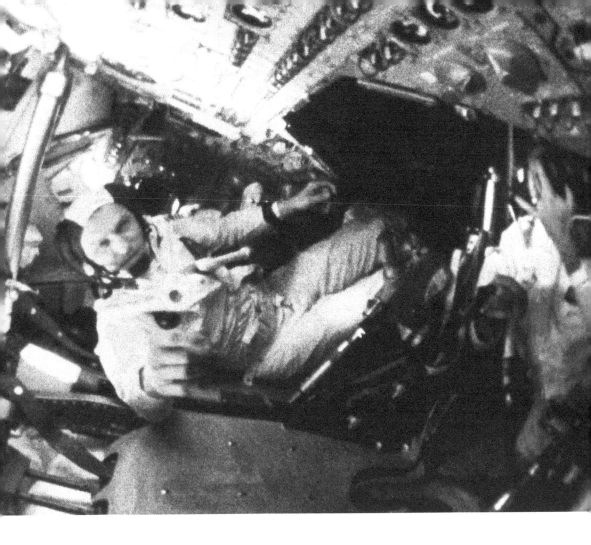

리에 있다. 북반구의 어느 지점에 있더라도 여러분의 위도는 북극성과 지평선이 이루는 각이다. 북극성이 지평선에 있는 적도에서는 위도가 0도이고, 북극성이 머리 바로 위에 있는 북극에서는 위도가 90도다. 영국 랭커셔 주의 올덤에서 보면, 북극성은 지평선 위 53.54도에 있다.

크리스토퍼 콜럼버스와 페르디난드 마젤란은 대양을 가로질러 신세계를 탐험했을 때 북극성에 의지했다. 그보다 더 놀라운 사실은, 아폴로 8호에 탑승한 짐 러벨이 항해 보조 도구로 육분의를 가져갔다는 것이다. 매사추세츠 주 케임브리지의 MIT 기기 연구소에서 설계되었는지라 전통적인 모습은 아닐지 모르지만, 작동 방식은 1757년에 그것을 처음 만든 존 버드의 육분의와 똑같았다. 북극성은 아폴로의 비행을 돕는 핵심 별들 가운데 하나였다. 북극성은 아폴로 전문용어로 '내비Navi'라고 알려진 러벨의 천문도상에 카시오페이아자리 감마 별과 쌍을 이루고 있다. '내비'라는 말은 아폴로 1호에 탔던 거스 그리섬이 장난삼아 지어낸 말이었다. 그의 가운데 이름인 '이반Ivan'의 철자를 거꾸로 적은 것이다. 비행을 돕는 다른 두 별인 돛자리 감마 별과 큰곰자리 이오타 별은 각각 로저 샤피Roger Chaffee를 따서 '레저Regor' 그리고 에드 화이트 2세Ed White the Second를 따서 'Dnoces'라고 명명되었다. 우주 비행에 별을 이용하는 것은 아주 구식일지 모른다. 그러나 잠깐만 생각해보면, 깊은 우주 공간에서 우주선이 방향을 잡을 방법은 천구상의 고정된 별을 이용하는 것 말고는 없다.

우주선은 별을 기준으로 삼아 자신의 위치를 종종 바꾸곤 하는데, 지구에서라면 굳이 그럴 필요가 많지 않다. 태양 주위를 도는 지구의 궤도는 세월이 흘러도 비교적 안정되어 있기 때문이다. 지구의 자전 속력 변화 때문에 비교적 짧은 시간 동안의 변동이 생기는데, 이로 인해 원자시계를 천체와 동기시키기 위해 윤초를 삽입한다. 1972년과 1979년 사이에는 9초를 삽입해야 했지만, 1999년 초반과 2005년 말 사이에는 그럴 필요가 없었다. 지구의 자전 속도는 원자시계의 정확도에 비하면 상당히 불규칙적이다.

지구 자전의 변화에 가장 큰 영향을 미치는 단기적 요인은 달과의 중력 때문에 생기는데, 조력 작용으로 인해 부풀어 오른 바다와 그 아래에서 회전하는 고체 지구 사이의 마찰력으로 인해 달은 한 세기당 2.3초쯤 자전 속력을 감소시킨다. 하지만 장기적인 변화들도 존재한다. 그중 가장 두드러진 것은 자전축 세차, 흔히 춘분점 세차라고 불리는 현상이다. 지구는 팽이처럼 축을 중심으로 회전하는데, 이 회전 때문에 적

천체의 움직임으로 인한 기후 변화

지구의 운동 변화가 기후에 미치는 종합적인 영향을 설명하는 밀란코비치 이론이란 것이 있다. 세르비아의 지구물리학자 겸 천문학자인 밀루틴 밀란코비치(Milutin Milankovitch, 1879~1958)의 이름을 딴 이론이다. 그는 1차 세계대전 중에 전쟁 포로로 수용된 상태에서 그런 연구를 했다. 밀란코비치는 이심률의 변화, 자전축의 경사와 지구 궤도의 세차가 지구의 기후 패턴을 결정함을 알려주는 수학적 이론을 내놓았다. 게다가 타원궤도는 훨씬 더 긴 시간 척도로 회전한다. 두 종류의 세차가 합쳐져 미치는 효과로 인해 2만 1000년 주기로 지구의 계절과 궤도가 변했다. 또한 지구의 자전축과 지구 공전궤도면의 법선(수직선) 사이의 각도(황도경사각)도 4만 1000년 주기로 22.1도와 24.5도 사이에서 진동한다. 이 각도는 요즘 23.44도인데, 차츰 감소하고 있다.

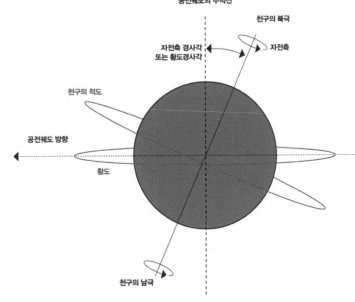

지구 자전축의 세차

공전궤도의 수직선
천구의 북극
자전축 경사각 또는 황도경사각
자전축
천구의 적도
공전궤도 방향
황도
천구의 남극

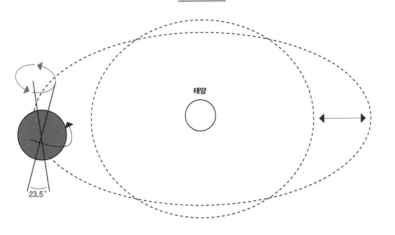

춘분점의 세차

지구는 2만 년 주기로 자전축상에서 팽이처럼 변동한다

지구 자전축의 경사는 4만 년 주기로 변한다

23.5°

태양

지구의 궤도 형태는 10만 년 주기로 지구와 태양 사이의 거리를 변화시킨다

밀란코비치 주기

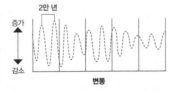

2만 년

증가

감소

변동

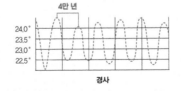

4만 년

24.0°
23.5°
23.0°
22.5°

경사

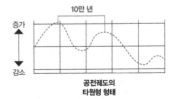

10만 년

증가

감소

공전궤도의 타원형 형태

도에서 불룩해진다. 지구는 완벽한 구가 아니므로 태양과 달의 중력 영향은 지구에 회전력을 가하는데, 이로 인해 지구의 자전축은 2만 6000년에 한 번 원을 그리며 돌게 된다. 이것은 미세한 영향이 아니다. 자전축 자체가 지구의 공전궤도면에 대해 23도 기울어져 있기에 세차는 밤하늘에 큰 영향을 미치기 때문이다. 기원전 150년경에 이를 처음으로 기록한 사람은 그리스 천문학자 히파르코스다. 세차 현상을 실감나게 느끼게 해주는 것은 고정된 별들에 대한 천구의 극의 위치 변화다. 지구의 자전축이 밤하늘에서 원을 그리며 돌기 때문에, 북극성은 그리 멀지 않은 미래에 더 이상 천구의 북극 바로 위에 있지 않을 것이다. 약 3000년이 지나면 미래의 항해사들은 지구의 바다를 가로지를 때 세페우스자리 감마 별을 GPS 시스템의 보조 도구로 삼을 것이다. 그리고 8000년 후에는 그 역할을 밝은 별 데네브가 맡을 것이다. 천구의 북쪽에 자리한 별의 정체는 인류 역사에서 여러 번 바뀌었다. 이집트인들이 기원전 2560년에 기자의 대피라미드를 완공했을 때는 용자리 알파 별이 천구의 북극에 가장 가까웠다. 2500년 후 로마인들이 활약할 무렵에는 작은곰자리의 두 번째로 밝은 별 코카브와 이웃 별 페르카드가 '북극의 지킴이'로 알려져 있었다. 그런데 세차는 항해에 도움을 줄 뿐만 아니라, 더 중요한 점은 우리 기후에도 영향을 미친다는 사실이다.

자전축의 23도 기울어짐이 지구의 계절 변화를 일으킨다. 북반구의 여름은 북극이 태양을 향해 기울어질 때 찾아오는데, 이때 북극권 한계선 내에 햇빛이 지속적으로 쏟아진다. 반년 후 지구의 위치가 바뀌어 남극이 24시간 내내 햇빛을 받으며 남반구가 여름을 맞는다. 만약 지구의 공전궤도가 완벽한 원이라면 세차만으로는 지구 기후에 영향을 미치지 않을 것이다. 하지만 그렇지가 않아서 지구의 공전궤도는 타원이고 태양이 이 타원의 초점에 놓여 있다. 21세기로 들어오자, 지구는 천구의 북극이 태양으로부터 제일 먼 방향을 가리키는 동지 직후인 일월에 태양에 가장 가깝게 접근하게 되었다(근일점). 이로 인해 북반구의 겨울은 이전보다 조금 더 따뜻하다. 지구가 북반구의 겨울 동안 태양 복사열을 조금 더 많이 받기 때문이다. 하지만 1만 년쯤 지나면, 세차가 지구의 자전축을 반 바퀴쯤 돌려놓을 것이므로, 천구의 북극이 근일점에 태양 쪽을 향하게 되어 북반구의 여름은 조금 더 따뜻하고 겨울은 조금 더 추워질 것이다. 지구의 궤도가 타원이 될수록 이 효과는 더 커진다.

조금 복잡해진 듯하지만, 이 복잡함은 우리의 이야기에 중요하다. 행성들은 달보다 훨씬 더 멀고 또한 더 무거우며 계속 위치를 바꿈으로써 장기간에 걸쳐 지구의 궤도에 주기적인 변화를 일으킨다. 목성이 큰 질량과 근접성 때문에 가장 현저한 영향을 미친다. 가장 큰 변화는 40만 년의 시간 척도로 일어난다. 40만 년의 주기로 지구의 공전궤도가 늘어났다가 줄어들었다 하면서 더욱 타원에 가까워졌다가 더욱 원에 가까워지는 모습을 상상해보라. 이런 주기적 변동이 세차에 영향을 미쳐서 기후 변화를 초래한다. 지구의 궤도가 가장 심한 타원형일 때 세차로 인한 변화는 가장 두드러질 것이다. 이 효과를 가리켜 기후의 궤도 강제력이라고 한다.

지구의 궤도에는 그런 영향들이 많이 작용한다. 타원의 이심률 변화가 10만 년마다 일어나는 것도 그런 영향 때문이다. 게다가 자전축의 기울어짐은 4만 1000년을 주기로 22도와 25도 사이를 오고 간다. 태양계 전체는 거대한 종과 같아서, 태양과 행성들, 위성들 간의 중력 상호작용이 일으키는 수많은 배음(倍音)들로 울리고 있다.

수많은 세월에 걸쳐 태양에 대한 지구의 공전궤도와 방향의 이러한 변화는 기후에 극적인 변화를 초래했으며, 지구를 빙하기로 몰아넣었다가 빼낸 핵심 메커니즘들 가운데 하나임이 분명하다. 거의 확실히 이러한 장기적인 기후 변화는 생명의 진화에 영향을 미쳤다. 빙하기는 동식물에 중대한 도전을 초래하며 자연선택을 통한 진화상의 대응을 야기할 것이다. 더욱 놀라운 점을 말하자면, 최근의 연구에 의하면 세차, 40만 년 주기의 이심율 변화 그리고 초기 현생인류의 진화 사이에는 직접적인 관련성이 있다고 한다.

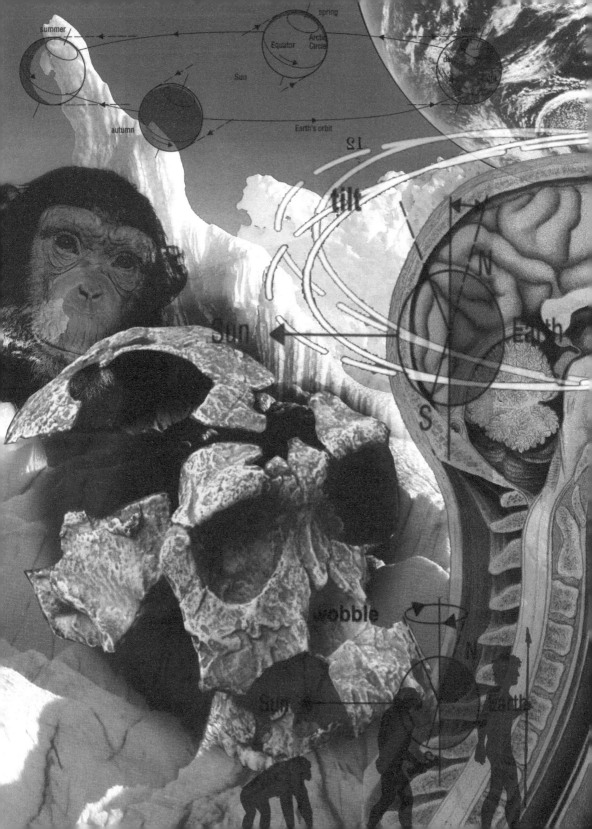

동아프리카지구대의 기후 변화 그리고 인류의 진화

동아프리카지구대. 이 말만 들어도 곧바로 기원에 대해 생각하게 된다. 내가 에티오피아를 즐겨 찾는 이유는 여러 가지다. 사람들이 좋다. 음식이 좋다. 높은 고도에 있는 아디스의 상쾌함이 좋다. 산과 계곡과 고원이 좋다. 심지어 아파르 삼중합점에 있는, 지옥으로 가는 문이라고 불리는 전설적인 순상화산인 에르타 에일Erta Ale도 좋아

지옥으로 가는 문?

현무암 순상화산인 에르타 에일은 에티오피아의 다나킬 함몰 지형에 위치해 있다. 그 산에는 지름이 100미터쯤 되는 활동 중인 용암 호수가 있다. 이 용암 호수는 산 정상의 칼데라 지형의 일부다. 용암의 지속적인 움직임 때문에 용암 호수의 표면은 작은 규모의 지구의 판구조를 닮았다.

한다. 아마 그곳에 두 번 다시는 가지 않겠지만. 그러나 그곳이 주는 인상은 좋다. 즉 이 고대의 나라에 들르고서 수만 세대까지 올라가는 조상들의 유령을 슬쩍이라도 엿보지 않기는 어렵다. 온 세상에 퍼진 믿음처럼 우리는 그곳에서 비롯되었기 때문이다. 우리들은 저마다 수십만 년 전에 에티오피아에서 살았던 어떤 사람과 핏줄로 이어져 있다. 그곳은 에덴동산, 즉 인류가 시작된 장소다. 하지만 대중문

화가 아직 받아들이지 못하고 있는 것은 인간의 출현에 기여한 우연적이고 아슬아슬한 속성이다. 성장하면서 '잃어버린 고리'라는 말을 들었던 것이 기억난다. 원숭이와 같은 우리 조상들과 우리를 결정적으로 이어줄 사라진 화석 말이다. 내가 학교생활을 시작했을 때는 아직 DNA 염기서열이 발견되기 전이었으며, 루시도 발굴되지 않았다. 오늘날 우리는 루시와 같은 오스트랄로피테쿠스와 현생인류 사이의 친연관계를 아주 상세히 안다. 그리고 세부사항은 여전히 논란거리고 새로운 증거가 인류 진화의 표준 모형을 지속적으로 교체하고는 있지만, 이제는 방대한 이야기 전체를 자세하게 말하는 것이 가능해졌다.

　진화 과정상 사람 과에 속하는 구성원들을 가리켜 호미닌이라고 한다. 호미닌과 침팬지 조상의 분리는 500만 년 전에 아프리카에서 일어났으며, 400만 년 전에는 오스트랄로피테쿠스 아파렌시스(루시)가 출현했다. 그들의 뇌 크기는 대략 500cc였는데, 이는 침팬지와 엇비슷했고 현대 인류의 3분의 1 수준이었다. 180만 년 전에 뇌 크기와 동아프리카지구대 호미닌 종의 수에 한 단계 변화가 찾아왔다. 우리 호모 속의 여러 종들이 등장했는데, 가령 호모 하빌리스와 호모 에렉투스 등이다. 그들은 오스트랄로피테쿠스 속, 파란트로푸스 속을 포함한 다른 여러 종들과 한동안 더불어 살았다. 어떤 인류학자들은 파란트로푸스를 오스트랄로피테쿠스의 다른 종으로 분류하길 선호한다. 내가 그 점을 언

영장류 두개골의 내부 부피는 침팬지의 275~500cc에서 현생 인류의 1,130~1,260cc까지 증가한다.
네안데르탈인은 뇌 용량이 1,500~1,800cc 범위로, 호미니드 중 가장 컸다. 최근의 연구에 의하면, 영장류의 경우 인지 능력을 알려주는 더 나은 척도는 전체 두뇌의 크기라고 한다.

침팬지 두개골

오스트랄로피테쿠스 두개골

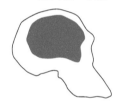

인간 두개골

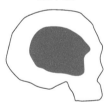

급하는 까닭은 혼란을 가중하기 위해서가 아니라 한 가지 중요한 사실을 강조하기 위해서다. 즉 호미닌 진화의 연구는 어려운 분야이다 보니 당연히 200만 년 전의 화석과 DNA 서열의 분류에 관해 논쟁이 지속되고 있다. 하지만 우리의 이야기에서 중요한 것 그리고 아무도 다투지 않는 내용은 180만 년 전쯤 동아프리카지구대에서 호미닌 종의 수와 두뇌 크기에 일대 도약이 이루어졌다는 사실이다. 140만 년 전경 이런 종들 가운데 단 하나가 살아남았다. 바로 뇌 크기는 1,000cc인 호모 에렉투스다. 그다음 이정표는 대략 80만 년 전의 호모 하이델베르겐시스의 출현이다. 일반적으로 호모 하이델베르겐시스는 4만 5000년경 또는 어쩌면 그 후로도 함께 유럽에서 살았던 호모 사피엔스와 네안데르탈인의 조상으로 인정된다. 호모 하이델베르겐시스는 뇌 크기가 또 한 번 도약하여 1,400cc에 이르러, 현대 인류에 가까웠다.

1960년대 후반과 1970년대 초반에 2개의 호미닌 두개골이 에티오피아의 오모 강 근처에서 발견되었다. 오모 1과 오모 2라고 알려진 이 두개골이 발견된 높이 부근의 화산재 침전물의 아르곤 연대 측정에 의하면, 시기는 19만 5000±5000년 전이었다. 이 두개골은 호모 사피엔스로 확인된 가장 초기의 유골이다.

여기서 흥미로운 질문을 던지지 않을 수 없다. 호미닌 지능을 오스트랄로피테쿠스의 침팬지 비슷한 능력으로부터 불과 백만 년 만에 현대 인류의 수준에 가깝게 발달시킨 뇌 용량의 급격한 증가는 왜 일어났는가? 이 역시 매우 활발한 연구 분야이며, 전문가들 사이에도 의견이 분분하다. 이 점이 지식의 변경에 있는 과학의 속성이며, 바로 그 때문에 과학은 흥미롭고 성공적인 학문이 된다. 우리가 초점을 맞추고 있는 모형은 인류 진화에 관한 가장 널리 인정되는 이론이다. 바로 최근의 단독 기원 가설, 또는 더 쉬운 말로 '아프리카 밖으로' 모형이다. 지금껏 우리가 설명한 연대와 장소들은 '교과서'의 내용이라고 불러도 좋겠다. 따라서 '언제?' 그리고 '어디에서?'는 널리 의견일치가 이루어졌다. 하지만 '왜'는 아니다. 따라서 이제부터는 '왜?'라는 질

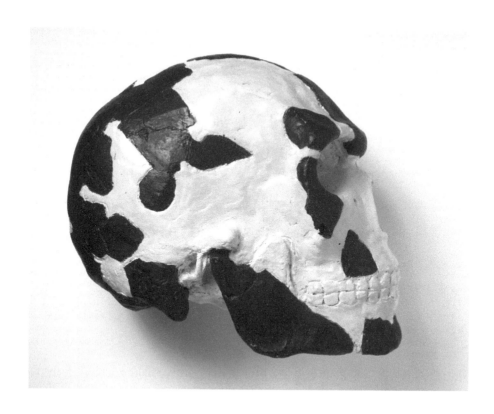

문에 주목하자.

221쪽의 그림은 슐츠와 매즐런의 2013년 논문에서 가져왔다. 아래는 동아프리카지구대에서 발견된 두개골들의 용량, 즉 시간의 흐름에 따른 뇌 크기를 보여준다. 두개골에는 종 별로 이름이 붙어 있다. 오스트랄로피테쿠스의 출현 이후 400만 년 동안 뇌 크기가 커지는 경향이 보이지만, 변화가 점진적이지는 않다. 앞서 보았듯이, 180만 년 전에 호모 에렉투스의 출현과 함께 큰 도약이 있었고, 약 80만 년 전에 호모 하이델베르겐시스의 출현과 함께 또 한 번의 도약

인간의 과거가 남긴 흔적

오모 1과 오모 2는 지금껏 발굴된 가장 초기 호모 사피엔스의 화석화된 유골이다. 이 부분 두개골은 과학자들이 우리 진화의 비밀을 밝히는 연구에 도움을 줄 것이다.

이 있었다. 마지막 도약은 20만 년 전에 호모 사피엔스의 등장과 함께 일어났다. 약 180만 년 전에는 동아프리카지구대에 존재한 호미닌 종의 개수에서 도약이 일어났다. 적어도 여섯 종이 나란히 살았는데, 이는 어떤 흥미로운 일(특히 호모 에렉투스의 뇌 크기 증가의 원인이 되었거나 중요한 영향을 준 사건)이 그 무렵에 일어났음을 암시한다. 216쪽의 그림에서 보이는 이러한 뇌 크기 증가의 한 가지 이유를 짐작하게 해주는 것은 동아프리카지구대의 수심이 깊은 호수들의 등장과 사라짐의 비율이다. 약 180만 년 전에 다수의 호수가 일시적으로 생겨났는데, 이는 그 무렵에 기후 특히 강수량이 매우 급변했음을 알려준다. 비슷한 기후 변동이 백만 년 전과 20만 년 전에도 일어났는데, 이는 호미닌의 뇌 크기 증가와 상관관계가 있는 듯하다. 이론은 이렇다. 이 특정 시기에 동아프리카지구대의 급변하는 기후 조건이 뇌 크기 증가를 일으키는 데 중요한 역할을 했다는 것이다. 이런 증가를 야기했을지 모를 선택압은 불분명하다. 적응을 위한 선택이 아마도 중요한 요인이었겠지만, 큰 무리를 이루어 사는 능력과 같은 사회적 요인들 그리고 특히 180만 년 전쯤 다수의 종들이 함께 살게 되어 생긴 종 간의 경쟁도 틀림없이 영향을 미쳤을 것이다. 그러니까 동아프리카지구대의 180만 년 전, 백만 년 전, 20만 년 전의 기후 변화가 인간 지능의 발달에 이바지한 요인일 수 있다는 것이다. 이를 가리켜 맥동성 기후 변동 가설Pulsed Climate Variability Hypothesis이라고 한다.

이 모든 실 가닥들을 한데 모으면 한 가지 놀라운 그리고 나로서는 아찔한 가설이 드러난다. 만약 사실이라면 그 가설은 우리 현대 문명의 굉장히 우연적 속성을(좀 더 쉽게 말해서, 우리가 굉장히 운이 좋아서 여기 있음을!) 새롭게 조명해줄 것이다.

세 시기(180만 년 전, 백만 년 전, 20만 년 전)는 지구의 궤도가 가장 타원형인 때에 해당한다. 앞서 설명했듯이, 그런 시기들에 세차로 인한 기후 변화의 메커니즘은 잘 밝혀져 있다. 기후 변동 가설에 의하면, 동아프리카지구대의 독특한 지형과 위치가 이런 변

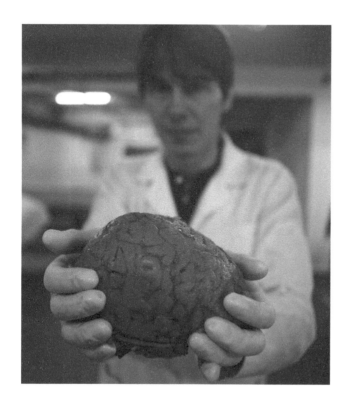

화들을 증폭시켰고 초기 호미닌들은 뇌 크기를 증가시켜 그런 변화에 대응했다. 만약 사실이라면, 우리 뇌는 지구의 궤도 변화에 반응하여 진화한 것이다. 지구 궤도 변화는 태양 주위 다른 행성들의 궤도 배치 그리고 주로 달과 지구 자전축 경사 사이의 중력 상호작용에 의한 세차로 인해 일어났는데, 이 둘은 태양계 초기 역사에서 일어난 충돌 사건에서 비롯되며, 이 모든 일들은 순전히 행운에 의한 것이다. 상상도 할 수 없을 듯한 우연들의 조합이 없었다면 그리고 이 모든 우연들이 함께 공모해 에티오피아의 계곡에서 경

두뇌의 힘

인간의 뇌는 우리가 아는 한 우주에서 가장 복잡한 물리적 구조를 갖고 있다. 평균적인 인간의 뇌에는 850억 개의 뉴런이 있는데, 이는 평균적인 은하의 별의 개수에 필적한다.

두개안면(頭蓋顔面)의 발달

호모 네안데르탈렌시스는 화석상의 그리고 현존하는 '해부학적으로 현대적인' 인류와는 다른 두개골 특징들을 지녔다. 형태학적 증거, 직접적인 동위원소 연대 측정, 세 네안데르탈인들의 화석미토콘드리아 DNA를 포함한 현대적인 연구에 의하면, 네안데르탈인은 적어도 50만 년 동안 별도의 진화상의 가계였다. 하지만 언제 그리고 어떻게 네안데르탈인의 독특한 두개안면 특징들이 나타났는지는 밝혀지지 않았다.

우주, 기후, 두개골 용량

밀란코비치 순환 주기 때문에 어느 시기에 지구 기후의 변동성이 커졌다. 이는 대략 100만 년 전에 일어났는데, 인간의 두개골 부피가 급격하게 증가한 기간과 일치한다. 두개골 부피는 호미니드의 인지 능력 향상과 관계가 있다. 따라서 지구의 자전축 경사와 공전궤도가 아마도 호미니드의 인지 능력 증가와 관련이 있을 수 있다.

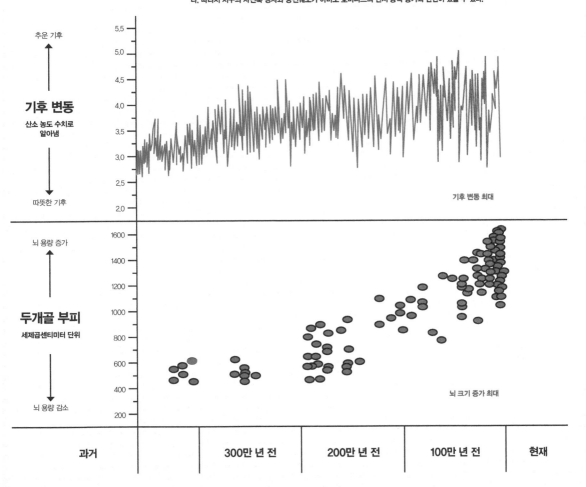

이로운 기후 변화를 일으키지 않았다면, 우리는 존재할 수 없었을 것이다.

정말로 그렇다면 얼마나 대단한 반응이란 말인가! 나는 아디스의 세인트폴 의과대학 부속병원에서 뇌를 들고 사진을 찍었다. 그것은 우주에서 가장 복잡한 단일 물체이며, 물리법칙들과 지구상 생명의 특정한 생화학 메커니즘들에 가해진 온갖 제약 조건하에서 작동하면서 자연선택에 의해 40억 년 동안의 기나긴 조립 과정을 거쳐 최근에 생겨난 복잡성의 가장 흥미로운 사례다. 그 속에는 대략 850억 개의 개별 뉴런이 들어 있는데, 이는 평균적인 은하의 별의 개수와 거의 같다. 하지만 그건 뇌의 복잡성에 비하면 아무것도 아니다. 각각의 뉴런은 다른 뉴런과 1만 개에서 10만 개까지 연결되어 있기에, 현재의 우리 기술이 모방할 수 있는 정도를 훨씬 뛰어넘는 컴퓨터라고 할 수 있다. 우리가 뉴런을 모방하는 데 성공하면, 틀림없이 의식 작용이 출현할 것이다. 의식은 마법이 아니며, 자연의 알려진 법칙들에 따라 출현하는 하나의 속성일 뿐이다. 그렇다고 해서 경이로움이 조금이라도 줄어들지는 않는다. 이러한 진화상의 기적으로 우리가 출현한 것이다. 사고, 감정, 희망, 꿈이 지구에 존재하는 까닭은 1.5킬로그램짜리 덩어리 속의 전기적 활동 때문인데, 이는 최초의 현생인류가 아프리카를 벗어나 긴 여정을 시작한 이후로 별로 달라지지 않았다. 시간여행이 가능해서 2만 년 전의 갓난아기를 21세기로 데려올 수 있다고 상상해보자. 그 아이를 현대 사회에서 현대적 교육을 시키며 키운다면 요즘 아이들이 습득한 것을 그대로 배울 수 있다. 우주 비행사도 될 수 있다. 여기서 한 가지 질문이 또 떠오른다. 만약 하드웨어가 20만 년 전의 것 그대로라면, 다른 무슨 변화가 있었기에 동아프리카지구대에 살던 인간이 우주로 갈 수 있었을까?

'이제껏 없었던 자연과의 결투'

"지금 우리가 할 수 있는 최선은 그냥 지켜보며 희망을 품는 것뿐입니다." 아폴로 13호가 바다에 착륙한 지 24분 후 BBC 스튜디오에서 방송 중이던 클리프 마이클모어Cliff Michelmore의 말이었다. 1970년 4월 17일, 나는 그 생방송을 보기에는 너무 어렸지만, 녹화방송은 그 후로 숱하게 봤다. 미 해군의 USS 이오지마 호 갑판의 흐린 사진들, 갑판에 몰려와 있던 사모아 연안에서 온 초조한 선원들의 모습, 스튜디오에서 어두운 표정을 짓고 있던 패트릭 무어와 제프리 파도Geoffrey Pardoe 그리고 행운을 바라며 등 뒤에서 두 손가락을 꼬아서 겹치고 있던 제임스 버크의 유명한 모습 등이 눈에 선하다. "휴스턴, 여기는 아폴로 조종실, 하니서클과의 교신이 방금 두절됨." 호주 캔버라의 하니서클 크릭 트래킹 스테이션은 아폴로 13호가 귀환 중 지구 대기권에 진입한 후 연락한 마지막 지상 기지였다. 재진입 시의 신호 두절은 모든 우주 비행에 어김없이 생기는 긴박한 상황이다. 우주선의 마찰열로 인해 대기가 이온화되어 전파 신호를 차단하면, 보통 4분 동안 전파가 송수신되지 않는다. 아폴로 13호의 경우 6분 동안 통신이 막혔다. BBC 패널 4인방의 위대한 점은 그 침묵을 그대로 방송으로 내보냈다는 것이다. 소리라고는 나사가 보낸 잡음뿐이었는데, 정말 긴장된 순간이었다. 방송에서 뭐라뭐라 떠들어댈 필요가 없었다. 아무도 입을 열 수가 없었다. 다만 "2분 조금 더 지나서 통신 두절이 해소되고 나야, 우리는 사흘 전 폭발로 열차 폐막이 망가졌는지 여부를 알 수 있습니다"라는 버크의 말뿐이었다. 이어서 침묵이 또 흘렀다. 4분이 지났을 때 휴스턴은 '통신 두절 종료 10초 전'임을 알렸다. 다시 침묵. 휴스턴, "오리온 4 비행기가 신호를 잡았다는 소식입니다." "끝장입니다." 버크가 말했다. "기대하지 맙시다. 낙하산이 고장 났을지 모르니까요." "낙하산이 망가진 거

야." 버크는 방송을 한다는 생각 없이 혼자 중얼거렸다. "저기 있어요, 저기 있습니다!" "해냈어요!" 무어가 탄성을 터뜨렸다. 곧 박수갈채가 터졌다. "내가 5초만 더 참았더라면!" 버크가 외쳤다. "5초만 더 참았더라면!"

아폴로 13호의 무사귀환 과정은 두말할 것 없이 나사 역사상 가장 멋진 시간이었다. 비행시간 55시간 54분 53초, 지구로부터 비행 거리 32만 킬로미터, 달 착륙선 조종사 잭 스위거트Jack Swigert는 서비스 모듈의 수소와 산소 탱크의 회전 팬을 작동시켰다. 일상적인 절차였다. 알고 보니 탱크 내부의 한 조각 테플론 절연체가 손상되었던 것이 원인이었다. 지상에서 비행 준비 과정에서 생긴 일련의 일어날 법하지 않는 사건들의 연쇄로 인한 것이었다. 전선이 단락되고 탱크가 폭발했으며, 서비스 모듈의 측면이 날아가버렸다. 이로 인해 우주선의 전력 공급 장치가 심각하게 파손되었고 아울러 승무원의 생존에 필수적인 산소가 우주 공간으로 빠져나갔다.

지구 내기권 재진입 시 생존이 가능한 유일한 우주선 부위인 커맨드 모듈은 당시 배터리로 작동되고 있었고 산소 공급이 급격히 줄어서, 지구로 귀환하는 긴 시간 동안 우주 비행사들이 살아남기가 어려운 상황이었다. 유일한 선택은 커맨드 모듈을 버리고 달 착륙선 루나 모듈을 구명선으로 사용하는 것이었다. 나중에 러벨은 그 일을 자신은 결코 안타까워하지 않았다고 말했다. 그는 달 착륙 기회를 빼앗

아폴로 13호의 귀환

아폴로 13호는 1970년 4월 11일 발사되었다. 세 번째 유인 달 착륙이 예정되어 있었다. 비행 이틀째 지구에서 30만 킬로미터 떨어진 곳에서 우주선의 산소 탱크가 폭발했다. 산소와 전기의 정상적인 공급이 끊기자 우주 비행사들은 달 착륙선을 '구명선'으로 이용해 살아 돌아왔다.

우리는 누구인가?

겼다. 역사적인 아폴로 8호 임무에서 이미 달로 날아간 적이 있던 그로서는 더더욱 좌절을 느꼈음이 분명했다. 하지만 그의 반응은 나중에 여러 인터뷰에서 드러났듯이 시험 비행사의 성격에 대한 놀라운 통찰을 보여준다. "우리에게 상황이 주어졌습니다." 러벨은 설명했다. "우리의 능력을 유감없이 발휘하라는 상황 말입니다. 거의 확실하게 절망적인 상황에도 우리의 능력을 발휘해 무사히 귀환해야 했습니다. 그래서 아폴로 11호를 포함해 모든 비행 가운데서 13호야말로 진정한 시험 비행사의 비행이라고 생각했습니

**휴스턴, 여기 문제가
하나 생겼다**

아폴로 13호 우주선의 서비스 모듈 모습. 승무원이 지구 대기권에 재진입하기 직전에 찍은 사진이다. 주 몸체의 아래쪽에 광범위한 손상을 입은 모습이 보인다.

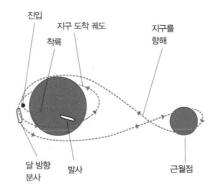

아폴로 13호의
귀환 방법

진입
지구 도착 궤도
지구를
향해
착륙
달 방향
분사
발사
근월점

다." 러벨과 헤이스는 둘 다 지구에 안전하게 귀환하지 못한다는 생각은 마음속에 단한 번도 떠오르지 않았다고 말했다. "절대로 가망이 없다는 말은 누구도 입 밖에 꺼내지 않았습니다."

물론 헤이스의 말은 옳았다. 다들 무사히 귀환했으니까. 하지만 둘은 하루하고도 반나절 동안만 버틸 물과 식량밖에 없었고 귀환 동안 숨 쉴 수 있는 공기를 제공할 이산화탄소 필터를 급조해서 만들어야 했다. 루나 모듈에 갇힌 채, 물과 식량 공급은 부족하고 온도는 영하에 가깝게 떨어졌으니 정말 힘겨운 시간이었다. 연료 전지 소실 후에 남아 있는 얼마 안 되는 배터리 전력을 아끼려고 커맨드 모듈의 전력 공급을 줄이자, 승무원들은 제한된 자원으로 힘겨운 상황에서 살아남아야 했다. 역사상 인간 문명의 숱한 전초기지들처럼 물 부족이 가장 걱정스러웠다. 물은 두 가지 이유에서 루나 모듈에서 결정적으로 중요했다. 승무원들에게 물을 제공하고 건조식품을 다시 물기가 있게 만드는 것뿐만 아니라, 우주선의 전기 장치를 냉각시키는 데도 물이 필요했다. 따라서 물을 아끼는 것은 지구 귀환에 있어 가장 중요한 요소였다. 평상시 식사량의 단 5분의 1로 음식 섭취를 줄이자, 승무원 각각은 심한 탈수 증세를 겪었다.

둘은 합쳐서 체중이 14킬로그램 빠졌는데, 이는 다른 아폴로 승무원들보다 거의 절반이나 많은 체중 감소였다.

이런 불편도 불편이지만, 정작 중대한 관건은 새로운 비행 궤도 설정과 그에 따른 귀환 비행이었다. 아폴로 호에서 비행 중 경로 수정의 표준적인 방법은 커맨드 모듈의 주엔진을 이용하는 것이었지만 그 시스템은 손상된 우주선 부

우주에서 온 노트

우주 비행사 짐 러벨의 수기 체크리스트 덕분에 아폴로 13호의 승무원들은 지구로 무사히 귀환할 수 있었다.

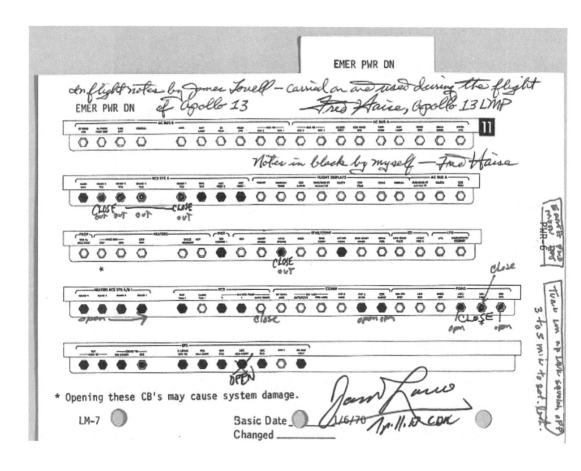

228

위에 가까웠기에 지상 관제사들은 그걸 점화시키기는 너무나 위험하다고 판단했다. 대신에 루나 모듈의 하강 엔진을 사용하여 달의 먼 측면으로 내려갔다가 나흘 반 만에 지구로 귀환하는 방법을 쓰기로 했다. 이를 가리켜 자유 귀환 경로라고 한다. 정확한 각도로 달 주위를 돌다가 지구를 향해 곧장 귀환하는 슬링샷 비행을 계획했던 것이다. 완전히 다른 목적으로 설계된 엔진이 이 기능을 훌륭하게 수행할지 아무도 장담할 수 없었다. 하지만 그것 말고는 귀환할 다른 방법이 없었다.

첫 폭발이 있은 지 5시간 후, 루나 모듈이 35초 동안 점화했고 승무원들은 자유 귀환 궤도에 무사히 진입했다. 이제 한 가지 문제는 풀렸지만 또 하나의 문제가 생겼다. 궤도 계산 결과 지구로 귀환하는 데는 첫 발사 후 153시간이 걸린다고 나왔는데, 그러려면 주요한 자원을 최대한 아껴야 하고 승무원들이 고난을 겪을 수밖에 없다. 따라서 또 한 번의 점화를 통해 우주선을 가속시켜 총 비행을 10시간 줄이기로 결정했다. 그만큼의 시간을 확보하기란 아폴로 13호선 아주 아슬아슬했다. 커맨드 모듈의 주 비행 시스템이 작동 불능이었기에, 러벨은 정확한 비행 입력 사항들을 계산해야 했다. 그리고 지구의 관제소에서도 중복 검사를 위해 똑같은 계산을 실시했다. 러벨은 실제로 별을 기준으로 삼아 방향을 잡기 위해서 갖고 있던 육분의도 사용해야 했다. 이미 아폴로 8호 비행에서도 그 육분의를 십분 활용한 적이 있었다.

계산 과정은 루나 모듈 시스템의 활성화 체크리스트에 수기 노트 형태로 보존되어 있다. 원래는 달 표면으로 하강할 때 러벨과 헤이스가 사용하려고 준비해온 체크리스트였다. 이제 그럴 필요가 없어 쓸모없어진 그 종이에다 러벨은 우주선을 지구로 향하게 할 지시사항들을 적었다. 루나 모듈이 달의 반대쪽 면 주위를 돌기 시작한 지 2시간 후 루나 모듈 엔진이 점화되었고, 러벨의 수기 체크리스트에 따라 우주선의 속력을 초속 260미터로 올렸으며 덕분에 목숨 같은 10시간을 벌었다.

유인 우주 비행의 역사에서 가장 극적으로 살아 돌아온 이 비행은 3명의 시험 비

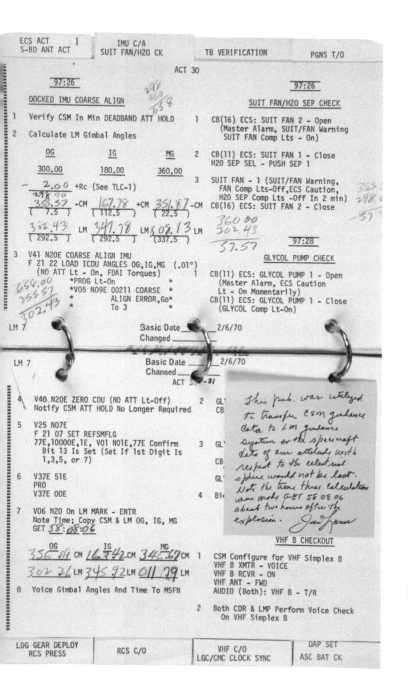

아폴로 13호를 살린 수학

아폴로 13호의 루나 모듈 시스템 활성화 체크리스트에는 러벨이 손으로 쓴 숫자들이 나오는데, 이는 서비스 모듈의 산소 탱크 폭발로 우주의 미아가 된 지 고작 2시간 만에 한 계산 과정의 일부다. 러벨은 푸른색 포스트잇 쪽지로 이 계산을 간략히 설명하고 있다.

호모 에렉투스/
호모 에르가스터

인류학 문헌에는 아프리카와 아시아의 호모 에렉투스의 적절한 분류에 관해 차이가 있다. (넓은 의미의) 호모 에렉투스는 아프리카와 아시아 집단 모두를 설명하기 위해 쓰이는 용어다. 아프리카의 집단은 때로는 호모 에르가스터라고도 불리며, 아시아의 집단은 좁은 의미의 호모 에렉투스라 한다. 널리 인정되는 이론에 따르면, 아프리카 집단이 대략 190만 년 전에 동아프리카지구대에서 호모 하빌리스로부터 진화했고 이후 아시아로 퍼졌다고 한다.

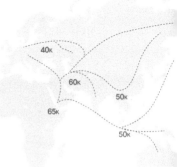

화석 증거, 고대의 인공물과 유전자 분석을 통해 해부학적으로 현대 인류의 이동에 관한 설득력 있는 이야기를 구성할 수 있다. 인류의 아프리카 탈출로로 가능한 두 가지 경로가 확인되었다. 북쪽 경로는 우리 조상들이 동부 사하라 이남 아프리카의 거주지를 떠나 사하라 사막을 건너가게 해주었고, 그 후 조상들이 시나이 반도와 레반트 지역으로 이동했다. 남쪽 경로는 아프리카 뿔 지역(아라비아 해 입구 근처의 뾰족하게 솟은 아프리카 북동부의 반도 지역—옮긴이)의 지부티 또는 에리트레아로부터 바브엘만데브 해협을 지나 예멘으로 들어가 아라비아 반도를 돌아 남쪽으로 향하는 길이었을지 모른다.

전 세계에 걸친   10K
유전자의 이동   1만 년 전

행사 러벨, 헤이스, 스위거트의 위대함을 새삼 증언하면서 아울러 지상의 유능한 엔지니어들의 위대함도 증언해준다. 나사의 아폴로 엔지니어들은 오늘날의 기준으로 보자면 젊었다. 아폴로 11호의 바다 착륙을 맡은 관제팀의 평균 나이는 스물여덟 살이었다. 그런 까닭에 미국은 아폴로 프로그램에 투자함으로써 엄청난 경제적 보상을 얻을 수 있었다. 아폴로 프로그램에 참여했거나 감동을 받았던 과학자와 공학자 세대가 미 전역의 경제 활동에 직간접적으로 참여해 엄청난 투자 수익을 안겨주었던 것이다. 체이스 이코노메트릭스가 행한 연구를 포함한 일련의 연구에 의하면, 아폴로 프로그램에 1달러 투자할 때마다 증가된 GDP 성장으로 인해 적어도 6달러 내지 7달러의 보상이 얻어졌다. 물론 새로운 지식이 GDP를 증가시킨다는 것은 자명한 말이긴 한데, 하지만 정치인들은 매 세대마다 지출과 투자의 차이를 이해하기 위한 재교육이 필요한 듯하다. 논쟁을 부추기는 말인지 모르나, 흔히 제기되는 정치적 주장(그런 큰 투자에는 대중의 지지가 필요하다는 주장)은 헛소리다. 첫째, 나사의 투자는 그다지 크지 않아서, 아폴로 프로그램 추진 기간 전체를 통틀어 연방 예산의 4.5퍼센트를 넘지 않았다. 둘째, 최전방에서 이끄는 것이 정치인의 일이다. 지식에 투자하기 그리고 인간 능력의 한계를 밀어붙이고 물질적이든 정신적이든 모든 변방을 탐험하는 일에 투자하기는 문명이 앞으로 얻을 부와 번영과 안전에 핵심적인 요소임을 적극 주장하자.

지적이고 기술적인 쇠퇴에 대해 비굴하게 변명이나 하지 말고 케네디 같은 인물이 되기를 염원하자.

달을 향한 아홉 번의 아폴로 비행은 우리의 20만 년 동안의 역사에서 가장 멀리까지 탐험한 여행이었다. 호모 사피엔스는 6만 년 전에 대규모로 아프리카를 처음 떠났기에, 지질학적 시간 척도로 보자면 우리는 옮겨 다니질 않았다. 우리 조상들은 더 이른 시기 호미닌들의 이동 행렬을 따랐다. 호모 에렉투스는 160만 년 전에 남동아시아에 있었고, 50만 년 전에 네안데르탈인들은 유럽을 거주지로 삼았으며 호모 플로레시엔시스는 남아시아에 있었다. 6만 년 전 이동의 세부사항은 유전학, 고고학, 언어학의 통합 연구를 통해 소상히 밝혀졌다. 정밀한 연구결과가 나온 데에는 어미를 통해 전달되어 성교에 의해 섞이지 않는 미토콘드리아 DNA의 염기 서열 추적이 한몫했다. 이 염기 서열은 비교적 안정적이며 쉽게 추적할 수 있다. 변이라면 돌연변이에 의한 것밖에 없다. 가장 널리 인정되는 데이터 해석에 의하면 1,000명에서 2,500명 사이의 작은 집단이 6만 년 전에 동아프리카를 떠나 홍해를 건너고 아라비아를 거쳐 북쪽으로 이동했다. 이후 그 집단은 나누어져, 4만 3000년 전쯤 한쪽은 남유럽으로 갔고 거의 같은 시기에 다른 한쪽은 인도를 거쳐 호주로 갔다. 러시아 동부를 지나 남아메리카로 간 것은 아마도 나중인 대략 1만 5000년 전이었던 듯하다.

이 초기 인간 집단들은 수렵채집인이었다. 추산에 의하면 기본적인 사회적 단위는 대략 최대 150명에 달했을 것이라고 한다. 이를 가리켜 영국의 인류학자인 로빈 던바Robin Dunbar의 이름을 따서 던바의 수라고 한다. 로빈 던바는 임의의 특정한 영장류 개체군 중 가장 큰 사회 집단은 뇌(특히 신피질)의 크기와 관계가 있다고 말했다. 던바의 수는 온라인과 오프라인을 합쳐 오늘날 평균적인 개인의 사회적 네트워크의 크기에서 관찰할 수 있다. 우리의 하드웨어(두뇌)는 아프리카에서 첫 현생인류가 20만 년 전에 출현한 이후로 그다지 바뀌지 않았다. 이 사회 집단들은 느슨하게 결합된 부족 형태로 살았을 것인데, 아마도 집단의 크기는 1,000명과 2,000명 사이에 이르렀을 것이고, 대략 100킬로미터 이내의 범위에서 활동했을 것이다. 집단은 여러 사회적 요인들에 대응하면서 안정화되었을 테지만, 기생충 질환에 의한 치사율의 증가, 일인당 자원 이용량 감소 때문에 나뉘어져 흩어졌을 것이다. 이런 식으로 우리 조상들이 지구 각지로 이동한 속도는 연간 대략 0.5킬로미터, 즉 한 세대에 15킬로미터였던 것으로 추산된다. 인구 밀도는 그러한 수준을 넘어 크게 증가하지는 않다가, 마침내 1만 2000년경에 원시 사회들이 수렵채집 생활방식을 벗어나 농경생활을 시작하게 되었다. 이 변화가 문명 발달의 계기가 되었다. 바로 이것이 아프리카를 떠난 이후 우리 인류가 유인원 상태에서 우주인으로 나아가게 된 가장 중요한 단계였다.

농경 – 문명의 기반

작물 재배의 이유를 놓고 경쟁 이론들이 많지만, 그 다수는 농사의 최초 증거와 1만 2000년 전의 홀로세라는 간빙기의 시작 사이에 상관관계가 있음을 지적한다. 오늘날 요르단과 시리아 주위의 비옥한 초승달 지역에서, 나투피안이라고 하는 사람들이 당시에 큰 공동체를 이루기 시작했다. 그 지역은 오늘날과 같은 황량한 사막이 아니라 숲이 우거지고 야생 곡물, 과일, 견과류가 풍부했을 것이다. 한 이론에 의하면, 기원전 1만 800년 전쯤 시작된 영거 드라이아스Younger Dryas라고 하는 1000년 간의 짧은 한랭기 때문에 나투피안들은 이전에 자연 상태로 먹고살았던 풍부했던 야생 식물들을 재배하기 시작했다고 한다. 이유가 어떻든 간에 밀, 보리, 완두콩, 렌틸콩 등 현대 농경의 기초 작물들은 기원전 9000년경 비옥한 초승달 지역에서, 기원전 8000년경

나일 강 유역에서 재배되었음이 밝혀졌다. 대략 그즈음에 농경의 증거는 아시아의 인더스 계곡, 중국과 중앙아메리카에서도 찾을 수 있다. 이러한 사실로 볼 때, 농경 시작의 단일한 환경적 또는 발생론적 이유는 존재하지 않음을 알 수 있다. 전 세계의 여러 지역에서 개별적으로 농경이 시작되었기 때문이다. 오히려 우리의 큰 뇌와 비교적 대규모의 사회 집단은 필요성이 생기자 새로운 과제를 시도할 준비가 되어 있었던 것이다.

농경이 시작되자, 더 많은 식량 공급을 바탕으로 더 많은 사람들이 함께 살게 되었다. 지속적인 수렵채집을 하지 않아도 되었기에 인간생활의 새로운 면(여가 시간)이 시작되었고, 이는 인간생활에 큰 영향을 미쳤다. 가장 초기의 농부들 중 일부가 기원전 7000년경 오늘날 요르단 지역의 바이다라는 곳에 정착했다. 돌로 만든 둥근 집에 살면서 그들은 보리와 밀을 재배했고 염소를 가축으로 길렀으며, 종교적인 의식을 치렀고 죽은 자를 매장했다. 특히 중요한 점은, 이 활동들 각각은 정착지의 특성 영역에서 이루어졌다는 것이다. 이를 통해 '도시 계획'의 시작을 엿볼 수 있다. 기원전 2세기에 나바테아인Nabataean이라고 하는 셈족 사람들이 바이다 주변에 살았다. 그들은 새로운 기술을 개발하여 농사의 효율을 높이고 마을 주변의 언덕에 물을 모아 저장하기 위한 농경용 저수지를 만들었다. 축산도 확대되어 소, 돼지, 당나귀, 말을 가축으로 키웠다. 심지어 이전에는 위험한

사라진 도시

페트라는 나바테아 왕국의 수도였는데, 지금의 요르단 지역의 붉은 사암 절벽을 깎아 2000년 전에 세워졌다. 조각된 무덤들에서부터 협곡 아래로 드리운 산비탈에는 암석들이 흩어져 있었는데, 자세히 조사한 결과 벽돌이었다. 집, 사원, 궁전의 잔해였던 것이다. 최전성기일 때 페트라는 인구가 3만 명에 달했다. 오늘날 그곳은 버려진 채 텅 비어 있는데, 지난 거의 1500년 동안 그런 상태였다. 그곳의 유일한 거주민은 소수의 베두인 부족인데, 이들은 폐허 속에 집을 지어 살고 있다.

동물들도 사람과 함께 살도록 강제로 길들였다. 나바테아인들이 개를 길렀다는 증거도 있다. 이집트, 그리스, 로마 등의 대제국이 번성하자, 나바테아인들은 유목민 생활을 겸하면서 아프리카 북부와 인도 그리고 지중해의 대도시를 잇는 오래된 교역로를 따라 낙타 행렬을 끌고 사막을 지나다녔다. 하지만 그 후 기원전 약 150년에는 조금 다른 것을 시도했다. 바이다에서 남쪽으로 몇 킬로미터 떨어진 곳에 부드러운 사암 바위 속에 자연스럽게 생긴 좁은 협곡이 있는데, 그곳에다 페트라라는 도시를 세웠던 것이다.

오늘날 관광객들은 사막의 바위 면을 깎아 만든 건물들이 늘어선 장대한 통로 사이를 거닐고 있다. 하지만 2000년 전에는 메소포타미아, 로마, 이집트의 중요한 인물들이 사크라고 하는 이 길을 통해 이 찬란한 고대 도시로 들어갔으리라.

건물의 장대함은 지금도 압도적이다. 꼭 그 시대의 위대한 건축물인 것만이 아니라 시대를 막론하고 훌륭하기 그지없다. 가장 유명한 것은 알 카즈네인데 '보물 상자'라는 뜻이다. 베두인족의 전설에 의하면 어느 파라오의 보물이 들어 있는 입구 위의 조각된 항아리 때문에 그런 이름이 붙었다고 한다. 기념비적인 건물은 인간 문명의 발흥을 알려주는 공통적인 특징이다. 그것은 외부인들에게 놀라움과 두려움을 안겨주기 위한 힘과 위대함의 상징이면서 또한 내적인 목적에도 이바지한다. 위계의 꼭대기에 있는 통치자들의 지위를 강화하고 문명의 토대가 되는 사회적 안정성을 마련해준다. 세월이 흐르면서 선순환이 일어난다. 즉 건물들이 문명의 번영을 돕고 문명이 더 번영할수록 더 멋진 건물들이 세워진다.

페트라의 풍요로움은 위치 때문이었다. 자연의 협곡 속에 들어선 그 지역은 많은 물이 휩쓸려 왔기에 당시 건조했던 풍경에 소중한 물을 공급해주었다. 덕분에 나바테아인들은 문명을 세우기 시작했다. 그 도시는 또한 목재, 양념, 향, 염료 등이 아프리카와 인도로부터 그 위쪽의 위대한 지중해 문명으로 전해졌던 고대의 유목민 교역로의 초입에 놓여 있었다. 그리스인들과 로마인들은 이국적인 물품에 늘 눈독을 들였다. 가령 후추는 로마의 시장에서 그 무게의 40배에 달하는 금으로 교환되었다. 페트라는 전략적인 위치에 있었던 덕분에 모든 교역을 통제하고 관세를 붙였다. 그 도시가 버려진 지 1500년이 지난 오늘날에도 그곳은 여전히 굉장한 장소다. 남발되는 표현이긴 하지만 딱 들어맞는 말이다. 그러나 고고학자에게 물어보면 여러분은 그곳이 전성기에는 얼마나 더 멋졌는지 금세 알게 될 것이다. 조각된 무덤들에서부터 협곡 아래로 드리운 산비탈에는 암석들이 흩어져 있었는데, 자세히 조사한 결과 벽돌이었다. 집, 사원, 궁전의 잔해였던 것이다. 알 카즈네에서부터 가정집에 이르기까지 모든 것은 흰 회반죽을 바른 다음 밝은 색깔들로 칠해져서, 단조로운 사막의 모래에 대비되어 아름답게 빛났을 것이다.

이 정도 규모의 문명을 건설하는 데는 엄청난 노동력이 필요했다. 페트라는 몇 제곱킬로미터의 사막에서 적어도 3만 명이 살던 거주지였다. 그런 인구 밀도를 유지하려면 대도시 규모의 기술적 혁신이 필요했는데, 나바테아인들은 고대의 다른 어떤 문명보다도 유체 공학의 대가였던 것 같다. 그들은 주변 산비탈에 떨어지는 거의 모든 빗방울을 배수관을 통해 모아 거대한 저수지와 수조에 저장했다. 로마인들보다 배관에 더 능하다 보니, 로마인들은 페트라의 공학자들을 로마에 데려가기도 했다. 페트라는 세계 최초의 가압식 상수도 체계를 마련했는데, 덕분에 하루에 1,200만 갤런의 물을 도시로 끌어올 수 있었다.

도시 바깥으로도 관개 시스템이 확장되어 산비탈에는 지금도 보이는 계단식 밭들이 늘어서 있었다. 나바테아인들은 단지 도시만 세운 것이 아니라, 사람이 살 수 있도록 지형을 바꾼 셈이었다. 나는 그곳에 가만히 서서 한껏 경외감을 품은 채 고대의 협곡 풍경을 상상해보았다. 산비탈에는 옥수수, 보리, 콩, 포도가 푸릇푸릇 자라고 있었다. 사막이 녹화되어 이 위대하기 그지없는 사막 문명을 6세기 동안 먹여 살렸다.

페트라, 로마, 아테네 또는 카이로의 폐허를 볼 때마다 나는 위대한 고대 문명이 몰락하지 않았더라면 오늘날 지구가 어떤 모습일지 궁금해진다. 더 일찍 과학적 방법을 발견해 내지 못하고 전기 모터를 발명하지 못했던 철학자들이 원망스럽다. 그게 그렇게 어려웠나?

그리고 농경이 문명 발생에 근본적으로 중요했던 까닭은 많은 사람이 한장소에 살도록 만들어 자원과 시간을 이용하게 해주었기 때문이다. 수렵채집인들에게는 불가능했던 일이다. 자원과 시간이 확보되면 노동의 분화가 일어나 소수의 중요한 사람이 직접적인 생존에 필요한 것 이외의 다른 활동을 할 자유시간을 얻는다. 농부, 석공, 사제, 군인, 행정가, 기술자 등이 등장하며, 아울러 어느 정도 이기적인 목적으로 기념비적 건축물의 제작을 지시하는 지배 계층이 생겨난다. 그리하여 페트라와 같은 도시가 생겨나게 된다.

페트라는 고대의 도시와 문명 중에 비교적 늦깎이였다. 최초의 위대한 고대 문명인 이집트 고왕국이 기원전 2600년경에 비옥한 나일강변에서 일어나, 거의 똑같은 농경 패턴에 이어 사회 계층 분화와 종교적 의식이 생겨나고 기념비적 건축물이 세워졌다. 또한 이집트 고왕국에서는 결정적으로 중요한 한 가지 혁신이 일어나 발전했는데, 바로 문자였다. 이 문자는 조금 후에 논의하겠다.

우뚝 솟은 건축물

페트라의 수도원(아드 데이르)은 기원전 1세기 것으로 이 고대 도시의 가장 큰 기념비다. 건축학적으로 볼 때, 이 건물은 나바테아 고전 양식의 한 예다. 이후의 사회에서 교회나 수도원으로 쓰였겠지만 처음에는 십중팔구 사원으로 사용되었을 것이다.

카자흐 모험 - 1부

종이 위에 적혀 있을 때는 마냥 단순하게만 보였다. BBC는 촬영 일정표call sheet를 마련했는데, 거기에 보면 촬영팀이 여행 중에 알아야 할 모든 내용이 있었다. 일정표는 매우 깔끔했다. 모든 시간 계획이 딱 들어맞았고 비행 일정도 주의 깊게 정해졌으며 촬영지로의 지상 이동, 촬영과 휴식 기간도 적절했고, 모든 일정이 건강과 안전 요건에 부합했다. 하지만 사무실에서 예상했던 대로 일정이 순조롭게 진행되진 않았다. 2014년 3월에 국제우주정거장의 익스피디션 38Expedition 38 승무원들이 카자흐 초원으로 귀환하는 장면을 촬영하는 일은 내 생애 가장 거친 모험이었다.

촬영 일정표에 의하면, 우리는 3월 8일 아스타나로 날아가서 9일 오전 1시에 호텔에 도착한다. 느긋하게 아침 9시에 아침을 먹은 후 차를 타고 카라간다라는 도시로 간다. 도심 광장에 유리 가가린의 거대한 조각상이 서 있는 곳이다. 거기서 운전사들을 만나는데, 러시아 우주국인 로스코스모스에서 파견된 그들은 '따뜻한 식사'와 초원에서의 편안한 휴식을 위해 우리를 이튿날 아침 정시에 착륙 장소로 데려다준다. 우리는 11일 아침에 당연히 '따뜻한 아침식사'를 마친 후 착륙을 촬영하기 위한 준비를 한다. 촬영을 마친 후에는 공항으로 돌아와 비행기에 탑승하여, 12일의 점심시간에 맞춰 집으로 돌아온다. 식은 죽 먹기다. 하지만 계획은 늘 뒤통수를 치는 법.

3월의 중앙 카자흐스탄의 스테페는 얼어붙은 황무지로서, 그 나라 내륙의 약 80만 제곱킬로미터를 뒤덮고 있다. 마을도 없고 길도 거의 없다. 짧은 갈색 수풀 그리고 칙칙한 납빛 지평선 저 멀리까지 덮인 눈밭뿐이었다. 2014년 3월에는 온도가 유독 낮아서 밤에는 -20도까지 떨어졌으며 눈도 내렸다. 우리 촬영팀은 표준적인 4×4 차량을 몰았는데, 착륙 전날 오후 중반에 눈밭에 빠지고 말았다. 날씨 때문에 건강과 안전을 위해 공식적으로 허용된 아침 6시보다 3시간이나 일찍 출발했는데도 말이다. 이것은 문제였다. 우리의 **유인원 우주인** 다큐멘터리는 바로 한 순간(3명의 인간이 우주에서 귀환하는 순간)을 중심으로 신중하게 계획되었기 때문이다. 보드카, 싸늘하게 식은 고기와 빵을 먹으며 우리는 대책을 논의했다.

마침 시베리아의 토볼스크 시에서 온 러시아 팀을 만났다. 그들이 페트로비치라는 회사에서 만든 바퀴가 6개 달린 수제의 커다란 차량으로 길을 내준 덕분에 우리는 그곳을 빠져나올 수 있었다. 토볼스크는 소련 시절에 반체제 인사들이 강제로 이주했던 곳으로 잘 알려져 있다. 차르 니콜라스 2세와 그의 가족은 에카테린부르크로 이송되어 총살되기 전에 일 년 동안 토볼스키 사람들의 환대를 받았다고 한다. 주기율표를 발명한 멘델레예프도 여기서 태어났고, 라스푸틴도 마찬가지였다. 그곳은 거친 고장이어서 그곳 사람들은 거친 차량을 만드는 법을 알았다. 로스코스모스에서 보낸 우리의 안내자들이 페트로비치 팀과 용케 무선으로 연락을 보내와서, 만약 우리가 얼어붙은 황무지에서 그들을 따라잡을 수 있다면 우리 중 둘을 착륙지로 데려다 줄 수 있다고 했다. 사진기자와 나는 한 쌍의 스노모빌에 올라탔다. 우리는 시베리아 사람들을 찾아 시나브로 저물어가는 황혼 속으로 달려갔다. 만약 그들을 찾지 못했다면 여러분은 아마 이 책을 읽지 못할 것이다. 어쨌든 우리는 해냈다.

스노모빌을 타기로 한 것은 어려운 결정이었다. 우리는 위성 전화가 없었다. 카자흐스탄에서는 불법이기 때문이었다. 그리고 누구도 영어를 못했기에 카자흐스탄의 스테페에서 2명의 시베리아인을 찾기가 얼마나 어려운 일인지 제대로 가늠할 수가 없었다. 게다가 시베리아인들이 실제로 누군지도 몰랐다. 아마도 그들은 러시아 우주국을 위해 착륙지에서 사진을 찍고 생방송을 하도록 고용된 프리랜서인 것 같았다. 또한 우리는 단 두 사람으로 촬영할 수 있을지 여부도 결정해야 했다. 감독, 제작자, 운영진을 떼어냈으면 싶을 때가 하루이틀이 아니었지만, 촬영팀이 대체로 여섯

온갖 역경을 이겨내고

국제우주정거장에서 익스피디션 38 승무원들이 카자흐초원으로 귀환하는 장면을 촬영하는 일은 내 생애 가장 거친 모험이었다. 우리가 그 장면을 화면에 담은 것은 인간의 투지를 보여주는 산 증거다!

명인 것은 그만한 이유가 있다. 음향은 특히 중요하다. 음향 담당자가 얼마나 소중한 지는 막상 없고 나서야 절실히 알게 된다. (우리의 음향 담당자는 이름이 앤디였지만, 우리는 그를 늘 음향 담당자라고만 불렀다. 다른 기억할 일들이 너무 많았으니까.)

알고 보니, 페트로비치 팀은 친절하고 전문적이었다. 비록 소유즈를 기다리며 황무지에서 여러 날을 보낸들 아무 일도 아니라는 태도(머나먼 시베리아에서 왔으니 굳이 서둘러 돌아갈 필요가 없었다)가 왠지 마음에 걸렸지만 말이다. 착륙 전날 밤 자정이 가까워졌을 때 로스코스모스에서 소식이 왔다. 기상 악화로 착륙이 지연될지 모른다는 내용이었다. 그래서 초원에서 야영을 하면서 기다리기로 했다. 멀리 눈밭 너머에 작은 농장 건물들이 보였기에 거기로 향했다. 엉성한 영어로 페트로비치 팀은 밤이든 낮이든 나그네를 집으로 들여 음식을 대접하는 것이 카자흐스탄 전통이라고 말했다. 그래서 우리는 한 농가로 들어갔다. 벽이 따뜻해서 마치 오븐 속에 들어온 것 같았다. 우리는 잼, 빵, 여러 가지 단 음식과 말고기를 배불리 먹었고, 연신 보드카를 들이켰다. 페트로비치 팀이 위성방송 장비와 함께 대량으로 챙겨온 보드카였다. 잊을 수 없는 추억이었다. 〈인간의 우주〉는 인류에 대한 러브레터로 제작되었는데, 어떤 문화와 뜻밖에 만나게 될 때마다 나는 그런 편지를 쓰는 것이 얼마나 소중한 일인지 새삼 깨달았다.

새벽 4시, 보드카에 잔뜩 절어 있는데 연락이 왔다. 사령관 올레그 코토프, 세르게이 리아잔스키 그리고 마이크 홉킨스가 소유즈에 탑승해 국제우주정거장을 떠날 준비를 하고 있다는 소식이었다. 나는 기분이 한껏 들떴다. 정말로 착륙이 취소되는 바람에 초원에 폭풍이 잦아들 때까지 마냥 기다리는 것 말고는 다른 방법이 없는 줄 알았으니까.

카자흐 시각으로 오전 6시 02분에, 1967년 이후 199번째로 비행한 소유즈 로켓인 소유즈 TMA-10M이 ISS에서 도킹을 해제했다. 이제 비상상황을 제외하고는 다시 정거장으로는 되돌아갈 수 없다. 딱 2시간 28분 후에 소유즈는 4분 44초간의 미리 프로그래밍된 점화를 위해 엔진을 가동했다. 이로 인해 우주선의 정거장에 대한 상대속도는 128m/s만큼 줄었다. 그날 정거장은 7,358m/s의 속력으로 자신의 궤도를 돌고 있었다. 이 수치는 임의적인 것이 아니다. 뉴턴의 중력법칙과 제2 운동법칙, 즉 F=ma에서 쉽게 유도해낼 수 있는 단순한 방정식이다. 독자를 위해 숙제로 남겨놓을 테니, 이 두 자연법칙을 재배열하여 질량이 M_e인 지구의 중심에서 거리 r의 원형궤도를 도는 임의의 물체의 속도 v가 아래와 같음을 확인하기 바란다.

$$v = \sqrt{\frac{GM_e}{r}}$$

이 결과를 유도하려면 질량 m인 물체가 원형궤도를 계속 유지하는 데 필요한 힘이 mv^2/r임을 알아야 한다.

우주정거장은 고도 330킬로미터와 445킬로미터 사이에서 궤도를 돌고 있다. 봉투 뒷면에도 할 수 있는 계산으로 중간값인 387킬로미터를 택하자. '추산하기가 게임의 관건'이라고 오래전 나의 물리학 선생님이 늘 수업 시간에 말씀하시곤 하셨다. 지구의 반지름은 6,378킬로미터이며, 지구의 질량은 5.97219×10^{24}킬로그램이다. 뉴턴의 중력상수는 $6.67384 \times 10^{-11} m^3 kg^{-1} s^{-2}$이다. 수학은 이로운 것이니, 계산은 여러분이 직접 해보시길. 이 수치들을 갖고서 계산해보면 v는 대략 7,675m/s인데, 정확한 값에 매우 가깝다. 차이는 그날 ISS의 정확한 고도 때문이다. 나는 이런 사소한 계산을 즐겨 한다. 수리물리학의 위력을 실감나게 해주는 계산이다. 정말로 그 값이 국제우주정거장의 궤도 속도이며, 1687년 아이작 뉴턴이 처음 발표했던 자연법칙에 따라 당연히 그 값이어야 한다. 전에 이런 계산을 해본 적이 없다면, 여러분은 지금쯤 기분이 우쭐해 있을 것이다. 생물학자 에드워드 O. 윌슨은 이런 느낌을 이오니아인의 황

홀감이라고 불렀다. 자연계는 질서정연하고 단순하며 소수의 법칙들로 깔끔하게 기술할 수 있다는 자각을 설명하기 위해 윌슨이 쓴 표현이다. 여기서 이오니아인이란 기원전 600년경 밀레토스의 탈레스를 가리킨다. 한 대중서적 속

우주에서 돌아오다

ISS에서 귀환하는 소유즈 우주선이 카자흐 초원의 외딴 곳에 무사히 착륙하고 있다.

안전한 착륙

구조 요원이 ISS 승무원이 우주선에서 빠져나오도록 돕고 있다. 재진입은 극단적인 신체상의 경험을 동반하는데, 엄청나게 큰 지구의 중력을 받기 때문이다.

ISS 승무원들인 미국 우주 비행사 대니얼 버뱅크와 러시아 우주 비행사 안톤 슈카플레로프, 아나톨리 이바니신이 소유즈 캡슐 안에 보인다. 2012년의 다른 비행 임무 때였는데, 카자흐스탄에 착륙한 직후의 모습이다.

몇 줄의 글에서 국제우주정거장의 궤도 속도를 계산할 수 있다는 것은 실로 놀라운 일이 아닐 수 없다. 바로 여기에 우리가 유인원에서 우주인으로 발돋움한 혁신 이야기의 마지막 위대한 요인이 있다. 바로 문자다.

쉬어 가기 – 기억을 넘어서

나는 1992년에 맨체스터 대학에서 물리학 공부를 본격적으로 시작했다. 1998년에 박사학위를 받았고 이후 11년 동안 입자물리학자로 함부르크의 DESY 연구소, 시카고의 페르미랩 그리고 제네바의 CERN에서 연구했다. 2009년에 〈태양계의 경이로움Wonders of the Solar System〉을 촬영하기 시작했는데, 그 때문에 연구 활동이 조금 줄었다. 하지

문자의 역사

가장 초기의 문자 체계로 일반적으로 인정되는 것은 쐐기문자다. 수메르인의 이 문자 체계는 메소포타미아 지역에서 대략 5000년 전에 등장했다. 위 사진은 이란의 고대 아케메네스 왕조의 예배 장소인 다리우스 1세의 궁전 계단 벽에 새겨진 쐐기문자다.

상형문자

상형문자(신성한 새김)는 기호인데, 여기 보이는 돌에 새겨진 기호들은 고대 이집트 문자다. 이 기호들은 여러 종류 새들의 옆모습을 보여준다. 출처는 이집트 룩소르의 카르나크 사원이다.

만 22년 동안 연구자로 지냈으니, 내 인생의 거의 절반이다. 그 시간 동안 나는 과학자가 되는 법, 과학적 문제에 관해 생각하는 법, 자연(특히 아원자입자의 행동)을 측정하는 법, 그런 측정 결과를 해석해 새로운 지식을 내놓고 새로운 발견을 하는 법에 관해 많은 것을 배웠다. 아무리 그렇더라도 국제 우주정거장의 속력을 아무런 사전 지식 없이 계산해낼 수는 없을 것이다. 하지만 뉴턴의 법칙만 알면 그 계산은 간단히 해결된다. 그것 없이는 거의 불가능하다. 뉴턴의 법칙은 결코 자명한 것이 아니다. 모든 시대를 통틀어 가장 위

우리는 누구인가?

대한 과학자 중 한 명인 천재 뉴턴이 평생의 과학 연구를 통해 알아낸 것이다. 그리고 심지어 그도 아무런 사전 지식 없이 시작하지는 않았다. 갈릴레오, 유클리드 그리고 이름은 잊혔지만 연구결과는 명맥이 이어졌던 백여 명의 다른 철학자들, 기하학

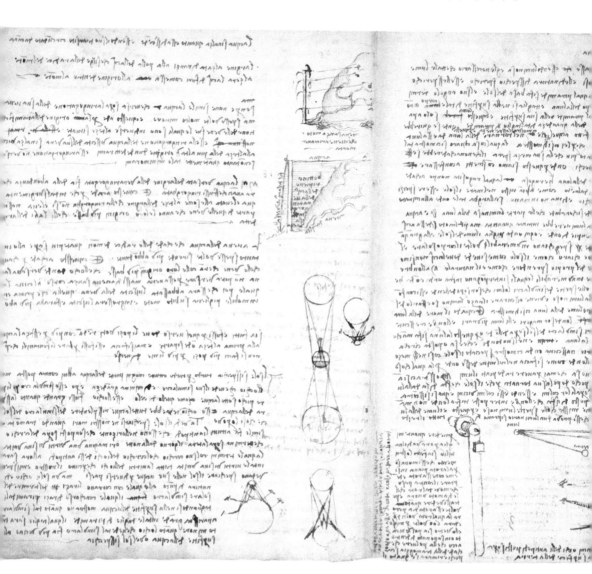

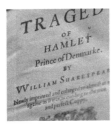

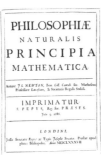

공유된 지혜

문자 덕분에 레오나르도 다 빈치, 윌리엄 셰익스피어 그리고 아이작 뉴턴과 같은 위대한 인간이 자신들의 지식과 전망과 발견을 후대에 전해 온 세상이 공유할 수 있게 되었다.

자들, 수학자들한테서 큰 도움을 받았다. 우리가 그 단순한 계산을 해낼 수 있는 까닭은 오랜 세월에 걸쳐 이러한 철학자들, 과학자들, 수학자들의 사고와 발견이 잊히지 않았기 때문이다. 문자로 영원히 보존되어 있었던 것이다.

문자는 농경의 발달과 마찬가지로 여러 문화에서 독립적으로 생긴 듯하다. 또한 농경이 1만 2000년 전에 문명의 탄생을 촉발했듯이, 문자의 등장은 문명의 복잡성을 급격히 증가시키는 데 일조했다. 최초의 문자 체계는 쐐기문자라고 일반적으로 인정되는데, 이 수메르인의 문자 체계는 약 5000년 전 메소포타미아의 도시들에서 출현했다. 하지만 이집트의 상형문자가 더 앞섰을지도 모른다. 말 그대로 '쐐기 모양의' 쐐기문자는 갈대로 만든 펜으로 부드러운 점토판에 눌러 적은 1,000개 이상의 기호들로 구성된다. 쐐기문자와 상형문자의 뒤를 이어 다른 형태의 문자가 그리스, 중국, 인도, 나중에 중앙아메리카에서 등장했다.

문자는 은밀한 생각을 나누고 기록하여 지식을 후대에 전하기 위한 절실한 필요성에서 생겨난 것은 아닌 듯하다. 그건 너무 낭만적인 생각이다. 오히려 실용적인 목적에서 생겨난 듯하다. 이는 1993년에 고고학자들이 발견한 나바테아인의 두루마리 약 150개에 드러난다. 두루마리들은 대략 서기 550년, 그러니까 페트라가 버려지기 전 마지막 시기의 것이다. 가장 온전히 보존된 문서 중 하나는 두 사제의 소송 건이다. 둘이 함께 쓰는 집에서 한 사제가 나가기로 하고서는 위층 방의 열쇠 1개, 지붕을 받치는 나무 기둥 2개, 새 여섯 마리와 탁자 하나를 가지고 나간다는 내용이다. 문자는 아마도 이런 식으로 시작되었을 것이다. 인류 역사의 토대가 된 발명이 실망스럽게도 사무적인 목적에서 생긴 것이다. 그 점은 비교적 후대의 나바테아 두루마리에서만이 아니라 이전의 여러 문헌에서도 보인다. 쐐기문자는 메소포타미아의 더욱 복잡해지고 있던 경제 상황에서 교역과 회계를 기록할 필요성 때문에 발달했다. 이집트의 상형문자는 강한 종교적 요인이 있으니 예외일지 모르지만, 이집트인들도 상업, 행정, 교역, 법률(현대 사회의 토대)에 문자를 일찌감치 사용했다는 증거가 있다. 자연계에 관한 정보도 기록되었다. 상형문자에는 계절의 순환과 더불어 중요한 환경 관련 사건도 보인다. 또한 문자를 사용해 간절한 인간의 욕구와 감정을 표현한 아름다운 예들도 있는데, 오늘날에도 공감이 가는 이런 증거들로 볼 때 우리 조상들의 내면생활은 지금의 우리와 별로 다르지 않았던 듯하다. 하지만 이집트 고왕국의 가장 오래된 파피루스 문서는 평범하기 이를 데 없다. 기원전 2437년과 2383년 사이 파라오 제드카레 이세지의 통치 시기인 제5왕조의 문서에 그런 사소한 내용이 나온다.

'레와 하토르를 포함해 모든 신들이 이세지 왕의 영생을 바라마지 않는 가운데, 나는 운송요금 징수 건에 관한 위원들 간의 불평을 하나 전하고자 한다.'

그런 식으로 내용이 계속된다. 고대의 무덤들은 파라오의 이름과 신들의 이야기로 덮여 있지만, 이집트 사람들은 오늘날의 우리처럼 문자를 사용했다. 나로서는 세월을 한탄하는 고대의 목소리를 듣는다는 게 한편 안심이 되면서도 마음이 뭉클한 일이다. 아마도 사람은 결코 달라지지 않는가 보다. 천 년 후인 기원전 1182년과 1145년 사이의 람세스 통치 기간 중인 제20왕조에서도 불평은 여전하다.

"당신 남편인 필경사 아멘나크트가 내게서 관 하나를 가져가고는 '대신에 송아지를 주겠다'고 했지만 오늘까지도 주지 않고 있다. 파크헤트에게 이걸 말했더니 '침대도 주면 송아지를 다 큰 다음에 주겠다'고 대답했다. 그래서 침대도 주었다. 오늘까지 나는 관도 침대도 없다. 만약 당신이 수소를 주겠다면 그걸 보내라. 하지만 수소가 없다면, 침대와 관을 돌려보내라."*

편지, 의식, 불만, 행정, 법률 문서와 더불어 고대 이집트에는 정교한 문학 작품과 이야기도 있었다. 또한 문자의 가치를 숭상하는 기록도 전해온다. 3000년 전 투오스레트 여왕 통치 기간 동안 나일 강둑의 어떤 사람이 작가들을 찬양하는 글을 썼다.

> 이 현인들은 글을 쓰네…
>
> 그들의 이름은 영원히 남는다네
>
> 비록 그들이 사라지더라도, 한평생이 끝나더라도
>
> 그리고 모든 사람이 잊히더라도.
>
> 그들은 자신을 위해 철 기둥이 달린 청동 피라미드를 짓지 않았네.
>
> 그들은 글과 가르침으로 유산을 남겼네…
>
> 삶을 마치고 그들의 이름은 잊히지만
>
> 오직 글만이 그들을 기억하게 하네.

> 〈시누헤 이야기〉와 다른 이집트 시들에서 인용
>
> 기원전 1940~1640년,《옥스퍼드 세계 고전선》

글쓰기는 초기 농경 문명에서부터 국제우주정거장으로

---

*
문맥상 아멘나크트와 파크헤트는 동일인의 다른 이름이거나 아니면 가족같이 아멘나크트와 동일한 위치에 있는 사람으로 보임

우리는 누구인가?

오르는 우리 여정의 마지막 디딤돌이다. 기억력의 한계를 벗어나 지식을 획득하게 되었기 때문이다. 20만 년 전 동아프리카지구대에서 설정된 하드웨어상의 제약은 더 이상 문제가 되지 않는다. 글쓰기 덕분에 사실상 무제한적인 양의 정보가 한 세대에서 다음 세대로 전해지고, 전 세계에 공유된다. 지식은 더 이상 사라지지 않고 언제나 더해진다. 지식은 널리 퍼지고 접근 가능하고 영구적이 된다. 랭커셔 주 올덤의 한 소년이 뉴턴의 마음을 읽어내고 그의 평생의 연구를 이해하고 거기서 새로운 지식을 이끌어낼 수 있다. 글쓰기가 문화 발전을 견인함으로써 지식이 기하급수적으로 증가하여 인류는 개개인의 뇌 한계를 훌쩍 뛰어넘어 새로운 혁신과 발명을 이룩했다. 지금 우리는 인간의 역사만큼이나 긴 지식을 공유하고 지구 전체에 퍼져 있는 하나의 마음으로서 함께 일하고 있다. 문자 덕분에 가능해진 이러한 집단적인 노력이 우리를, 인류를, 만물의 영장을 동아프리카지구대에서부터 별들의 세계로 이끌었다. 셰익스피어의 다음 문구는 이런 점을 꿰뚫어 본 것이다. 지구에서 가장 귀중한 것은 보석이나 보물이 아니라 종이의 잉크 자국이다. 단 한 명의 인간 두뇌로는 《햄릿》,《프린키피아》,《코덱스 레스터Codex Leicester》*를 구상할 수 없다. 인류 전체가 만들어냈고 인류 전체에 속한 것이다. 이런 식으로 경이로움의 도서목록은 계속 늘어난다.

*
레오나르도 다 빈치의 유명한 과학 저술을 모은 책

카자흐 모험 – 2부

농촌 마을에서 소유즈 착륙 장소까지 달려가는 길은 목가적이었다. 페트로비치 차량들은 쌍으로 작동하여 눈밭에 빠지면 서로 끌어내주었다. 나는 48시간 동안 잠도 못 자고 48잔의 보드카(러시아인들의 정서를 존중한다면 피할 수 없는 것)를 마신 후 몽롱한 안개 속을 지나면서 이런 궁금증이 들었다. 만약 두 차량이 눈밭에 파묻히면 우린 어떻게 되는 것일까 하고. 새벽 무렵 우리는 로스코스모스가 알려준 GPS 좌표에 도착해서 기다렸다. 우리는 정확한 재진입 시간을 알고 있었다. 4분 44초의 궤도 이탈 점화가 일어나고 나면 물리학을 이용해 계산해낼 수 있으니까. 다시 떠올려보자. 소유즈는 국제우주정거장과 함께 7,358m/s로 원형궤도를 돌고 있었고, 엔진 점화 때문에 정확히 128m/s만큼 속력이 줄었다. 그러면 소유즈는 타원궤도를 돌게 되는데, 대기권의 감속 효과를 고려하면 그 궤도는 소유즈를 카자흐스탄과 충돌하는 경로에 올려놓는다. 꽤 간단하고 딱 들어맞는다. 로스코스모스와 촬영한 나의 경험에서 볼 때 '꽤 간단하고 딱 들어맞는다'는 문구는 지난 반세기 러시아의 성공적인 우주 활동을 잘 요약해준다. 그들은 미국처럼 번쩍번쩍하는 최첨단 기술로 일하지 않는다. 소유즈는 1967년 이후 최소한의 설계 변화로 우주 비행사들을 우주로 날려 보내고 있다. 하지만 오늘날 소유즈는 국제우주정거장으로 오가는 유일한 방법이며, 신뢰할 만한 시스템이다. 그러나 경험이 없고, 러시아인들의 방식에 익숙하지 않은 내가 보기에 우주에서 여섯 달 머문 후 익스피디션 38 승무원들의 귀환은 프레드 디브나가 마련한 요크셔의 견인 기관차 대회 같은 느낌이었다. 비난의 뜻으로 하는 말은 아니다. 나는 프레드 디브나가 견인 기관차 대회를 조직하는 것을 신뢰하며, 러시아인들이 나를 우주에서 귀환시켜줄 것을 신뢰하기 때문이다. 하지만 둘 다 너무 과격하다.

정확히 오전 9시 23분에 소유즈가 스테페 상공의 눈 내리는 하늘에서 출현했다. 낙하산에 매달려 흔들리며 하강하더니 먼지 구름을 한바탕 일으키며 착륙했다. 페트로비치 동료들 중 한 명이 착륙 지점을 쌍안경으로 확인했고 우리는 눈밭 속의 우주선을 향해 달려갔다. 내 평생에 가장 특이한 경험이었다. 우리는 착륙 장소에 도착해 다짜고짜 차에서 뛰어내려 눈 더미를 헤치며 우주선을 향해 달려갔다. 나는 한참이나 뒤적이며 마이크를 찾았는데(음향 담당자가 제대로 챙겨놓지 않았던 것이다), 곧이어 그곳에는 다른 차량들이 없다는 걸 알아차렸다. 헬리콥터 한 대만이 막 착륙했다. 그것 말고는 스테페에 눈보라를 몰고 오는 바람뿐이었다.

몇 분 후에 구조차량이 도착했고 올레그 코토프, 세르게이 리아잔스키 그리고 마이크 홉킨스가 구조 요원들의 도움으로 소유즈의 승강구 밖으로 끌려나와 담요로 몸을 감싸고 휴대용 의자에 앉았다. 셋 다 행복한 모습이긴 했지만 파김치가 되어 있었다. 그리고 아주 큰 모자를 쓴 러시아 군 장성들의 행렬이 사진 찍을 기회를 노리자 세 우주 비행사는 약간 당혹스러운 눈치였다. 러시아인들은 일을 지나치게 하지 않고 딱 알맞게 한다. 일 년에 다섯 차례 남자와 여자들은 국제우주정거장에서 별들 속에서 살며 반년을 보낸 후 이처럼 지구로 귀환한다. 2000년 11월 2일 첫 왕래가 있은 후, 국제우주정거장은 늘 사람들로 붐빈다. 모든 사람이 지구에만 갇혀 있는 시대가 하루빨리 사라지기를 나는 고대한다.

나는 에티오피아에서 보낸 추억의 물건 하나를 내 주머니 속에 넣고 다녔는데, 바로 동아프리카지구대에서 촬영할 때 사용했던 작은 부싯돌이었다. 나의 아득한 선조 한 명이 나중에 아디스아바바가 될 곳 근처의 어딘가에 앉아 내 손의 흑요석을, 즉 이후로 펼쳐질 장대한 역사를 열심히 깎고 있는 모습을 상상했다. 그것을 소유즈 바로 옆의 눈 속에 놓았다. 내가 그 선조한테서 왔듯이 소유즈도 결국 그것의 후손이므로.

우주인

어렸을 때 내 꿈은 우주 비행
사였다. 그래서 천문학과 물
리학에 관심이 많았던 것이
다. 국제우주정거장 시뮬레
이터 탱크 속에서 아주 희한
한 방식으로 둥둥 떠다니기
는 내 꿈에 가장 가까운 일이
었다.

우리는 누구인가?

우리는 왜
여기 있는가?

그러나 결국 누가 알랴? 누가 말할 수 있으랴?
어디서 삼라만상이 생겨났고 어떻게 세상이 창조되었는지를.
신들도 세상이 창조된 후에 나왔으리니,
어떻게 세상이 창조되었는지 정말로 누가 알겠는가?
– 고대 브라만의 시구

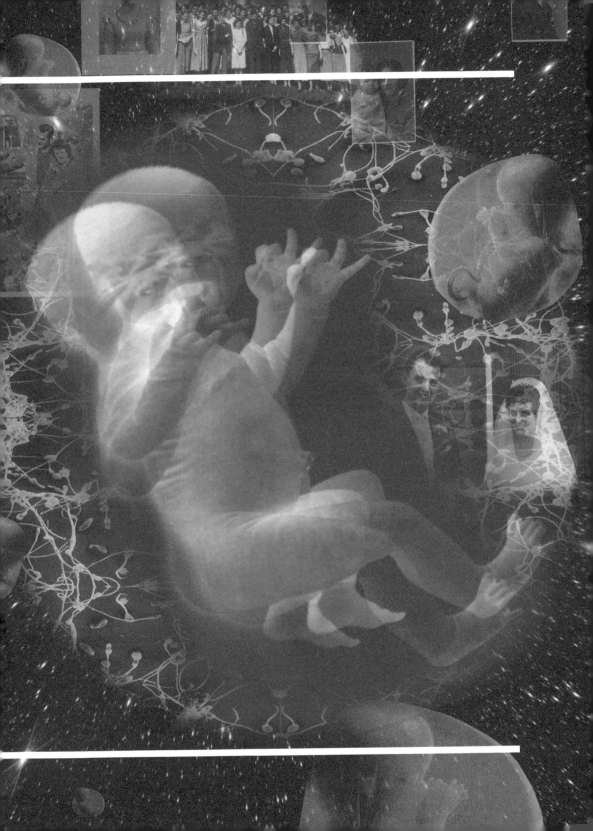

깔끔한 논리

과학과 언어 사이의 접점에는 긴장이 존재한다. 언어는 인간의 경험을 문제 삼는다. '왜 늦었나?'와 같은 질문이 무슨 뜻인지는 누구나 이해한다. 이에 대해 '자명종이 울리지 않아서 늦었다'라는 답이 있을 수 있다. 하지만 이것은 불완전하며, 정확한 이유를 밝히려면 아래와 같은 일련의 질문들이 보태져야 한다.

'자명종은 왜 울리지 않았는가?'

'고장 났기 때문이다.'

'왜 고장 났는가?'

'회로판의 땜납 한 조각이 녹았기 때문이다.'

'땜납은 왜 녹았는가?'

'뜨거워졌기 때문이다.'

'왜 뜨거워졌는가?'

'팔월이고 내 방이 덥기 때문이다.'

'팔월은 왜 더운가?'

'태양 주위를 도는 지구 궤도의 세부사항 때문이다.'

'지구는 태양 주위를 왜 도는가?'

'중력의 작용 때문이다.'

'중력은 왜 존재하는가?'

'모르겠다.'

빅뱅을 탐구하다

2014년 3월 BICEP2라는 이 망원경이 빅뱅과 관련된 팽창 이론을 뒷받침하는 우주 배경복사에서 한 패턴을 찾아냈다. 빅뱅이 바로 우리가 밝혀내려는 우주의 기원이다.

　'왜?'라는 과학의 질문은 계속 답을 찾다 보면 결국 전부
'모르겠다'로 끝난다. 과학을 통해 알아낸 우주에 관한 지
식이 불완전하기 때문이다. 우주의 가장 작은 구성요소들,
이 요소들이 상호작용하도록 만드는 자연의 힘들에 관한

우리는 왜 여기 있는가?

한 벌의 이론이 우리가 지닌 가장 근본적인 지식이다. 이 이론들은 물리법칙이라고 하는데, 누군가 이 법칙들의 기원에 관해 묻는다면, 답은 '모르겠다'다. 빅뱅 모형에 의할 때, 우주의 탄생부터 10^{-43}초까지의 세계를 물리학은 사실상 알지 못하는데, 물리법칙들의 기원은 그사이 시간 어디쯤에 있기 때문이다. '법칙 자체는 창조 이후에 존재했기에 법칙이 어떻게 생겨났는지는 아무도 모른다.' 시간과 공간에 관한 최상의 이론인 아인슈타인의 상대성 이론도 가장 이른 그 시간에는 적용되지 않는다. 플랑크 시기라고 하는 그 최초의 순간은 너무나 극단적인 조건이었기에 지금 우리에게는 없는 어떤 종류의 중력양자 이론이 있어야 설명이 가능할 것이다.

현재 우리가 아는 최상의 관측상, 이론상 지식에 따르면 우주의 나이는 137억 9,800만 ±3,700만 살이며, 빅뱅 이후로 완만하게 팽창하며 식어가고 있다. 우주는 자신의 팽창 속도를 살금살금 증가시키고 있는 듯한데, 아마 우주 에너지의 대략 68퍼센트가 이런 차분한 가속과 관련 있는 듯하다. 이 에너지에는 암흑 에너지라는 이름이 붙었지만, 그 속성은 21세기 이론물리학의 가장 위대한 미해결 과제로 남아 있다. 나머지 32퍼센트의 에너지 가운데 27퍼센트쯤이 암흑물질이라는 물질의 형태다. 이것의 속성 또한 알려져 있지 않지만, 아마도 아직은 발견되지 않은 아원자입자들의 형태를 띠고 있는 것 같다. 나머지 5퍼센트가 우리가 밤하늘에서 보는 별, 행성, 은하를 구성하며, 물론 인간도 이 5퍼센트에 속한다. 우리가 볼 수 있는 우주의 부분은 대략 폭이 930억 광년이며, 팽창으로 인해 온도는 2.72548 ±0.00057K로 비교적 차갑다.

우주의 기원에 관한 질문은 철학에서도 오래된 질문이며, 종종 '최초의 원인'에 관한 논의의 형태를 띤다. 라이프니츠는 이런 맥락에서 신의 존재를 '증명'한 인물로 알려져 있는데, 이 증명은 다음과 같이 진행된다.

존재하는 모든 것은 외적 원인을 갖거나 영원하거나 반드시 둘 중 하나다. 영원하다는 것은 외적 원인의 관여 없이 그 상태대로 계속 그렇게 존재할 수밖에 없기 때문이다. 우주는 존재하지만 영원하지 않으므로, 외적 원인이 존재함이 틀림없다. 이 원인이 무한히 뒤로 이어지면 영원한 것이 될 수밖에 없으니 이를 막아주는 최초의 원인을 우리는 신이라고 부른다.

분명 깔끔한 논리이긴 하다. 라이프니츠는 바보가 아니었으니까. 나는 이런 질문이 꼭 과학의 영역에 속한다고 보지는 않는다. 오히려 과학은 더욱 겸손한 질문들에 관심을 가지는데, 그래서 위력을 지니고 그간 성공해왔다. 과학의 목표는 관찰에 의해 드러난 자연계의 현상들을 설명하는 것이다. '설명한다'는 것은 '관찰에 부합하는 예측을 내놓는 이론을 세우는 것'을 뜻한다. 이것은 소박한 생각이다. 우주의 존재 이유를 밝혀낸다거나 만물의 이론을 세운다는 어떤 선험적인 목표도 없다. 과학은 아주 작은 단계들에 따라 나아가면서, 가령 하늘이 푸른 이유라든가 식물의 잎이 푸른 까닭이나 먼 은하에서 오는 빛의 스펙트럼이 적색편이를 나타내는 이유 등을 찾으려고 시도한다. 때때로 그런 작은 단계들이 모여 더 큰 것을 이룬다. 관찰 가능한 우주의 나이 측정이 그런 예다. 하지만 그것은 누구도 처음부터 그러려고 시작했던 일이 아니다. 그래서 과학은 자연계를 설명하기라는 자신의 영역 내의 문제들을 다룰 때 다른 어떤 형태의 인간의 지적 활동보다 더 성공적이다. 과학은 작게 시작하여 천천히 그리고 방법론적으로 앞을 향해 나아가면서, 차츰차츰 자연에 대한 이해를 심화시킨다.

그러므로 '우리는 왜 여기 있는가?'라는 이번 장의 질문은 과학으로는 대답할 수 없을 듯하다. 너무 거창한 질문인 것이다. 하지만 앞으로는 그렇지 않을지 모른다. 작은 단계를 거쳐 바야흐로 과학은 이 영역에 들어서고 있으며 과학적 언어가 적어도 다음 질문을 제기할 수준에 이르렀기 때문이다. '빅뱅 이전에 무슨 일이 생겼는가?' 이것은 우리의 존재 이유를 다루는 유의미한 시도를 할 수 있기 위한 필수적인 전제

יְהוָֹה

Et vidit Deus lucem quod esset bona.

Mundus Intellectualis

SYLVA SYLVARVM
or
A NATVRALL HISTORY
In ten Centuries.
Written by the right Honble Francis
Lo: Verulam Viscount St Alban.
Published after ẙ Authors Death
by W. RAWLEY Dr of Diui-
nity. &c.

Iho: Cecill sculp.

LONDON
Printed for W. Lee and are to be sould at
the Great Turks head next to the Mytre
Taurne in Fleetstreet

Anno

1627

영국 철학자 겸 정치가인 프랜시스 베이컨(Francis Bacon, 1561~1626)은 《숲속의 숲Sylva Sylvarum》이라는 저서에서 종교에 복종하기에 관한 자신의 생각을 조심스럽게 펼쳐나갔다. 이때부터 과학은 우주의 기원에 관한 독자적이고 비종교적인 이론을 찾아 나섰다.

빅뱅의 탄생

'빅뱅'이라는 표현은 천문학자 프레드 호일이 1949년에 처음 만들어냈다. 하지만 그는 은하들이 서로 멀어지고 있기는 하지만 우주는 영원하고 본질적으로 변하지 않는다고 보는 정상상태 우주론을 선호하여 그 이론을 거부했다.

임이 분명하다. 물론 그것만으로 충분하지는 않지만. 바로 여기서 나는 철학자들이 득달같이 몰려와서 지적이고 고상한 토론을 거침없이 펼치려고 준비하기 전에 한 가지 의미론적인 구분을 설명해야겠다. 내가 말한 빅뱅이라는 용어는 천문학자 프레드 호일Fred Hoyle, 1915~2001이 1949년에 물리학계에 처음 내놓은 뜻 그대로이다. 관찰 가능한 우주를 탄생시킨 뜨겁고 밀도가 아주 높은 상태의 시작이 바로 빅뱅이다. 1장에서 기술했듯이 전통적인 우주론은 시간을 거꾸로 가면서 우주의 진화를 추적하는데, 그러면 우주의 상태는 점점 더 뜨거워지고 밀도가 높아지다가 마침내 물리학의 정확한 규칙을 확신할 수 없는 지점에 이르게 된다. 현재 그 지점은 대략 10^{-10}초 이전인데, 이는 대형강입자가속기LHC의 현재 성능과 관련이 있다. 만약 우주가 137억 9800만 년 전 뜨거운 고밀도 상태로 탄생하기 이전에 다른 어떤 형태로 존재했다면, 그게 바로 내가 빅뱅 이전의 시간이라고 말하는 것이다. 우연찮게도 과학은 라이프니츠의 영역으로 접어들었는지도 모른다. 만약 이 빅뱅 이전의 시간이 무한하다고 밝혀진다면 또는 빅뱅 이전의 상태가 논리적으로 필요하며 현재의 또는 아직은 발견되지 않은 물리법칙들로 기술될 수 있다면 말이다. 그런 이론은 또한 오늘날 우리가 보는 우주의 모든 속성을 정확히 설명해주어야 할 것이다. 과학적 관점에서 볼 때 우리는 라이프니츠의 논증에 개의치 않는다. 신의 존재를 증명하거나 반박하는 것은 과학의 역할이 아니다. 다만 우리는 증거와 이론이 허용하는 한도 내에서 조심스레 시간을 되돌아가보는 일에만 관심이 있을 뿐이다. 사뭇 흥미롭게도 1980년대 이래 우주론의 발전이 이제는 빅뱅 이전 상태의 존재를 확실히 문제 삼고 있다. 이번 장이 다룰 주된 내용이 바로 그것이다.

이번 장은 여러분에 관한 이야기이기도 하다. 우리들 대다수는 '우리는 왜 여기 있을까?'라고 골똘히 생각해보았을 테다. 어떤 이들에게는 이 질문과 답이야말로 삶의 궁극적인 내용일 수 있다. 나를 포함해 또 어떤 이들한테는 어쩌다 보니 외딴 산길에서 펑크 난 자전거 타이어 옆에서 가끔 생각해보는 문제일 수도 있겠지만. 하지만 나의 실존주의는 머리카락과 함께 시들해지고 말았다.

그렇기는 해도 맨체스터의 비처럼 약간의 실존주의는 아무런 해를 끼치지 않는다. 그러니 당분간 우리 자신을 중심에 놓고서, 우주의 기원이라는 심오한 문제에 대한 몸 풀기 차원에서 우리 개인적 존재의 엄청난 우연성을 탐구해보자. 꽤 심오한 주제이니, 마음을 가볍게 할 겸 조이 디비전의 앨범 〈미지의 기쁨Unknown Pleasures〉도 틀어놓고 저렴한 사과주도 한 병 들고서 시작해보자.

새로운 새벽이 동트다

그건 나야, 날 기다리는 건
더 이상의 것을 바라며
내가, 지금 나를 보고 있어
다른 무언가를 바라며

– 이언 커티스, '새로운 새벽이 동트다New Dawn Fades', 앨범 〈미지의 기쁨〉 중에서

당신이 이 세상에 존재하게 될 확률을 알아보면, 당신이 굉장히 특별한 존재라는 결론에 이를 것이다. 당신은 어머니의 특정한 난자가 아버지의 특정한 정자와 수정함으로써 시작되었다. 수정하던 그날 각각 서로 다른 유전암호를 가진 정자 1억 8,000만 마리가 있었는데 그중 단 하나가 당신 어머니의 유전적으로 고유한 약 백만 개의 난자들 중 하나와 결합해서 '당신'이 되었다. 그러니 더 이상 말할 것도 없

미지의 기쁨

조이 디비전의 이언 커티스는 더 이상의 무언가를 바라는 우리의 희망을 심사숙고한다. 우리는 언제나 특별한 존재이고자 고군분투하기 마련이다. 하지만 자연법칙들이 알려주는 바에 의하면 우리는 특별하지 않으며 세계의 거대한 작동 메커니즘 속에서 우리의 존재는 전적으로 이해할 수 있는 성질의 것이다. 〈미지의 기쁨〉 커버 사진.

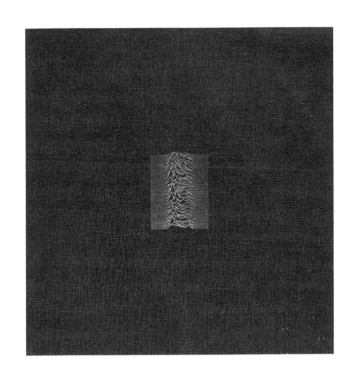

우리는 왜 여기 있는가?

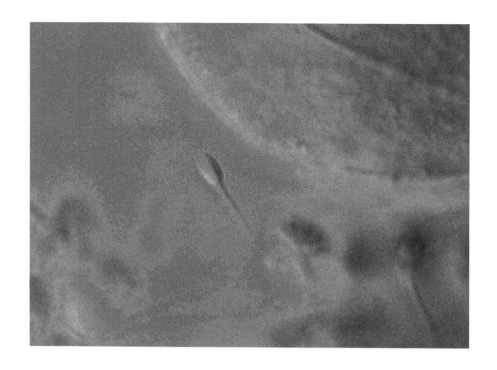

이 당신은 행운이라고 느낄지 모른다. 만약 이야기를 더 진행한다면, 부모가 그 특정한 날에 섹스를 할 확률도 추가해야 할 것이다. 정자는 끊임없이 생산되기 때문이다. 그리고 부모들이 서로 만날 확률도, 부모들이 다른 누군가가 아닌 바로 '그들'일 확률도 넣는다. 이처럼 일억 분의 1 수준의 확률들이 점점 더 많이 포함된다. 그리고 1장에서 보았듯이 여러분 조상들의 지난 38억 년 동안 LUCA(현존하는 모든 생명의 공통조상)에까지 끊임없이 이어지는 족보가 존재한다. 이런 생명체들 중 어느 하나라도 번식 이전에 죽었다면 당신은 존재하지 않을 것이다. 정말 행운인데, 하지만 어떻게 보

우연한 만남

1억 8,000만 개의 정자 가운데 단 1개가 난자와 만나서 새로운 인간을 탄생시킨다. 지극히 낮은 확률의 이 우연한 만남은 장구한 세월 동안 온 세상에서 끊임없이 되풀이되고 있다.

면 전혀 아무런 의미가 없다. 그렇다. 당신의 존재 확률은 정확히 영은 아니지만 거의 영이다. 그러나 인류가 존재하고 번식 메커니즘이 작동하기에 누군가는 태어나기 마련이다. 그래서 어떤 특정 개인이 존재할 확률은 지극히 낮지만 필연적으로 매일 새로운 아기들은 태어난다. 이렇게 보자면, 당신은 특별하지 않으며 세계의 거대한 작동 메커니즘 속에서 당신의 존재는 전적으로 이해할 수 있는 성질의 것이다. 이쯤이면 조이 디비전 음악을 들으며 사과주를 한 잔 들이킬 시간.

이처럼 당신 개인은 전혀 중요하지 않다. 인간이 이미 존재한다는 중요한 전제조건이 있는 한, 다수의 인간이 필연적으로 생겨나기 마련이고 그 와중에 당신도 태어나는 것일 뿐이다. 우리는 이 책에서 이미 인간이 세상에 존재하게 된 길을 자세히 살펴보았고, 인간 수준과 같거나 그 이상의 복잡한 다세포의 지적 생명체는 우주에서 아마도 드물 것임을 논의했다. 또한 어떤 형태이든 생명체가 존재하기 위해 필요한 우주 자체의 근본적인 속성들이 있다는 것도 확실하다. 우주는 오래 지속되고 알맞은 속성들을 지녀야만 별이 생성되는데, 그러한 별들은 가장 중요한 탄소를 포함해 생명을 구성하는 화학원소들을 생산할 수 있어야만 한다. '속성'이란 무엇을 뜻할까? 여기서 우리는 다시금 물리법칙의 본질을 살펴보아야 한다. 물리법칙이야말로 가장 근본적인 수준에서 물질과 힘의 작용을 기술하기 때문이다. 물리법칙은 우주에 존재할 수 있는 물리적 구조에 제약을 가하는데 별, 행성, 인간도 전부 그러한 물리적 구조의 예들이다. 여기서 자연스레 이런 질문들이 떠오른다. 거창한 '우리는 왜 여기 있는가?'보다 아마도 더 겸손하고 과학적 탐구에도 잘 들어맞는 질문들이다. 자연법칙은 어떻게 인간이 존재하도록 허용해주는가? 그리고 자연법칙이 얼마만큼 변해야 생명이 우주에 더 이상 존재할 수 없게 되는가?

알려진 근본적인 자연법칙들을 간략히 요약하면서 차근차근 이 문제들을 짚어보자.

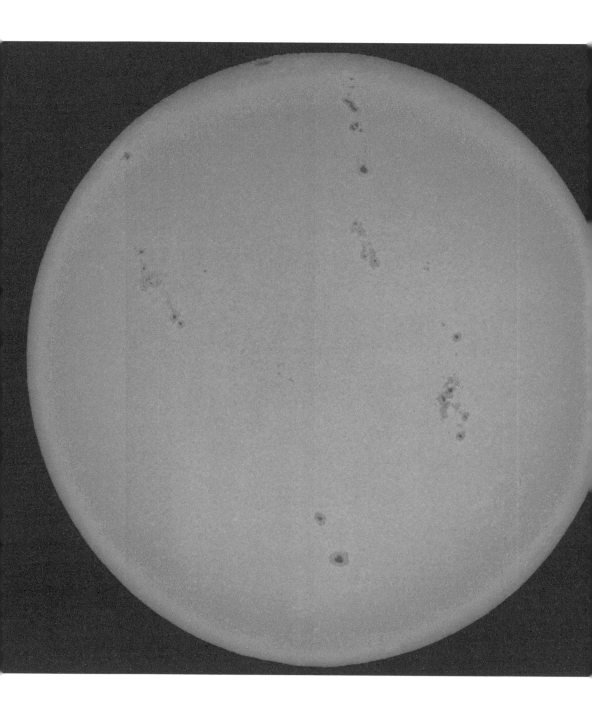

272

게임의 규칙

내가 정말 궁금한 것은 신이 세계를 창조할 때

선택의 여지가 있었느냐는 것이다.

– 알베르트 아인슈타인

은하에서부터 인간에 이르기까지 만물의 존재를 관장하는 법칙들을 책 속의 한 구절로 표현하겠다는 것은 너무 무모한 시도일지 모른다. 겨우 맛보기 정도나 가능할 것이다. 그렇지 않다면 아무나 물리학, 화학, 생물학 학위를 하룻저녁에 딸 수 있을 테니까. 그렇기는 해도 이미 알려진 법칙들을 간결하고 정확하게 요약하는 일은 가능하다. 그러니 시작해보자.

278쪽에는 이미 알려진 열두 가지의 물질 입자들이 나와 있다. 이 입자들은 세 가지 족family, 내지 세대generation로 구성된다. 여러분은 첫 번째 세대의 입자들만으로 이루어져 있다. 업 쿼크와 다운 쿼크는 결합하여 양성자와 중성자를 이루며, 이들이 다시 결합하여 여러분의 원자핵을 이룬다. 여러분의 원자들은 그런 핵에 전자들이 결합해서 생긴 것이다. 물과 DNA와 같은 분자들은 원자들이 모여서 이루어진다. 이것이 여러분의 전부다. 세 가지 근본적인 입자들이 모여 패턴을 이룬 것이다. 게이지 보손boson이라는 입자

태양의 힘

약력이 없다면 태양은 빛나지 못할 것이다. 태양에너지 생산의 핵심요인이 바로 약력인 것이다. 그 힘이 여전히 약한 것에 우리는 감사해야 한다. 그렇지 않았더라면 지구의 생명은 살기가 매우 불편할 테니까.

들은 자연의 힘을 전달한다. 자연에는 네 가지의 근본적인 힘이 존재한다. 강한 핵력(강력)과 약한 핵력(약력), 전자기력과 중력이 그것이다. 이 네 가지 힘은 278쪽에 나오는 그림의 네 번째 칸에 요약되어 있다. 이 모든 힘들이 어떻게 작동하는지 알기 위해 우선 우리에게 익숙한 전자기력에 집중해보자. 한 전자가 여러분의 원자들 속의 한 원자핵에 결합되어 있는 모습을 상상해보라. 그 결합은 어떻게 해서 가능할까? 우리가 알고 있는 가장 근본적인 설명은 이렇다. 그 전자는 빛의 입자라고 할 수 있는 광자 하나를 방출할 수 있다. 그 광자가 원자핵 속의 쿼크들 중 하나에 의해 흡수될 수 있는데, 이 방출과 흡수는 전자와 쿼크 사이에 힘을 가하는 작용을 한다. 전자들과 원자핵 속의 쿼크들이 광자를 방출하고 흡수하는 무수한 방법들이 있는데, 이 모든 방법들이 합쳐져 전자를 원자핵에 단단하게 붙들어 두게 된다. 비슷한 상황이 쿼크 자체에도 적용될 수 있다. 쿼크들도 글루온이라는 힘 전달 입자를 방출하고 흡수함으로써 강력을 통해 상호작용한다. 강력은 (이름에서도 짐작되듯이) 자연에서 가장 강한 힘이어서, 쿼크들을 매우 강하게 붙들어 맨다. 그런 까닭에 원자핵은 원자보다 상당히 작고 조밀한 것이다. 오직 쿼크와 글루온만이 강력을 느낀다. 마지막으로 약력이 남았다. 이것은 W 보손과 Z 보손의 교환에 의해 매개된다. 모든 물질 입자들은 약력을 느끼지만, 이 힘은 다른 두 힘에 비해 매우 약한지라 그 작용은 눈에 잘 띄진 않지만, 결코 안 중요한 것이 아니다. 태양은 약력이 없다면 빛나지 못할 것인데, 이 힘 덕분에 양성자가 중성자로 변환된다. 더 정확히 말해 업 쿼크와 다운 쿼크로 변환되는데, 결과적으로는 같은 효과가 발생한다. 이것이 태양에너지의 원천인, 수소를 태워 헬륨을 만드는 핵융합 반응의 첫 번째 단계다. 양성자가 중성자로 변환되는 동안, 반전자 중성미자anti-electron neutrino가 전자와 함께 생성된다. 중성미자는 1세대의 입자 중에서 우리가 아직 논의하지 않은 것이다. 중성미자는 약력과만 상호작용하기 때문에 일상생활에서 우리는 그 입자들을 감지하지 못한다. 여간 다행이 아니다. 태양의 핵반응에서 생긴 중성미자들이 매초 1제곱센티미터 넓이당 600억 개꼴로 여러분의 몸을 관통하기 때문이다. 만약 약력이 조금 더 강했더라면 여러분은 극심한 두통에 시달렸을 것이다. 실제로는 여러분이 존재하지 않았을 테니 그럴 염려도 없다. 이 사실은 이 장의 뒤에서 우리가 다룰 자연법칙의 미세 조정이라는 주제의 바탕이 된다. 한 가지 남은 유형의 입자는 힉스 보손인데, 이것 혼자만 다섯 번째 칸(맨 오른쪽 위)에 있다. 빈 공간은 사실 비어 있지 않고 힉스 입자들이 빽빽하게 들어 차 있다. 질량이 없는 광자와 글루온을 제외하고 지금까지 알려진 모든 입자들은 힉스 입자와 상호작용을 한다. 이 상호작용을 통해 입자들은 공간을 돌아다니며 질량을 얻는다. 직관에 반하는 듯한 이 현상은 2012년 CERN의 대형강입자가속기에서 힉스 보손을 실제로 검출하면서 확인되었다.

물질 입자의 그다음 두 세대도 발견되었다. 이 입자들은 1세대 입자들과 동일하지만, 힉스 입자와 더 강하게 상호작용하기 때문에 질량이 더 크다는 점만이 다르다. 가령 뮤온은 우리에게 익숙한 전자의 더 질량이 큰 버전이다. 이 입자들이 존재하는 이유는 밝혀지지 않았다.

우주의 근본 요소들의 설명은 이 정도면 족하다. 어딘가에는 다른 유형의 입자들도 존재할 것임은 거의 확실하다. 가령 우주의 일반적인 물질의 80퍼센트 이상을 차지하는 암흑물질은 아마도 새로운 유형의 입자 형태일 텐데, 언젠가 대형강입자가속기나 미래의 입자가속기에서 발견해낼지도 모른다. 암흑물질이 존재한다는 강력한 증거는 은하의 회전 속력, 은하 형성 모형 그리고 우리가 1장과 이번 장에서 다시 만난 우주배경복사 등의 천체 관측 결과에서 나왔다. 하지만 암흑물질이 어떤 형태를 띠고 있는지 모르는 처지라, 우리는 이 물질을 우리의 소립자 목록에 아직은 올려놓을 수가 없다.

중력 이외에 이미 밝혀진 모든 입자와 힘을 기술하는 데 쓰이는 수학적 이론을 양

아틀라스 검출기

아틀라스(ATLAS)는 제네바
CERN의 대형강입자가속기
에서 실시 중인 여섯 가지의
검출 실험 중 하나다.

표준 모형

입자물리학의 표준 모형은 아원자 입자들 사이의 상호작용을 강력, 약력, 전자기력의 관점에서 설명하는 이론이다. 이 이론은 처음 제시된 이후 지속적인 실험을 통해 매우 견고함이 입증되었다. 2013년에는 이 이론에 의해 존재할 것으로 예측되었던 힉스 보손이 CERN의 대형강입자가속기를 통해 발견되었다.

쿼크

U	C	T	Y	H
업 (UP)	참 (CHARM)	톱 (TOP)	광자	힉스 보손

D	S	B	G
다운 (DOWN)	스트레인지 (STRANGE)	보텀 (BOTTOM)	글루온

보손

VE	VU	VT	Z⁰
전자중성미자	뮤온중성미자	타우중성미자	약력

렙톤

E	U	T	W
전자	뮤온	타우	약력

원자 내부

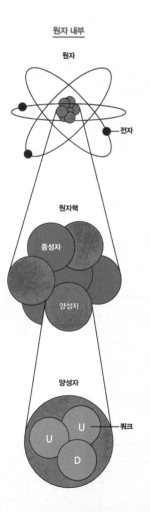

원자

전자

원자핵

중성자

양성자

양성자

U U D ── 쿼크

기본 힘

	세기	범위	입자
강력	1	10^{-15} (중간 크기 핵의 지름)	글루온
전자기력	$\dfrac{1}{137}$	무한	광자 질량 = 0 스핀 = 0
약력	10^{-6}	10^{-8} (양성자 지름의 0.1퍼센트)	매개 벡터 보손 W⁺ W⁻ Z⁰ 질량 〉80 GeV 스핀 = 1
중력	6×10^{-39}	무한	중력자 ? 질량 = 0 스핀 = 2

자장 이론quantum field theory이라고 한다. 이 이론에 나오는 일련의 규칙들을 통해 우리는 어느 특정 과정이 일어날 확률을 계산할 수 있다. 이에 관한 내용 전부는 표준 모형 라그랑지언이라는 단 하나의 방정식으로 기술될 수 있다. 아래와 같다.

$$L = -\frac{1}{4} W_{\mu\nu} W^{\mu\nu} - \frac{1}{4} B_{\mu\nu} B^{\mu\nu} - \frac{1}{4} G_{\mu\nu} G^{\mu\nu}$$

$$+ \bar{\psi}_j \gamma^\mu (i\delta_\mu - g\tau_j \cdot W_\mu - g'Y_j B_\mu - g_s T_j \cdot G_\mu) \psi_j$$

$$+ |D_\mu \phi|^2 + \mu^2 |\phi|^2 - \lambda|\phi|^4$$

$$- (y_j \bar{\psi}_{jL} \phi \psi_{jR} + y'_j \bar{\psi}_{jL} \phi_c \psi_{jR} + \text{conjugate})$$

이 수식을 써서 예측을 하는 데는 많은 수고가 들지만, 예측은 굉장히 정확하며 지구상의 실험실에서 이제껏 행해진 모든 측정 결과에 들어맞는다. 이 수식은 심지어 힉스 입자의 존재도 예측해냈다. 그 정도만 해도 훌륭하다. 여러분이 직업적인 물리학자가 아니라면 뭔가 암호 조합처럼 보이겠지만, 사실은 해석하기에 너무 어렵지는 않다. 열두 가지의 물질 입자들은 전부 기호 ψ_j에 숨어 있다. 표준 모형이 양자장 이론인 까닭은 입자들이 양자장이라는 대상에 의해 표현되기 때문이다. 가령 전자장, 업 쿼크장, 힉스장 등으로 말이다. 입자 자체는 전체 공간에 걸쳐 펼쳐진 이런 장들의 국소화된 진동으로 간주할 수 있다. 장은 나중에 중요한 개념으로 다시 등장하는데, 바로 우리가 아주 초기 우주에 출현했을지 모를 어떤 유형의 장(스칼라장scalar field)을 살펴보는 대목에서다. 힉스장이 그런 스칼라장의 한 예다. 두 번째 줄의 두 ψ_j 사이의 항들은 여러 힘들, 그것들이 어떻게 입자들 사이의 상호작용을 일으키는지를 기술한다. 이 힘들 또한 양자장으로 표현된다. 가령 $-g_s T_j \cdot G_\mu$는 ψ_j 항의 쿼크들이 서로 결합하여 양성자와 중성자를 만드는 글루온장을 기술한다. g_s항은 강한 결합상

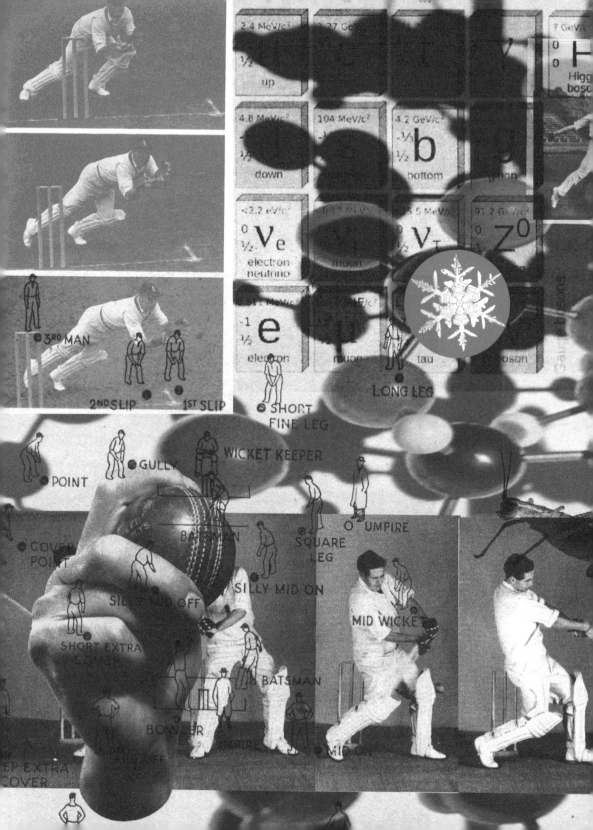

수라고 하는데, 이것은 강력의 세기를 결정하는 우주의 근본적인 한 속성이다. 기본 힘들 각각도 저마다의 결합상수를 갖는다. 이러한 결합상수는 나중에 다시 논의할 텐데, 그 상수들이 우주가 어떤 모습인지 그리고 우주 안에 어떤 것이 존재할 수 있는지를 결정하는 중요한 값들이기 때문이다. 마지막 두 줄은 힉스 보손을 다룬다. 한 물질 입자와 힉스장 사이 상호작용의 세기는 유카와 결합이라고 알려진 y_i 항 안에 들어 있다. 이 항이 포함되어야만 물질 입자들의 관찰된 질량들이 산출된다. 이 정도면 충분히 설명한 듯하다.

이제 입자물리학 속성 강좌를 마무리하기로 하자. 요점은 중력 이외의 모든 것을 설명하는 매우 깔끔한 방식이 존재하는데, 그것이 바로 표준 모형이라는 것이다.

우리는 1장에서 중력을 꽤 상세히 살펴보았다. 중력은 아인슈타인의 일반상대성 이론으로 기술되는데, 오늘날 물리학자들은 그 이론을 고전적 이론이라고 부른다. 아인슈타인의 이론에는 힘을 전달하는 입자가 없다. 대신에 힘은 물질과 에너지에 의한 시공간의 곡률, 그 곡률에 대한 입자들의 반응으로 기술된다. 하지만 우주 역사의 최초 순간을 기술하는 데 필요한 중력에 관한 양자장 이론은 중력자라는 입자의 교환을 가정한다. 하지만 아직 아무도 중력자에 관한 메커니즘을 설명할 이론을 구성해내지 못했다. 바로 이런 까닭에 고전적인 아인슈타인의 이론이 유일한 완결 이론으로 남아 있는 것이다.

천재의 활약

일반상대성 이론이 담긴 아인슈타인의 자필 원고다. 이 역사적 자료와 함께 우주의 실재가 서서히 드러나기 시작했다.

암흑물질

암흑물질은 관측 가능한 우주의 총 에너지의 26.8퍼센트를 차지하지만, 표준 모형으로 기술되지 않는다. 아마도 암흑물질은 새로운 종류의 입자일 것이다. 표준 모형의 확장형들이 있는데, 그중 가장 단순한 최소 초대칭 표준 모형은 암흑물질을 기술할 수 있다. 그러니 암흑물질의 본질을 밝혀내려면 양자장 이론을 넘어선 아예 새로운 틀이 필요하다는 주장은 미심쩍다고 하지 않을 수 없다.

쿼크-글루온 플라스마 생성

이 컴퓨터 시뮬레이션은 대형강입자가속기 내에서 발생하는 입자 충돌을 보여주는데, 이 충돌은 쿼크-글루온 플라스마를 생성하는 것으로 여겨진다.

이제 마지막으로 다시 한 번 아인슈타인의 일반상대성 이론을 떠올려보자.

$$G_{\mu\upsilon} = 8\pi G T_{\mu\upsilon}$$

일반상대성 이론에는 표준 모형처럼 중력의 세기를 규정하는 결합상수가 들어 있다. 바로 G, 즉 뉴턴의 중력상수다.

관찰 결과와 부합하도록 암흑 에너지의 양이 삽입되는데, 이는 표준 모형에서 힘들의 세기, 입자들의 질량의 경우에도 마찬가지다.

일반상대성 이론과 표준 모형은 게임의 규칙이다. 이 규칙에는 자연이 가장 근본적인 수준에서 작동하는 방법에 관한 우리의 모든 지식이 들어 있다. 또한 우리가 근본적이라고 여기는 우주의 모든 속성들이 들었다. 빛의 속력, 힘들의 세기, 입자들의 질량(유카와 결합을 통해 힉스 보손과 입자들의 상호작용의 세기로서 발현되는 양) 그리고 암흑 에너지의 양이 이 두 방정식에 전부 있다. 원리적으로 볼 때, 어떠한 물리적 과정이라도 위의 두 방정식으로 기술 가능하다. 이것이 현재까지 나와 있는 최첨단 이론이지만, 그렇다고 우리가 만물의 작동방식을 알아냈다는 뜻은 아니어서, 비유하자면 타이밍을 잘 맞춘 커버 드라이브cover drive로도 경기는 결코 끝날 수가 없다.

대다수 게임들은 얄팍하지만, 크리켓은 심오하다.

– 존 알롯 그리고 프레드 트루먼

나는 열네 살에 올덤 근처의 홀린우드 크리켓 경기장에서 크리켓을 할 때 타이밍을 잘 맞춰 커버 드라이브를 날린 적이 한 번 있다. 프론트 풋front foot 자세에서 머리가 공과 나란하도록 타격했더니, 배트 한가운데 명중하는 상쾌한 소리와 함께 4런을 획득했다.* 방법은 알지만, 그처럼 잘한 적은 두 번 다시 없었다. 크리켓은 단순한 규칙들로 구성된 예술인데, 그 규칙들은 1788년 5월 30일 메릴본 크리켓 경기장의 회원들이 정했다. 크리켓이 취향에 맞는 역사가들에 따르면 그날은 세계사에서 의미심장한 날인 셈이다. 그때 정한 규칙들은 지금도 그 경기의 바탕을 이룬다. 총 마흔두 가지의 규칙들이 각 경기의 기본 틀을 규정한다. 그런데 기본 틀은 엄격히 고정되어 있지만, 모든 경기는 서로 다르다. 기온과 습도, 잔디밭 이슬의 빛 산란, 위켓의 높이 등을 포함해 다른 수백 가지 요인들이 경기를 미묘하게 변화시킨다. 이보다 더 중요한 것으로, 경기자들과 심판들 각각이 복잡한 생물학적 시스템을 이루는데, 이들의 행동은 결코 예측하기 쉽지 않다. 예외라면 제프리 보이콧*뿐 변수들이 아주 많다 보니 가능한 경우의 수가 사실상 무한하기에, 크리켓은 과학과 섹스 그리고 와인 테스팅을 제외하면 인간의 활동 중 가장 흥미진진한 것이라 할 수 있다.

따라서 규칙에 관한 지식만으로는 경기의 무한한 마법을 다 밝혀낼 수 없다. 우주도 마찬가지다. 자연법칙은 현상이 일어나는 기본 틀을 규정하지만, 발생 가능한 모든 일이 한 유한한 우주에서 일어날지를 보장하지는 않는다. 오히려 모호하고 '한정적인' 단서가 나중에 우리에게는 중요할 것이다. 입자물리학과 우주론 이외의 사실상 거의 모든 과학은 법칙에 의해 허용되는 복잡한 결과에 관심을 갖지, 법칙 자체에는 그다지 주목하지 않는다. 그리고 어떤 의미에서 유아론적인 우리의 첫 질문 '우리는 왜 여기에 존재하는가?'는 법칙보다는 결과에 관한 것이다. '2005년의 대단했던 애시즈 시리즈Ashes series of 2005에서 영국이 왜 호주를 이겼나?'라는 질문에 대한 답은 크리켓 경기 규정집에 나오지 않는다. 마찬가지로 표준 모형과 일반상대성 이론을 따르는 자연계도 단지 법칙 자체를 발견했다고 이해할 수 있는 것이 아니다.

자연법칙은 크리켓 경기 규정집에 적혀 있지 않고, 요

*
이 타격법이 크리켓에서 커버 드라이브를 치는 방법이며, 4런은 공이 펜스까지 굴러갔을 때 얻는 득점이다.

*
제프리 보이콧은 영국의 유명한 크리켓 선수다.

크셔 카운티 크리켓 클럽 위원회에서 찾는다고 찾아질 것이 아니다. 우주의 게임이 펼쳐지는 모습을 살펴서 밝혀내야 한다. 그렇기에 자연법칙을 발견하기란 참으로 경이로운 일이다. 모르는 상태에서 규칙을 알아내려면 얼마나 많은 경기를 보아야 할지 상상해보라. 21세기 과학의 위대한 성취는 우리가 그런 식으로 자연법칙을 용케도 밝혀냈다는 것이다. 이루 헤아릴 수 없이 많은 복잡한 결과들을 관찰하여 그 밑바탕이 되는 법칙들이 무언지 알아냈다.

그렇기는 해도 표준 모형을 이용해서 생명체와 같은 복잡하고 창발적 시스템을 기술할 수는 없다. 어떤 생물학자도 표준 모형 라그랑지안을 이용하여 세포 내에서 ATP가 생성되는 방식을 이해하려고 시도하지는 않을 테며 어떤 통신 공학자라도 그걸 이용하여 광섬유를 설계하지는 않을 것이다. 설령 할 수 있더라도 굳이 그러고 싶지는 않을 것이다. 여러분도 자동차 엔진의 작동방식을 이해하겠다고 엔진을 구성하는 아원자입자들과 그 입자들의 상호작용부터 알아보지는 않는다. 그러니 이미 알려진 근본적인 구성 요소의 수준에서 자연에 관한 상세한 모형을 얻는 것도 중요하지만, 우리가 제기한 무진장 어려운 '왜?'라는 질문에 답을 찾는 과정에 진전이 있으려면 우리 주변에서 관찰되는 복잡성이 그러한 단순한 법칙들로부터 어떻게 출현하는지를 반드시 이해해야 한다.

크리켓 규칙과 자연법칙

크리켓과 마찬가지로 자연법칙은 인간이 우주의 게임이 펼쳐지는 모습을 관찰하며 정해져왔다. 그렇기에 자연법칙은 그토록 각별하며 예측하기가 무진장 어려운 것이다.

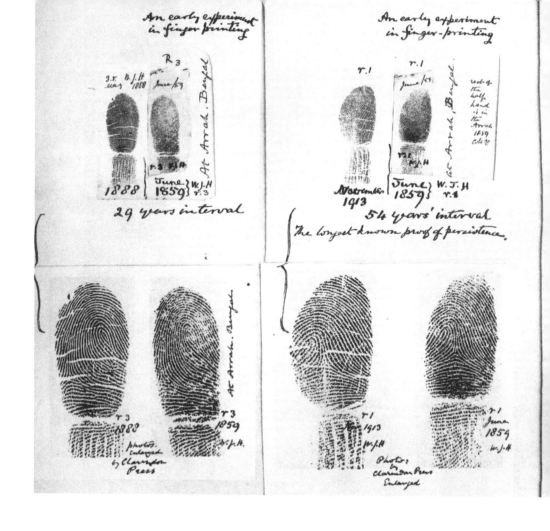

자연의 지문

불가능한 것들을 모두 제거하고 남는 것은

아무리 일어날 법하지 않아 보여도 틀림없이 참이다.

- 셜록 홈스

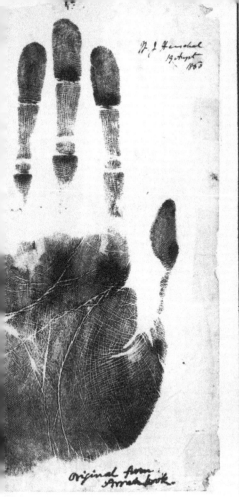

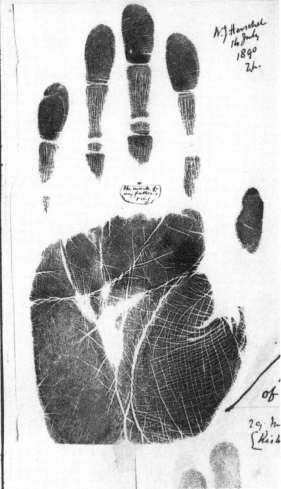

우주의 복잡한 단서

지문이 사람마다 고유하다는 사실이 발견되면서 20세기 초반 범죄 수사의 성격이 바뀌었다. 지문은 복잡하고 난해해 보이지만 형성되는 과정은 꽤 단순하다.

1905년 3월 27일 화요일 오전 8시 30분, 윌리엄 존스가 일과를 준비하기 위해 뎁트퍼드 하이 스트리트에 있는 챕맨스 오일 & 컬러 숍에 도착했다. 여느 때처럼 존스가 도착한 시간은 가게 관리자인 토마스 패로가 셔터를 올리는 시각에서 몇 분 지나서였다. 하지만 바로 그날은 셔터가 내려져 있었다. 패로는 가게 위층 집에서 아내와 함께 살았는데, 존

흐르는 모래

모래언덕, 사막 내의 패턴 형
성은 아무렇게나 벌어지는
일 같다. 하지만 사실은 모래
의 움직임을 지배하는 단순
한 법칙의 소산이다.

스가 아무리 문을 두드려도 반응이 없었다. 이럴 리가 없는
데 싶어 슬슬 걱정이 들어 창 너머로 가게 안을 힐끗 보았
더니, 평소에는 말끔하던 가게 바닥에 의자들이 어지럽게
흩어져 있었다. 존스는 동네 주민 한 명을 불러와 강제로
문을 열었다. 놀랍게도 패로는 피의 웅덩이 속에서 죽어 있
었다. 마찬가지로 그의 아내도 침대에서 널브러져 있었다.

각각의 지문은 저마다 동일한 출발점에서 비롯되는데도 언제나 상이한 결과를 내놓다는 사실을 새삼 일깨워준다.

아내는 그 후 나흘간 생명이 붙어 있었지만 결국 의식을 회복하지 못하고 세상을 떠났다.

　그런 장면은 20세기 전후의 런던에서 드문 일이 아니었다. 이 범죄가 주목을 받은 까닭은 신기술을 이용하여 살인자를 밝혀내 유죄 판결을 내린 세계 최초의 사례였기 때문이다. 텅 빈 현금 보관함의 안쪽 표면에서 경찰은 지문 하

우리는 왜 여기 있는가?

나를 발견했다. 경찰은 이미 용의자 한 명에 주목하고 있었다. 앨프레드 스트래턴이라는 그 동네 사내였는데, 형제인 앨버트와 함께 사흘 후에 체포되었다. 스트래턴의 지문을 채취했더니, 현금 보관함의 지문과 앨프레드 스트래턴의 오른손 엄지손가락 지문이 일치했다. 살인사건에서는 처음 시도된 일이었지만, 전문가 증인들은 현금 보관함에 남은 지문의 복잡한 무늬가 앨프레드 스트래턴의 것임을 확신시켰다. 배심원은 단 2시간 만에 스트래턴 형제가 살인범임을 인정했고, 둘은 사형선고를 받았다. 이후 신속하게 5월 23일에 교수형이 집행되었다.

이제 여러분의 지문을 한 번 보기 바란다. 소용돌이무늬와 등성이들이 무진장 복잡하게 나 있을 것이다. 사람은 저마다 손과 발바닥의 지문이 다르기 때문에(발바닥에 난 무늬는 지문이라고 할 수 없지만, 마땅한 단어가 없다.)*, 모든 사람의 지문을 담는 데 드는 데이터베이스의 크기는 엄청나게 클 것이다. 하지만 자연의 가장 중요한 법칙 중 하나는 자연계를 구성하는 청사진이 자연계 자체보다 훨씬 단순하다는 것이다. 현대적인 언어로 말하자면, 엄청난 양의 데이터 압축이 가능해서 생긴 결과다. 지문을 만드는 명령어들은 지문 자체보다 훨씬 단순하다. 그리고 이보다 더 중요한 점을 말하자면, 동일한 명령어라도 인간 발생의 배아 단계에서 아주 조금 다른 출발점에서 시작해서 계속 반복하면 언제나 다른 지문을 낳게 된다. 이런 현상은 그리 놀랄 일이 아니다. 사

*
영어와 달리 한국어에는 발에 난 무늬를 가리키는 족문이라는 단어가 있다.

막의 모래언덕 무늬나 여름 구름의 패턴은 모래 알갱이나 물방울이 어떻게 행동할지를 결정하는 몇 가지 단순한 법칙들로 전부 기술될 수 있다. 그것들이 공기 흐름에 떠밀리거나 혼란스러운 온난 기류에 의해 흔들리거나 자연의 힘의 작용에 의해 재정렬되는 방식을 알면 설명이 가능한 것이다. 복잡한 현상도 단순한 원리에서 생기는 법이다.

자연계의 무한한 다양성이 그 밑바탕이 되는 단순성에서 어떻게 출현하는지를 이해하려는 탐구는 오랫동안 철학과 과학의 중심 주제였다. 플라톤은 우리의 감각이 포착할 수 있는 세계를 완전한 형태의 왜곡되고 불완전한 그림자라고 보았으며, 완벽한 형태는 오직 이성으로만 파악할 수 있다고 여겼다. 현상과 실재를 철저히 분리하는 플라톤의 이원론은 지금으로부터 500년 전 갈릴레오의 다음 말에 멋지게 표현되어 있다. "자연의 책은 수학의 언어로 쓰여 있다." 우리의 도전과제는 세계의 수학적 원리를 구별하는 일뿐만 아니라, 복잡성의 사슬을 거꾸로 짚어가서 플라톤이 불완전하다고 간주한 형태들이 그 아래 단계의 완전성으로부터 어떻게 출현할 수 있는지를 설명해내는 것이다. 이 탐구의 아름다운 초기 사례를 제시한 사람은 갈릴레오와 동시대를 살았던 걸출한 인물인 요하네스 케플러다.

눈송이에 관한 짧은 역사

글을 쓰고 있자니 눈이 내리기 시작했고, 금세 눈발이 굵어졌다.

그 작은 눈송이를 나는 뚫어져라 살펴보았다.

- 요하네스 케플러

두말할 것도 없이 요하네스 케플러는 뉴턴이 《프린키피아》를 쓰는 데 초석이 되었던 행성 운동법칙을 내놓은 사람으로 가장 유명하다. 하지만 그의 빛나는 이력에는 지상의 현상을 주제로 한 좀 엉뚱한 야심에서 나온 출간물이 하나 있다. 1609년에 《새로운 천문학Astronomia Nova》의 제1부를 출간한 지 2년 후, 케플러는 〈육각형 눈송이에 관하여〉라는 24쪽짜리 짧은 논문을 발표했다. 과학적 호기심이 낳은 멋진 사례가 아닐 수 없다. 1610년 12월 어느 날 밤, 케플러가 프라하의 카를 다리를 건너고 있는데 눈송이 하나가 외투 옷깃에 내려앉았다. 차디찬 겨울밤이건만 케플러는 발걸음을 멈추고 그 덧없는 은빛 얼음 알갱이가 왜 육각형 구조일까 궁금해했다. 나아가 모든 눈송이가 저마다 무한한 변이를 보이며 다른 듯하지만, 결국에는 육각형인 까닭을 궁리하기 시작했다(옆 페이지를 보기 바란다). 이런 대칭성은 이전에 다른 사람들도 주목했지만, 눈송이의 대칭성은 그러한 형태를 가능하게 하는 더 심오한 자연의 원리가 반영된 결과임을 케플러는 알아차렸다.

"눈이 내리기 시작할 때면, 처음의 눈 입자들은 언제나 육각형의 작은 별 모양을 띠므로 틀림없이 어떤 원인이 있을 것이다." 이렇게 운을 뗀 뒤 케플러는 계속 적었다. "만약 우연히 그렇게 된다면, 왜 오각형이나 칠각형이 아니라 늘 육각형이란 말인가?" 케플러는 다음과 같이 가정했다. 이 대칭성은 눈송이의 근본적인 구성단위가 지닌 속성 때문임에 틀림없다고. 차곡차곡 쌓인 얼어붙은 '소구체(그가 이 구성단위에 붙인 이름)'는 '물과 같은 액체의 가장 작은 자연적 단위'로부터 눈송이를 만드는 가장 효과적인 방법임이 틀림없다고 그는 보았다.

내가 보기에 이런 발상은 대단한 천재성의 발현이며 물리 현상에 관한 굉장히 현대적인 사고방식이다. 자연에서 대칭의 연구는 표준 모형의 핵심에 자리 잡고 있으며, 게이지 대칭성이라고 하는 추상적인 대칭성은 자연의 힘들의 기원이라고 오늘날 알려져 있다. 그런 까닭에 표준 모형의 힘 전달 입자들을 가리켜 게이지 보손이라고

눈송이의 대칭성

눈 내리는 프라하 거리를 산책하면서 요하네스 케플러는 옷깃에 내려앉는 눈송이들의 대칭적인 육각형 구조를 바탕으로 케플러 추측을 내놓았다.

하는 것이다. 케플러는 원자의 존재가 알려지지 않은 그 옛날에 눈의 원자 구조를 찾고 있었던 셈인데, 모든 눈송이의 육각형 형태라는 자연의 대칭성을 관찰한 것이 계기였다. 시대를 한참 앞섰던 이런 발상의 영감은 한 특이한 원천에

서 나왔다. 〈육각형 눈송이에 관하여〉를 발표하기 여러 해 전부터 케플러는 영국 수학자 겸 탐험가인 토마스 해리엇과 연락을 주고받았다. 여러 가지 유명한 업적 중에서도 해리엇은 월터 롤리 경의 신세계 항해에 관여하여, 일견 단순해 보이는 수학 문제를 풀어달라는 부탁을 받았다. 롤리 경은 배 갑판의 제한된 공간을 가장 효율적으로 이용하려면 대포알을 어떻게 쌓아야 제일 좋은지 알고 싶었다. 해리엇은 구 쌓기의 수학적 원리를 파헤쳤고, 그 결과 원자론의 싹이 될 모형을 하나 개발했다. 이것에 영감을 받아서 케플러는 눈송이의 구조를 살펴보게 된 것이다. 케플러는 대포알을 얼음 알갱이(소구체)로 대체한 다음, 소구체의 밀도를 가장 크게 하는 제일 효과적인 배열이 그가 옷깃에 떨어진 눈송이에서 관찰했던 육각형 모양이라고 가정했다. 또한 자연계 곳곳에서 벌집부터 석류와 눈송이에 이르기까지 숱한 육각형 구조를 관찰하고서 이런 보편성에는 어떤 심오한 이유가 틀림없이 존재한다고 보았다.

케플러가 명명한 '육각형 채우기'는 분명 '가능한 가장 조밀한 쌓기 방식이기에, 다른 어떤 배열로는 그렇게 많은 알갱이들이 동일한 용기 속에 채워질 수 없었다.' 이것을 가리켜 케플러의 추측이라고 한다. 거의 400년이 지나 케플러의 추측이 증명되었는데, 이 증명에는 1990년대의 슈퍼컴퓨터의 도움이 필요했다. 한참 시간이 흐른 뒤의 일이긴 하지만, 케플러의 연구는 과학 발전에 직접적인 영향을 미쳤다. 현대적인 결정학이 시작되는 데 영감을 주어, 마침내 DNA의 구조 발견으로 이어졌던 것이다. 뜻밖의 행운과 호기심과 천재성의 발현이 결합된 얼마나 아름다운 사례인가. 대포알에서 눈송이로 연결되더니 마침내 생명의 암호에까지 이어지다니!

하지만 그 추운 날 밤 다리 위에서 그는 얼음 소구체와 눈송이의 육각형 대칭성 사이의 관련성을 밝혀내지는 못했다. 비록 규칙적인 패턴이 눈송이 구성단위의 형태, 결정 형성의 세부사항에 관한 어떤 내용을 반영함이 틀림없음을 알아차리긴 했지만, 그 구조의 화려한 복잡성이나 보편성을 설명해낼 수는 없었다. 대신에 그는 참된 과학자의 양심으로 자신의 한계를 인정하며, 논문 말미에 이렇게 적었다. "나는 화학의 문을 두드렸다. 그 원인을 밝혀 내려면 이 주제에 대해 얼마나 많은 논의가 있어야 할지 알게 되었다. 더 이상의 논의로 나 스스로 녹초가 되기 전에 영민하기 이를 데 없는 여러분의 생각이 어떤지 듣고 싶다."

3세기하고도 반세기가 더 지나서, 일본 물리학자 나카야 우키치로中谷宇吉郎, 1900-1962가 실험실에서 최초의 인공 눈송이를 만들었다. 1954년에 쓴 글에서 그는 과정을 설명했다. 우선 눈송이 자체가 아니라 눈 결정이라는 작은 하부구조에서 시작하며, 이 눈 결정 또한 얼음 결정(케플러가 찾고 있던 소구체)들을 모아서 생성된다. 케플러가 눈송이 대칭성의 기원이라고 짐작했던 육각형 쌓기는 그러한 얼음 결정이 생성될 때 물 분자들이 수소결합을 통해 육각형 구조로 함께 모이기 때문이다. 그리고 수소결합이 일어나는 까닭은 물 분자 자체의 구조 때문이다. 구체적으로 말하자면, 전자에 굶주린 탐욕스러운 산소 원자 1개는 수소 원자 2개로부터 전자들을 떼어온다. 이로 인해 두 양성자* 주위에는 양전하를 띠게 되고 산소 주위에는 음전하를 띠게 된다. 이런 미세한 전하 분리로 인해 물 분자는 전하끼리의 상호 인력과 척력을 통해 결합하여 더 큰 구조를 이룬다. 산소 원자핵 그리고 수소 원자핵을 구성하는 단일 양성자의 구조를 포함한 전체적인 구성은 입자물리학의 표준 모형으로 원리

*
전자를 빼앗긴 수소 원자

적으로 기술할 수 있다. 하지만 임의의 특정한 눈송이의 세부사항은 계산을 훨씬 넘어선다. 이루 헤아릴 수 없는 미세한 변수들이 눈송이의 생성 과정에 무한한 변화를 초래하기 때문이다. 물 분자들이 수소결합을 통해 한 덩어리를 이루어 얼음 결정들이 생성되고 나면, 이들은 공기 중의 먼지 입자 주위에 들러붙어 기본적인 육각형 대칭 구조를 기본 틀로 삼아 더 큰 눈 결정을 이루어나간다. 눈 결정들은 지상을 향해 오랫동안 낙하하면서 함께 뭉치면서 훨씬 더 크고 복잡한 결합체를 구성한다. 이때 기온, 바람 패턴, 습도의 무한한 변이들로 인해 이루 헤아릴 수 없이 많은 독특한 형태를 이룬다. 눈송이의 대칭성은 단순성의 결과인데, 단순성 속의 무한한 변형들을 알아차리려면 세심하고 차분한 눈길이 필요하다. 어쨌든 눈송이의 복잡성은 자연법칙의 기본적인 단순성을 드러내주는 대표적인 사례.

창발적 복잡성의 가장 생생하고도 우리 마음에 가장 가깝게 와 닿는 사례는 생명이다. 2장에서 논의했듯이, 지구에서 생명이 출현한 일은 필연적인 감이 있다. 생명 출현의 기본 과정은 적절한 조건만 마련되면 진행되는 연쇄적인 화학 반응이었기 때문이다. 그런 조건이 38억 년 또는 어쩌면 그 이전에 지구의 바다에 갖추어졌고, 덕분에 단세포 유기체가 출현한 것이다. 20억 년 전쯤 진핵세포가 생기게 된 운명적인 사건은 다분히 요행인 듯하지만, 어쨌거나 그 사건은 5억 3000만 년 전의 캄브리아기 대폭발의 초석이 되

새로운 관점

요하네스 케플러 덕분에 과학계는 눈송이를 새로운 관점에서 논하게 되었다. 영국 과학자 로버트 훅은 자신의 스케치와 관찰 결과를 1665년에 《마이크로그라피아: 확대경과 이것에 의한 관찰과 탐구를 통해 이루어진 미세한 물체들에 관한 생리학적 기술》이라는 책에 담아 출간했다.

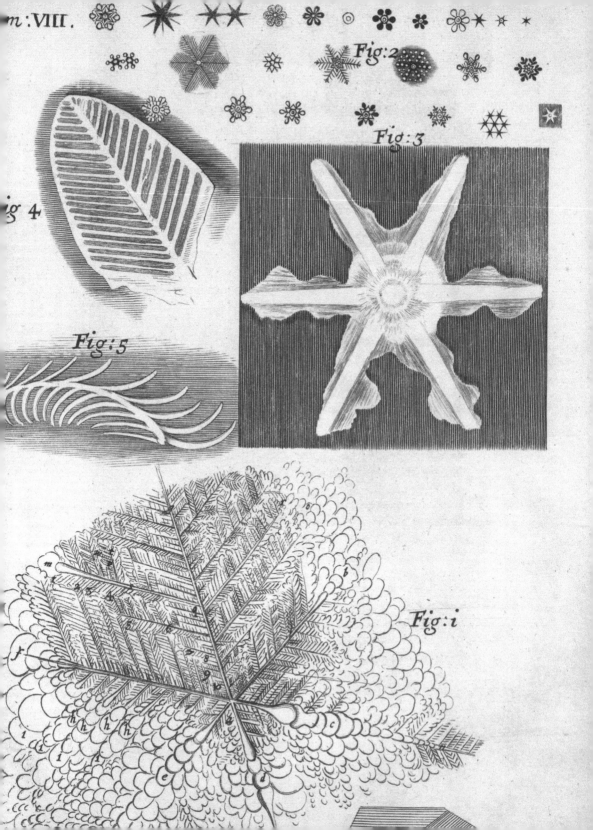

Schem: VIII.

Fig: 2

Fig: 3

Fig: 4

Fig: 5

Fig: 1

었다. 혹시 사족이 될지는 모르겠으나, (다윈이 언급했듯이) 끊임없이 이어져온 더할 나위 없이 아름다운 생명체들의 온갖 복잡성이 적어도 원리적으로는 단순한 기본 법칙에서 비롯되었음을 확실하게 보여주는 한 가지 사례를 더 소개하겠다.

자연의 예술

자연계는 가장 단순한 패턴을 통해 자신의 복잡성을 보여준다. 패턴은 동물 살갗과 가죽의 반점과 줄무늬 그리고 식물과 과일의 구성에서 드러나는데, 이 로마네스코 브로콜리가 한 예다.

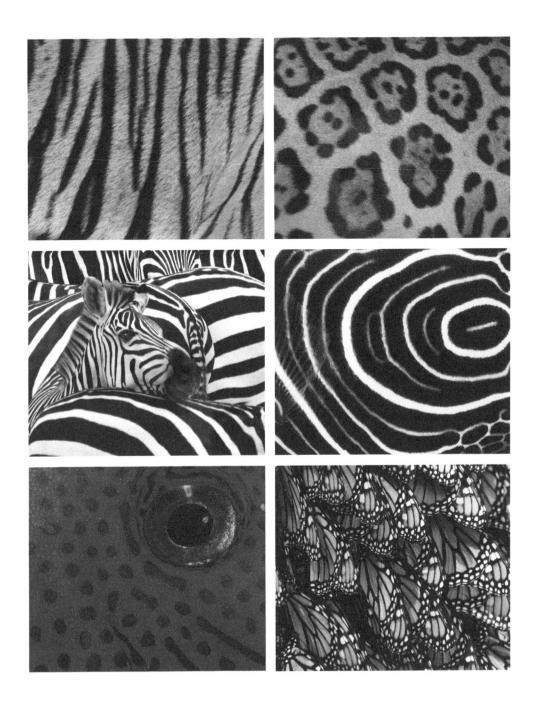

아마도 자연의 교묘한 복잡성이 가장 아름답게 발현된 예는 생명체의 살갗이나 가죽에 난 반점, 줄무늬, 패턴에서 볼 수 있다. 검은쥐치, 임페리얼 엔젤피시, 얼룩말 호랑나비, 아프리카와 아시아의 큰 고양이들에서 큼지막하게 나 있는 창발적인 패턴이 그런 예다. 누구나 동의하듯이, 이런 패턴들은 전부 한두 가지 형태의 자연선택의 결과로서 진화했는데, 변이의 원료는 유전암호의 무작위적 돌연변이였다. 하지만 정확히 그러한 패턴이 어떻게 나타나게 되었냐는 질문은 현대 생물학에서 근본적으로 중요한 만만치 않은 탐구 주제다.

표범의 무늬는 어떻게 생겨났을까

…얼룩말은 햇살을 받아 온통 줄무늬가 드리워진 낮은 가시덤불로 갔고, 기린은 햇살을 받아 온통 얼룩무늬가 드리워진 높은 나무로 갔다.

"자, 보라고." 얼룩말과 기린이 말했다. "이러면 감쪽같거든. 하나, 둘, 셋! 아침거리가 널렸네!"… 둘의 눈에는 숲속의 줄무늬 그림자와 얼룩무늬 그림자만 보일 뿐 얼룩말과 기린은 전혀 보이지 않았다.

배워두면 요긴한 속임수겠네. 표범아, 저걸 배우자! … 에티오피아

패턴 고르기

다른 많은 야생동물의 경우와 마찬가지로 표범 살갗의 특정한 패턴은 튜링 패턴의 한 예라고 여겨진다(아직 증명은 되지 않았다). 튜링 패턴은 동물들의 패턴 생성에 관한 이론으로서, 1952년 블레츨리 파크의 암호 해독가 앨런 튜링이 내놓았다.

인 사내는 다섯 손가락을 좁게 모아서 표범의 온몸에 눌러댔다. 다섯 손가락이 닿을 때마다 5개
의 검은 자국이 촘촘하게 남았다….
　– 러디어드 키플링

러디어드 키플링의《그냥 그런 이야기들 Just So Stories》속의 '표범의 무늬는 어떻게 생
겨났을까'에는 한 에티오피아 사내와 표범 한 마리에 관한 이야기가 나온다. 둘은 함
께 사냥을 다녔는데, 표범의 사냥 실력이 영 신통치 않았다. 사내가 가만히 이유를
생각해보니, 표범은 밋밋한 황갈색 가죽인데 반해 다른 동물들은 전부 위장을 하고

있었다. "표범아, 배워두면 요긴한 속임수겠어." 그렇게 말한 뒤 사내는 다섯 손가락을 모아 표범의 가죽에 눌러댔고, 그러자 5개의 얼룩으로 이루어진 얼룩무늬가 생겼다. 자연선택에 의한 진화를 믿지 않는 사람한테는 정말 솔깃한 이야기가 아닐 수 없다. 하지만 진화를 믿는 사람이라면, 패턴이 생성되는 메커니즘을 이해해야 한다. 유전자의 작용인 것만 같지만, 유전자만의 문제가 아니다. 표범 가죽의 모든 세포들에게 일일이 각자의 위치에 맞게 스스로 색을 입히라고 지시를 내리려면 어마어마한 양의 정보가 들 테니, 표범 무늬는 그런 식으로 생긴 것이 아니다. 자연은 검소하며 훨씬 더 효율적인 메커니즘을 이용해 위장 패턴을 만든다. 이 책에서 소개한 다른 여러 주제와 마찬가지로, 다시 한 번 말하건대 이 주제도 활발한 연구 분야이며 당연히 흥미진진하다. 과학자들의 주목을 받는 까닭은 피부의 위장 패턴은 배아 발생 단계에서 자기조직화를 행하는데다, 배아 발생이 생명 현상을 이해하는 데 근본적으로 중요하기 때문이다. 표범의 경우에는, 비록 증명은 안 되었지만, 위장이 튜링 패턴의 한 예라고 여겨진다. 블레츨리 파크*의 위대한 암호 해독가이자 수학자 앨런 튜링의 이름을 딴 명칭이다.

1952년 튜링은 형태발생morphogensis, 즉 한 동물이 자기 형태와 패턴을 발생시키는 과정에 관심이 생겼다. 그중에서도 특히 식물의 잎 배열과 파인애플 비늘의 피보나치 수와 황금 비율과 같은 자연의 규칙적인 반복 패턴 그리고 호랑이의 줄무늬와 표범의 얼룩무늬와 같은 위장 패턴의 밑바탕이 되는 수학에 관심이 많았다. 그리하여 이 분야에 큰 영향을 미친 획기적인 논문 〈형태발생의 화학적 기반〉을 1952년에 발표했는데, 이 논문은 다음과 같은 단순한 진술로 시작한다. "제안하는 바, 서로 반응하면서 조직을 통해 확산되는 모르포겐*이라는 화학물질들의 계는 형태발생의 주요 현상들을 설명하는 데 적합하다." 이 계를 가리켜 반응확산계라고 하며, 만약 두 반응물질이 상이한 속력으로 확산하면 원래의 특징 없는 혼합물로부터 패턴을 발생시킬 수 있다. 이런 계가 작동하는 방식을 설명해줄 근사한 비유를 하나 들어보겠다. 메뚜기들이 가득 찬 건조한 들판이 있다고 상상하자. 이 메뚜기들은 좀 별난 녀석들인데, 날씨가 더워지면 땀을 많이 흘려 다량의 습기를 발생시키기 때문이다. 이제 그 들판의 이곳저곳에서 불이 났다고 상상하자. 불길은 어떤 고정된 속력으로 퍼질 테며, 만약 메뚜기들이 없다면 들판은 모조리 타버릴 것이다. 그런데 불길이 접근하면 메뚜기들이 땀을 흘리기 시작하므로, 메뚜기들이 다가오는 불길을 피해 달아날 때 떠난 자리의 풀은 축축해져서 불길이 누그러진다. 불길과 메뚜기의 상이한 진행 속력 그리고 다가오는 불길을 끄는 데 필요한 땀의 양 등을 포함해 여러 변수들에 따라, 튜링 패턴이 형성될 수 있다. 이 패턴은 불탄 풀밭 지역들 그리고 메뚜기들의 불길 억제 효과로 인해 불타지 않은 초록 풀밭 지역들이 어우러져 생긴다.

표범도 배아 발생 동안에 이런 방식으로 얼룩무늬가 생긴 것으로 보인다. 화학적 활성체(불)가 살갗에 퍼지면서 검은 반점(불탄 풀밭)의 생성을 촉진함과 아울러, 다른 화학물질(땀 흘리는 메뚜기)이 더 빠른 속력으로 퍼지면서 반점의 생성을 억제함으로써 생긴 결과라는 것이다. 생성된 정확한 패턴은 해당 계의 (가령 화학물질이 확산하는 속력과 같은) '자연의 상수', 수학자들이 경계 조건이라고 부르는 (가령 위의 비유에서는 들판의 크기와 기하학적 구조와 같은) 요인에 달려 있다. 배아 발생의 경우, 생성되는 패턴의 유형을

결정하는 것은 반응확산이 시작될 때의 배아의 크기와 형태다. 길고 가는 영역은 줄무늬를 생성한다. 너무 작거나 너무 큰 영역은 균일한 색깔을 생성한다. 그 중간쯤이 소, 기린, 치타 그리고 당연히 표범의 가죽에 보이는 독특한 패턴을 이룬다. 튜링 패턴의 컴퓨터 시뮬레이션은 특히 포유류

화학적 파동

이 용액 속의 화학적 파동은 조건이나 내용물의 미세한 변화만으로도 표면의 먼지 입자나 공기의 습도에 변화를 일으킬 수 있음을 보여준다.

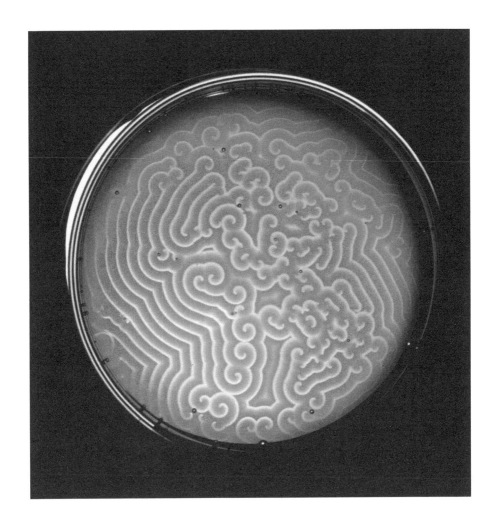

가죽의 유전적 특징들뿐 아니라 자연에서 보이는 몇몇 흥미로운 세부사항들을 매우 훌륭하게 설명해준다. 가령 치타처럼 얼룩박이 동물들이 줄무늬 꼬리를 지니는 것은 가능하지만, 줄무늬 동물들이 얼룩박이 꼬리를 가질 수는 없음을 예측해낸다. 이제 껏 관찰 결과도 이 예측대로다.

케플러의 눈송이와 표범의 반점은 창발적 복잡성(단순한 기본 법칙으로부터 복잡하면서도

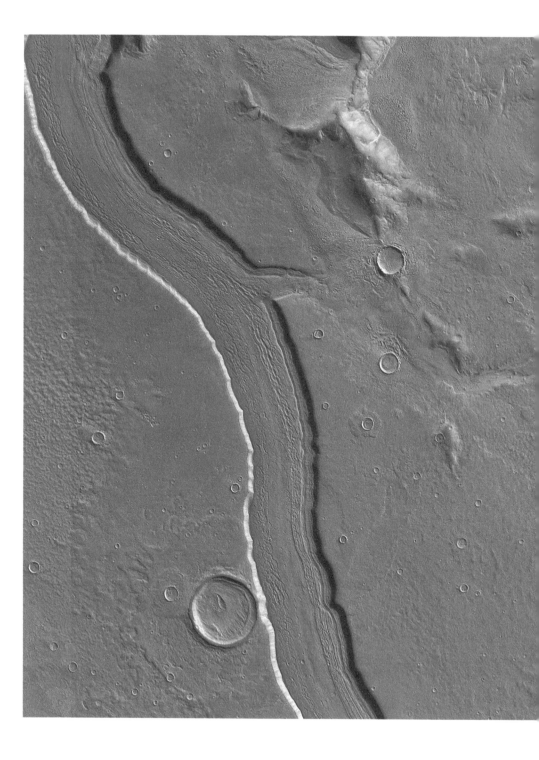

또 다른 세계의 윤곽

은하 내 모든 행성의 자연 조
건은 행성의 풍경 형성에 중
요한 역할을 함을 밝히려는
바람에서 줄곧 연구가 이루
어지고 있다. ESA 마스 익스
프레스 오비터가 2012년 5월
14일에 촬영한 이 사진에는
화성의 표면 굴곡과 강줄기
같은 흔적이 보인다. 아마도
오래전 어느 시기에 화성에
서 흘렀을 물길에 패여서 생
긴 자국인 듯하다.

질서정연한 패턴이 출현하는 현상)의 대표적인 두 사례다. 물론 자연에는 이보다 훨씬 더 복잡한 계들이 존재한다. 여러분이 그런 예다. 하지만 우리의 유아론적 여정의 초입에서 나온 질문으로 되돌아가서, 자연법칙이 마련되어 있을 때 여러분이 존재하게 된 이유는 여러분에게 그런 상황이 허용되었기 때문이다. 눈송이와 표범 가죽이 전부 제각각 저마다의 생성 이력 때문에 고유하듯이, 사람이라면 모두 이력이 서로 다를 수밖에 없기 때문에 여러분도 고유한 것이다. 하지만 우리는 바람 속에 흩날리는 특정한 눈송이 하나에 어떤 심오한 의미를 부여하지 않는데, 이는 여러분한테도 그대로 해당된다. 우리의 초점은 인간이나 지구 또는 심지어 우리은하의 출현을 설명하는 데서 벗어나 더욱 심오한 질문, 즉 전체적인 기본 틀의 기원으로 옮겨져야 한다. 시공간 그리고 이 시공간을 지배하고 그 속의 모든 구조를 허용한 법칙들을 다루어야 하는 것이다. 은하, 행성, 인간이 존재하려면 법칙들 자체의 어떤 속성들이 필수적일까? 어쨌거나 앞서 보았듯이 법칙들 자체는 수학적으로 아름답고 경제적이지만, 임의로 고른 듯한 수들이 한가득이다. 이 수들은 실험적 관찰로 발견될 뿐 꼭 그것이어야 할 아무런 이유나 맥락이 없어 보인다. 기본 힘들의 세기, 소립자들의 질량 그리고 우주의 암흑 에너지의 양과 같은 자연의 상수들이 그런 예다. 우리의 존재는 이런 근본적인 수에 얼마나 의존하고 있을까?

우주가 우리를 위해 만들어졌다고?

우주는 우리를 위해 만들어진 듯 보인다. 완벽한 별 주위를 도는 완벽한 행성에 우리가 살고 있으니 말이다. 하지만 그런 느낌이 들 뿐 사실은 정반대다. 지구가 안성

맞춤인 까닭은 우리가 지구의 조건에 딱 맞게 진화했기 때문이다. 그래도 우리가 자연법칙들을 깊이 들여다보고 우주에서 생명을 뒷받침하려면 자연법칙들이 어떤 속성을 지녀야 할지 물어보면, 흥미로운 점들이 한둘이 아니다. 가령 별의 존재를 예로 들어보자. 태양과 같은 별들은 그 중심부에서 수소를 태워 헬륨으로 변환시킨다. 이 과정에는 자연의 네 가지 힘들이 전부 관여한다. 우선 중력이 먼지와 가스 구름들을 뭉치게 만든다. 이 구름들이 뭉쳐지면서 점점 더 조밀하고 뜨거워지다가, 마침내 핵융합이 일어나기에 알맞은 조건이 마련된다. 핵융합은 양성자를 중성자로 변환시키면서 시작되는데, 바로 이때 약력이 작용한다. 한편 강력은 양성자와 중성자를 함께 묶어놓아 헬륨 원자핵을 만든다. 이 헬륨 원자핵이 존재할 수 있는 까닭도 양의 전하를 띤 양성자들 사이의 전자기력과 이들을 결합시키는 강력 사이의 미묘한 균형 때문이다. 수소 연료가 고갈되면 별은 또 다른 일련의 위험천만한 핵반응을 실행하는데, 그 덕분에 생명의 존재에 필수적인 탄소, 산소, 다른 무거운 원소들이 만들어진다. 기본 힘들의 세기, 즉 우리가 이 장의 앞에서 만났던 이러한 근본적인 자연의 상수들이 조금이라도 바뀌면 어떻게 될까?

자연에는 미세 조정처럼 보이는 사례들이 많다. 만약 양성자가 질량이 0.2퍼센트 더 커지면, 불안정해서 중성자로 붕괴한다. 그러면 원자가 존재하지 못하므로 우주의 생명은 분명 종말을 맞을 것이다. 양성자의 질량은 강력과 전자기력의 세부사항, 그 구성요소인 쿼크의 질량에 의해 궁극적으로 정해져 있는데, 이 쿼크의 질량 또한 표준 모형의 힉스장과 상호작용하는 유가와 결합상수에 의해 정해져 있다. 다른 값을 가질 여지가 전혀 없다.

하지만 미세 조정처럼 보이는 것들 중 최고봉은 우리의 친숙한 친구인, 우주를 완만하게 팽창시키는 원인인 암흑 에너지의 값이다. 암흑 에너지는 우주 에너지 분포의 68퍼센트를 차지하는데도, 공간의 어느 특정한 부피 속의 암흑 에너지의 양은 실제로 작다. 그것도 무진장 작다. 콕 집어 말하면, 세제곱미터당 10^{-27}킬로그램이다. 요점은, 세제곱미터당 이만큼의 양뿐이지만 우주 전체에 걸쳐 합쳐진다는 것이다! 암흑 에너지가 이렇게 작지만 영이 아닌 값을 갖는 이유를 밝히는 일은 우주론의 최대 난제 중 하나다. 그도 그럴 것이, 입자

암흑물질 검출기

LUX 암흑물질 검출기

물리학자가 양자장 이론으로 그 값을 계산해보면, 세제곱미터당 10^{97}킬로그램이라는 계산 결과가 나와버리고 말기 때문이다. 세제곱미터당 10^{-27}킬로그램보다 훨씬 큰 값이다. 실제로, 백만 배의 백만 배의 백만 배의 백만 배의 백만 배의 백만 배의 백만 배의 백만 배의 백만 배의 백만 배의 백만 배의 백만 배의 백만 배의 백만 배의 백만 배의 백만 배의 백만 배의 백만 배의 백만 배 이상 크다. 당연히 이 결

과는 입자물리학자한테 당혹스러운데, 하지만 미세 조정의 관점에서 보면 훨씬 더 나쁘다. 만약 암흑 에너지의 값이 이 어마어마한 이론적 수치가 아니라 지금 우리 우주의 고작 50퍼센트만 더 컸어도, 빅뱅 이후 10억 년 후쯤 은하들이 처음 형성되던 그 무렵에 우주는 온통 암흑 에너지로 꽉 차 있었을 것이다. 암흑 에너지는 우주의 팽창을 가속화시키고 물질, 암흑물질을 희박하게 만드는 역할을 하기에, 그런 우주에서는 중력이 전투에서 패배하여 은하도 별도 행성도 생명도 존재하지 않게 된다. 도대체 이런 믿을 수 없는 행운을 어떻게 설명할 수 있을까? 배당률이 너무나 높은 결과이니, 그저 요행이었을 리가 없다. 한 가지 가능성은, 암흑 에너지의 양이 영에 매우 가까우면서도 영은 아니게끔 보장해주는 어떤 미지의 물리법칙이나 대칭성이 존재한다는 것이다. 충분히 일리 있는 말이어서, 정말로 그렇게 믿는 물리학자들이 있다. 다른 가능성은 표준 모형의 선구자들 중 한 명인 스티븐 와인버그Steven Weinberg 가 제시했는데, 암흑 에너지의 값이 인간한테 맞게anthropically 선택되었다는 것이다. 인간을 끌어들인 이 주장은 언뜻 당연한 말인 듯하다. 인간이 존재하고 있으니, 우주의 속성은 인간이 존재하도록 되어 있을 수밖에 없으니까. 물론 맞는 말이긴 한데, 만약 암흑 에너지의 가능한 모든 값들과 다른 자연의 상수들의 가능한 모든 값들이 어딘가에서 실현되지 않는다면 물리학적으로 공허한 내용일 뿐이다. 예를 들어 설명해보자. 만약 우주 내에 무진장 방대한 다른 영역들 또는 무한히 많은 다른 우주들이 존재하고, 그 각각에는 나름대로 어떤 메커니즘에 의해 암흑 에너지의 양이 다르게 정해져 있다면, 인간을 위한 '특별한' 우주라는 인간 중심적 설명은 타당성을 지니게 될 테다. 그 경우 각각의 우주에는 나름의 암흑 에너지의 양이 정해져 있을 것이며, 당연히 우리는 우리의 존재를 허용해주는 값을 갖는 우주에서 출현하게 된 것이다.

그런데 무한히 많은 다른 우주를 끌어들여서 우리 존재를 설명한다는 것은 말이 안 되지 않을까? 백번 옳다. 그런 식의 설명은 틈새의 신* 전략에 불과하다. 하지만 만약 무한한 우주의 존재를 제시해주는 관찰 결과와 이론적 이해에 바탕을 둔 다른 이유가 있다면, 인간을 위한 우주라는 우리의 인간중심적 설명도 허용될 수 있을 것이다. 놀랍게도 (몹시 남용되는 이 단어가 이번만큼은 적합하다), 이 기이한 제안은 많은 우주론자들 사이에 널리 받아들여진 견해다.

어제가 없는 날?

> 불현듯 드는 생각이, 저렇게나 조그맣고 깜찍한 푸른 완두콩이 지구였다.
>
> 엄지를 들고서 한쪽 눈을 감았더니 우리 행성 지구가 엄지 안에 쏙 들어왔다.
>
> 전혀 크게 느껴지지 않았다. 아주아주 작아 보였다.
>
> – 닐 암스트롱

우리 우주를 가장 먼 거리 척도에서 본다면, 그러니까 단일 은하의 크기보다 훨씬 더 큰 거리 척도에서 본다면, 그 기원에 관한 궁금증을 불러일으키는 여러 속성들이 나타난다. 우리가 현재 알고 있는 초기 우주의 가장 정확한 모습은 플랑크 위성이 촬영한 우주배경복사CMB다.

이것은 빅뱅의 잔광으로서, 최초의 뜨겁고 고밀도 상태

*
God-of-the-gaps. 과학적으로 설명할 수 없는 현상을 신의 존재의 증거로 사용하는 논증

우주배경복사

유럽우주국의 플랑크 위성 이 촬영한 우주배경복사. 사 진은 천구 전체를 촬영한 것 을 이차원에 담았기에, 계란 형으로 보인다. 지구의 곡면 을 평평한 종이 위에 이차원 지도로 표현한 것과 마찬가 지다. 색깔들은 빅뱅 후 38만 년이 지난 우주의 아주 미세 한 밀도 변화에 해당한다.

로부터 38만 년이 지난 후다. 팽창으로 인해 우주가 식어서 원자들이 생성되기에 충분할 정도로 온도가 내려갔을 때 였다. CMB의 명약관화한 특징은 매우 균일하게 절대온도 2.72548K에서 희미하게 빛나고 있으며, 온도 분포 변화는 10만 분의 1 수준으로 아주 미미하다. 이 지극히 작은 온도 차이는 사진에 색깔로 나타나 있다. 이러한 균일성은 한 가 지 단순한 이유에서 표준 빅뱅 모형으로는 설명하기가 매 우 어렵다. 관찰 가능한 우리 우주는 현재 폭이 900억 광년 이다. 그러니까 만약 지구 정반대편 두 곳에서 각각 CMB 를 본다면, 900억 광년 떨어진 태곳적 하늘의 희미하게 빛 나는 두 부분을 보는 셈이다. 하지만 우주는 고작 138억 살 이므로, 가장 빠른 속력의 빛조차 활동을 시작한 지 138억 년밖에 되지 않았다. 그러므로 CMB의 '정반대편의' 두 부 분은 표준 빅뱅 모형에 의할 때 서로 접촉했을 리가 없기 에, 둘 다 온도가 **거의** 똑같을 하등의 이유가 없다. 내가 앞 문장에서 '거의'를 굵게 표시한 까닭은 이전에 언급했듯이 CMB에는 10만 분의 1 수준의 미세한 온도 변이가 존재하 기 때문이다. 그런데 이 변이가 매우 중요하다. 우주는 모든 곳이 완벽하게 매끄럽고 균일하진 않았는데, 이런 밀도 차 이가 CMB에 온도 차이로 나타나게 된 것이다. 약간 밀도 가 높은 영역들이 궁극적으로 은하 형성의 씨앗으로 작용 하였기에, 그런 영역들이 없었다면 우리도 지금 존재하지 않을 것이다. 완전히 매끄러웠을 수도 있는 초기 우주에 그

우리는 왜 여기 있는가?

러한 미세한 변이는 왜 일어났을까?

    설명하기 어려운 우주의 또 다른 근본적인 속성은 우주의 곡률 또는 곡률의 부재인데, 이 또한 CMB에서 측정할 수 있다. 우주 공간은 절대적으로 평평해 보인다. 매끈한 아이스링크 같다. 하지만 1장에서도 논의했듯이, 공간의 형태는 아인슈타인의 방정식을 통해 우주 내의 물질과 에너지의 밀도, 분포와 관련되어 있다. 표준 빅뱅 이론에서 우주는 평평하지 않아도 된다. 사실, 138억 년 동안의 우주적 진화 기간 동안 우주를 평평하게 유지하는 데는 엄청난 미세 조정이 필요하다. 그런데 곡률 반지름은 측정해보니 관찰 가능한 우주의 반지름보다 훨씬 크게 나왔다. 무려 육십 배 이상 컸다. 이게 큰 문젯거리다!*

    1980년대 초에, 이러한 문제들과 다른 몇몇 우주의 속성들을 설명하기 위해 일군의 러시아와 미국 과학자들은 급진적 아이디어를 하나 내놓았다. 앨런 구스Alan Harvey Guth, 1947~, 안드레이 린데Andrei Dmitriyevich Linde, 1948~, 알렉세이 스타로빈스키Alexei Starobinsky, 1948~ 등이 내놓은 급팽창 이론Theory of Inflation이 그것이다. 아래에서 우리는 안드레이 린데가 처음 기술한, 스칼라장에 의해 촉발된 급팽창 이론의 한 버전을 논의하겠다.

    시공간은 빅뱅 이전에도 존재했으며, 그 시간의 적어도 일부에 대해서는 아인슈타인의 일반상대성 이론과 표준 모형의 양자장 이론에 의해 기술이 되었다. 양자장 이론의 핵

*
곡률 반지름의 역수가 곡률이다. 곡률 반지름이 크다는 것은 그만큼 곡률이 작다는, 따라서 우주가 평평하다는 의미다. 저자는 우주가 (굳이 그러지 않아도 되는데) 매우 평평하다는 사실을 언급하고 있다.

심 개념은 일어날 수 있는 일이라면 일어난다는 것이다. 자연법칙에 의해 명시적으로 배제된 것이 아닌 한, 뭐든 시간만 충분히 주어지면 일어나기 마련이다. 양자장 이론에서 존재하도록 허용된 일 가운데 한 유형으로서 스칼라장scalar field이 있다. 이 장의 앞 부분에서 우리는 스칼라장의 한 예로서 힉스장을 만난 적이 있다. 힉스장의 존재를 우리가 알게 된 것은 대형강입자가속기에서 그것을 측정했기 때문이다. 스칼라장은 우주를 기하급수적으로 빠르게 팽창시키게 만드는 속성을 지니고 있다. 우리는 1장에서 메커니즘(1917년에 발표된 아인슈타인의 장 방정식에 대한 드 시터르의 비물질 해)을 명시적으로 밝히지 않고서 그러한 시나리오를 살펴보았다. 그러므로 일반상대성 이론과 양자장 이론으로 볼 때, 스칼라장은 시공간의 기하급수적 팽창이 일어나는 방식으로 존재한다. 이 경우 시공간은 빛의 속력보다 더 빠르게 팽창한다. 상대성 이론에 비추어 볼 때 문제가 있는 말인 듯한데, 그렇지 않다. 시공간 속을 움직이는 입자들에게는 보편적인 속력 제한이 존재하지만, 그것은 시공간 자체의 팽창에는 해당되지 않는다. 아주 짧은 시간(사실은 10^{-35}초쯤)에 이런 유형의 기하급수적 팽창은 플랑크 길이 정도로 작은 시공간의 한 조각을 엄청난 크기(관찰 가능한 우주의 수조 배 크기)로 부풀릴 수 있다. 그러면 기존의 곡률은 완전히 사라지고 평평한 우주가 펼쳐지게 된다. 이는 반지름이 1광년 거리인 풍선 표면의 1제곱센티미터 구간을 보는 것과 마찬가지다. 눈을 씻고 살펴도 곡률은 어디에도 없다.

마찬가지로 밀도의 변이도 사라져버려서 CMB의 매끄럽고 균일한 모습이 나오는 것이다. 하지만 아마도 이러한 팽창 모형의 가장 위대한 면모는 이 모형이 완전히 균일하고 균질적이며 등방적인 우주를 예측하지 않는다는 것이다. 양자론은 절대적 균일성을 허용하지 않는다. 진공이라고 해도 완전히 비어 있지는 않으며 모든 가능한 양자장들이 보글보글 끓고 있는 죽과 비슷한 상태다. 폭풍우가 이는 바다의 해수면처럼, 장 속의 파동들은 끊임없이 출렁이지만, 기하급수적 팽창이 이런 요동을 말끔하게 펴는 것이다. 놀랍게도, 양자론의 알려진 법칙들을 이용해 계산해보니, 그런 메커니즘에서 비롯된 유형의 밀도 변동이 CMB에서 보이는 형태와 정확히 일치했다. 은하 생성, 따라서 우리 존재의 씨앗인 그러한 양자 요동이 우주의 가장 오래된 빛 속에서 숨어 있다가 138억 년 후 지구의 사람들이 만든 위성에 의해 포착된 것이다.

따라서 급팽창은 우리 우주의 관찰 가능한 속성들을 설명해주며, 특히 높은 정밀도로 측정된 CMB의 자세한 내용을 전부 설명해준다. 그런 까닭에 급팽창 이론은 현재 많은 우주론자들이 우주론의 핵심 요소로 널리 인정하고 있다. 이걸로도 모자라, 급팽창 이론에는 여러분을 흥분시킬 내용이 훨씬 더 많다.

당연히 떠오르는 질문 하나는 이것이다. 급팽창이 계속된다면 어떻게 멈추는가? 답인즉, 급팽창은 완벽히 자연스레 멈추긴 하지만 '우리가 왜 여기 있는가?'라는 우리의 질문의 핵심을 찌르는 엄청난 반전을 품고 있다는 것이다. 급팽창을 일으키는 스칼라장은 양자론의 법칙들에 따라 마치 해수면의 파도처럼 요동친다. 만약 장 속에 저장된 에너지가 충분히 많으면 급팽창은 시작된다. 어찌 보면, 그런 급속한 확장이 에너지 밀도를 급격하게 약화시켜 급팽창이 멈출 듯하다. 하지만 스칼라장은 공간이 확장되는데도 에너지 밀도가 비교적 일정하게 유지되는 흥미로운 속성이 있다. 확장되는 공간이 장에 작용하여 에너지를 공급해주어

팽창 실감하기

저빙이라는 레포츠는 팽창 이론을 실감나게 해준다. 우주의 급팽창은 아주 큰 공을 비탈에 굴릴 때와 비슷한 작용을 한다.

서 에너지 밀도를 높게 유지한다고 볼 수 있다. 그리고 한편으로는 높은 수준의 장 에너지가 우주의 확장을 지속시킨다. 이는 궁극적인 공짜 점심과 비슷한데, 거의 그렇다고 할 수 있다. 하지만 점점 에너지는 옅어지고 낮아진다. 이렇게 되는 데 걸리는 시간은 장의 초기 변동의 크기, 장 자체의 세부사항에 따라 달라진다. 하지만 일반적으로 초기 에너지가 높을수록 확장이 계속되면서 장의 에너지가 줄어드는 시간

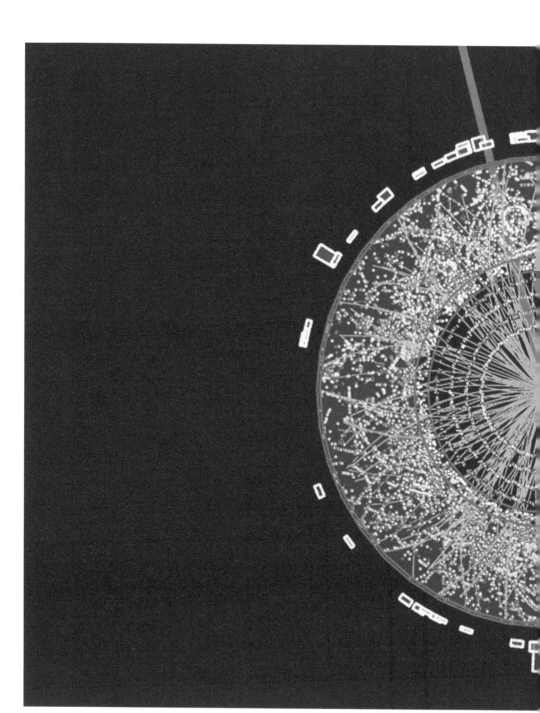

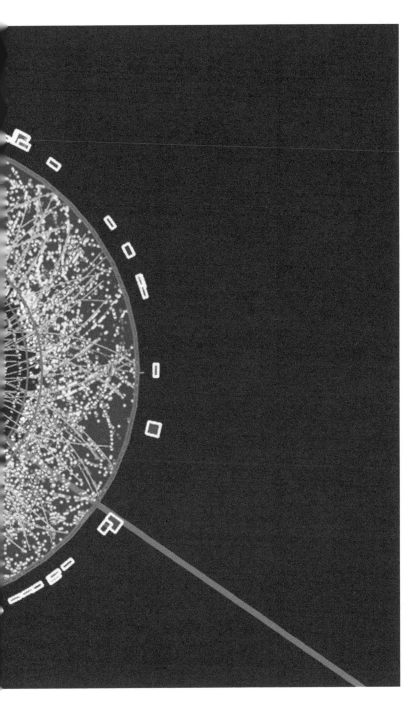

충돌하는 입자들

이 그래픽 영상은 CERN의 과학자들이 힉스 보손을 발견하려는 과정에서 발생시킨 수많은 입자 충돌 사건 중 하나다.

이 더 오래 걸린다. 이런 시나리오를 시각화하는 데 종종 이용되는 비유가 계곡에 큰 공을 굴리는 것이다. 계곡의 높이는 스칼라장의 에너지 밀도를 나타낸다. 공이 높은 계곡에 있으면 장의 에너지가 높아 급팽창을 일으킨다. 공이 계곡 아래쪽으로 천천히 구르면서 에너지가 줄고 급팽창은 끝난다. 계곡 바닥에서 공은 앞뒤로 오가다가 결국 멈춘다. 마찬가지로 스칼라장도 진동하면서 자신의 에너지를 우주에 입자의 형태로 전달한다. 그러면서 스칼라장은 고밀도의 뜨거운 죽을 생성하는데, 이것을 우리는 '빅뱅'으로 확인하는 것이다. 달리 말해서, 급팽창은 자연스럽게 끝나고 이후로 표준적인 빅뱅이 뒤따른다. 급팽창을 야기한 스칼

급팽창의 증거

2014년의 바이셉2 프로젝트의 결과다. 우주배경복사에서 탐지된 패턴을 보여주는데, 이는 빅뱅 연구에서 급팽창 이론을 뒷받침하는 결정적인 증거다.

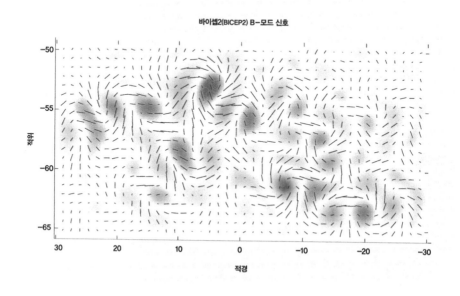

바이셉2(BICEP2) B-모드 신호

적위

적경

330

라장의 감퇴가 빅뱅의 원인인 것이다!

여기서 잠시 숨을 고르고 개략적으로 상황을 정리해보자. 우리는 물리학이 도달하기에는 너무나 아찔한 라이프니츠의 영역을 서성이고 있는 듯하기 때문이다. 요지는 이렇다. 우주가 일정 기간 동안 기하급수적으로 빠르게 팽창하게 만드는 한 양자장이 존재하며, 그 과정에서 은하들, 그 원료가 된 물질들의 존재를 포함하여 우리가 오늘날 관찰하는 우주의 모든 특징들이 전부 생겨난다. 이것은 엄청난

우리는 왜 여기 있는가?

성취이며, 이제는 우주론 교과서에 당당히 적혀 있다. 빅뱅 이전에 급팽창이 있었다. 여기서 철학자인 분들은 이렇게 나올 것이다. 그렇다고 치고, 급팽창 이전에는 무슨 일이 있었는가? 이제부터 우리는 교과서를 물리고 조금 사색에 잠겨야 하는데, 하지만 너무 깊이 잠기지는 않겠다. 우리는 여전히 주류 물리학의 영역 내에서 활동할 것이다.

지금까지 논의한 표준적인 급팽창 이론의 확장 버전이 하나 있다. 바로 영원한 급팽창 이론이다. 간단히 말하자면, 급팽창이 모든 곳에서 동시에 멈추어야 할 하등의 이유가 없다는 주장이다. 스칼라장이 매우 심하게 요동쳐서 기하급수적 팽창이 지속되는 곳이 우주의 어딘가에는 늘 있기 마련이며, 이런 영역은 아무리 드물지라도 기하급수적으로 확장되기 때문에 우주를 계속 지배하게 된다는 것이다. 이 이론에서는 급팽창이 멈추면, 우리 우주와 같이 좀 더 차분하게 확장하는 지역들이 생겨나게 된다. 하지만 다른 곳에서는 점점 더 기하급수적으로 팽창하는 어떤 우주가 존재하는데, 이 우주가 무한한 빅뱅들을 꾸준히 산란한다. 따라서 이 영원한 급팽창 이론은 프랙탈처럼 끝없이 자라는 무한한 불멸의 다중우주로 귀결된다. 정말 어안이 벙벙한 내용이긴 하지만, 표준적인 급팽창 우주론을 확장시키면 당연히 나올 수 있는 주장이다.

영원한 급팽창은 훨씬 더 흥미진진한 여러 가능성을 열어젖힌다. 위에서 논의했듯이, 오늘날 물리학의 난제 중 하나는 중력상수, 소립자의 질량, 암흑 에너지의 값과 같은 자연의 상수들의 기원이다. 이런 값들은 생명의 존재에 맞게끔 미세하게 조정되어 있는 것처럼 보이는데, 우리 존재를 이해하려면 이 값들이 어디서 비롯되었는지 이해하는 일이 필수적이다. 영원한 급팽창 모형에서 미니 우주들은 저마다 자연 상수들의 값과 유효한 물리법칙들이 다를 수 있다. 여기서 '유효한'이라는 단어가 중요하다. 기본 개념은 어떤 포괄적인 기본 틀이 존재하는데, 거기서 우리의 물리법칙들과 자연 상수들이 무작위로 선택된다는 것이다. 만약 그렇다면, 영원히 급팽창하는 프랙탈 다중우주에서 분기하는 무한한 개수의 미니 우주 각각은 서로 다른 유효 물리법칙을 가질 수 있으며 모든 가능한 조합들이 어디에선가는 실현될 것이다. 우리의 물리법칙이 생명을 존재시키기 알맞게 대단히 미세하게 조정된 것이라 하더라도, 가능한 조합들이 무한하게 많기에 필연적으로 우리 우주와 비슷한 다른 미니 우주도 필연적으로 존재할 것이다. 그러니 더 이상 미세 조정은 문젯거리가 아니다. 다중우주론에 따르면 우리의 존재는 필연적이다. 이번 장의 서두에서 조이 디비전을 거론하며 여러분 자신의 고유성을 부정한 것과 일맥상통한다. 정말이지 따로 떼어놓고만 보면 여러분이 존재할 확률은 거의 없다고 할 만큼 낮다. 그러나 인류를 낳는 메커니즘이 갖추어지면, 아기들은 늘 태어나기에 그들의 존재는 놀랄 일이 못 된다. 이제 우리는 우주들을 낳는 메커니즘을 알게 되었다. 게다가 통계적으로 볼 때 이 메커니즘은 단지 수십억 개의 우주가 아니라 사실상 무한개의 우주를 낳는다.

놀랍기 그지없는 이 이론 모형은, 내가 보기에도 무모한 추측 같다. 하지만 그렇지가 않다. 빅뱅 이전에 시공간의 기하급수적 확장이 있었다는 의미에서 급팽창은 어쨌든 참이라고 볼 수 있다. 존재한다고 알려진 스칼라장은 그런 확장을 일으키기에 마땅한 성질을 갖고 있다. 한편 다른 급팽창 모형들도 존재하는데, 급팽창 모형을 연구하는 이론물리학자들이 알아낸 바로는 그런 모형들 중 거의 전부가 영원하다. 급팽창을 멈추긴 하지만, 모든 곳에서 동시에가 아니라 일부 구간에서만 그렇다는 의미에서 영원하다는 말이다. 그러니까 급팽창의 형태로서 우주들을 창조하는 잠재력은 언제나 축소되는 정도보다 더 빠르게 확장되기에, 결코 멈추지 않는다. 우리는 하나의 무한하고 영원한 프랙탈 다중우주에 사는 셈이며, 이 다중우주는 우리 우주와 같은 우주들이 무한히 모여서 이루어진다. 그리고 무한히 많은 각각의 우주마다 물리법칙들도 서로 다르다. 따라서 우리는 필연적으로 존재할 수밖에 없다. 거의 그렇다고 할 수 있다.

이런 시나리오에는 한 가지 중요한 단서가 있다. 최근의 연구가 암시하는 바에 의하면, 영원한 급팽창 모형은 미래에는 영원할지 모르나 과거에는 그렇지 않다. 결코 멈추지 않지만, 시작은 있었을지 모른다. 이 궁극적인 질문에 내가 확답을 제시할 수는 없다. 아직은 아무도 모르기 때문이다. 2014년 3월에 안드레이 린데는 급팽창 우주론에 관해 다음과 같이 언급했다.

"달리 말해서, 우주의 각 부분에 시작이 있었으며 임의의 특정 지점에 급팽창의 끝이 있을 것이다. 하지만 영원한 급팽창 시나리오에서 **전체적으로는** 우주의 진화에 끝이 없을 것이며, 통상 빅뱅과 결부되는 어느 시점 t =0에 우주 전체의 진화가 딱 한 차례 시작되었는지 어떤지 현재 우리는 알지 못한다."

이제 우리는 종착지에 다다랐다. 빅뱅을 관찰 가능한 우리 우주의 최초의 뜨거운 고밀도 상태로서 38만 년 후에 우주배경복사를 발생시킨 사건이라고 정의할 때, 우리는 그 전에 무슨 일이 벌어졌는지 안다. 급격한 팽창의 시기가 있었는데, 이는 알려진 물리법칙들을 따르는 한 스칼라장에 의해 일어났을 수 있다. 그 급팽창은 아마도 어딘가에서 지금도 진행되면서 무수히 많은 우주들을 낳고 있을 것이며, 이 과정은 영원히 지속될 것이다. 우리는 영원한 우주 속에 살며, 여기서는 일어날 수 있는 것이면 뭐든 일어나기 마련

다중우주

우리는 물리법칙이 서로 다른 무한한 개수의 우주들로 이루어진 무한하고 영원한 프랙탈 다중우주에 살고 있다. 우리의 존재가 필연적이라면 우리가 존재한다는 것은 무슨 의미일까? 우리 우주의 존재가 필연적이라면, 그게 무슨 의미일까? 아마도 우리는 이렇게 질문만 할 수 있을 것이다. 그게 우리에게 도대체 무슨 의미인가?

급팽창

Andrei Linde, 'Inflationary Cosmology after Planck 2013', arXiv:1402.0526v2 [hep-th].

이다. 과연 우주 전체는 라이프니츠의 신의 관점에서 볼 때 시작, 즉 필수적인 외부적 원인이 있었을까? 우리는 모른다. 아마도 '모든 빅뱅의 어머니'가 있었을 것이며, 만약 그렇다면 우리는 지금 우리가 알고 있는 것 이상을 설명해줄, 중력에 관한 양자론이 분명 필요할 것이다.

이게 무슨 뜻일까? 나로서는 다행이게도 아무도 모른다. 영원한 급팽창의 철학적이고 또한 진정으로 신학적인 결과들이 널리 논의되고 다루어지지 않았기 때문이다. 텔레비전의 연속 다큐멘터리와 지금 이 책에서 어쩔 수 없이 짧고 피상적으로 이 사안을 다룰 수밖에 없었지만, 나는 이러한 아이디어들이 더 많은 사람들에게 알려져서 논의가 촉진될 수 있기를 바란다. 이는 꼭 필요하며 바람직하다. 아이디어는 문명의 젖줄이며 사회는 아이디어를 동화하고 이해와 토론을 통해 그 의미에 친숙해지기 때문이다. 만약 영원한 급팽창이 우리 우주를 옳게 기술하는 이론이라면, 물리학자들뿐 아니라 예술가들, 철학자들, 신학자들, 소설가들, 음악가들도 그 의미를 탐구하게 될 것이다. 만약 우리 우주의 존재가 필연적이라면, 그건 무슨 뜻일까? 우리가 어쨌든 특별하지 않다면, 그건 무슨 뜻일까? 우리의 관찰 가능한 우주가, 엄청나게 많은 은하와 가능성을 갖고 있음에도, 결국에는 영원히 급팽창하는 프랙탈 다중우주 나무의 지극히 작은 한 이파리라면, 그게 무슨 뜻일까? 여러분은 존재할 수밖에 없기 때문에 존재한다면, 그게 무슨 뜻일까? 답은 나도 모른다. 그게 여러분에게 무슨 의미인가라고 물어볼 수만 있다.

우리처럼 작은 존재는 오직 사랑으로서만 광대함을 견뎌낼 수 있다.

– 칼 세이건

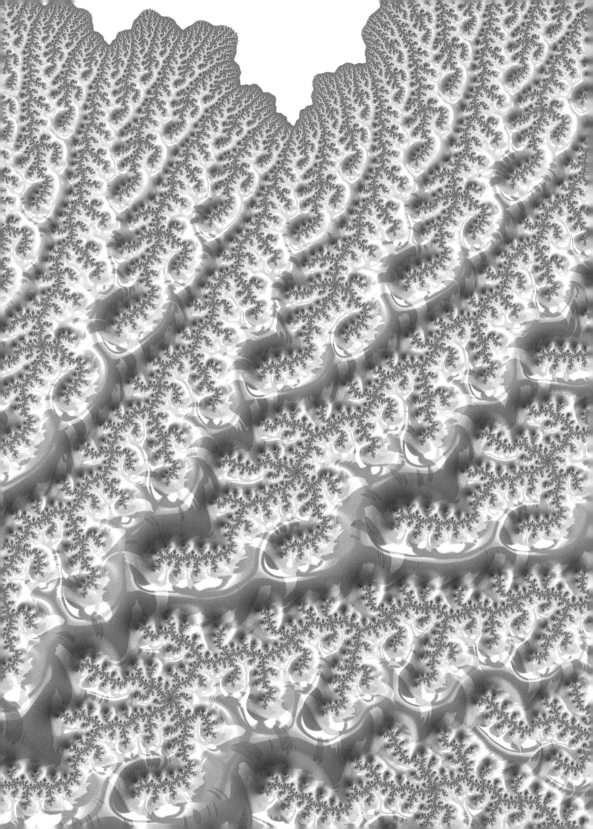

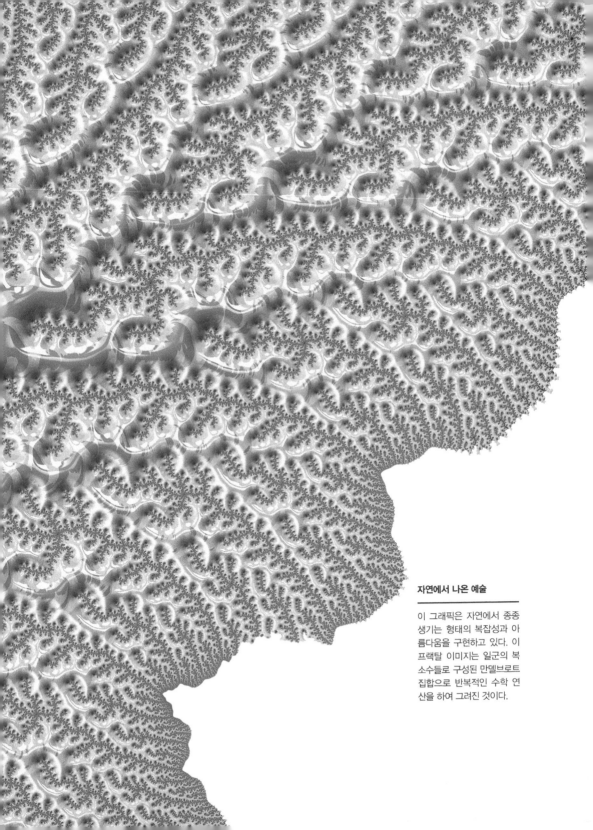

자연에서 나온 예술

이 그래픽은 자연에서 종종 생기는 형태의 복잡성과 아름다움을 구현하고 있다. 이 프랙탈 이미지는 일군의 복소수들로 구성된 만델브로트 집합으로 반복적인 수학 연산을 하여 그려진 것이다.

우리의 미래는
어떻게 되는가?

네가 어른이 되려면
얼마나 오래 기다려야 할지
하지만 우리 둘 다 인내심이 필요해
먼 길을 가야 하니까
헤쳐가기엔 험난한 길이지만
그래도 가야 할 길이지
하지만 그전에
네가 횡단보도를 건너야 할 때는
내 손을 잡으렴
이런저런 계획을 세우는 동안에도
너는 살아가야 하니까
- 존 레논

어둠을 보이게 만들기

빛이 없는 저 불꽃에서 오히려 어둠이 보이나니.

  – 존 밀턴,《실낙원》1권, 63.

그들은 무슨 까닭에선지 어둠 속으로 내려갔다. 마른 풀로
만든 횃불이 습한 공기에서 산소를 빨아들여 동굴 속을 매
캐한 연기로 가득 채웠을 것이다. 그들은 조심조심, 아마도
조마조마해하면서 움직였을 것이다. 불그레한 불빛의 구에
감싸인 채로, 나로선 경험해보지 못한 적막한 어둠 속으로
한 발 한 발. 한 여자아이가 바위에 손을 짚더니, 그 주위에
빨간 염료를 밀짚 빨대로 훅 불었다. 아이는 "내 손이야"라
고 말하며 싱긋 웃었다. 동무들도 조심조심 염료를 가져와
손자국 옆에다 점들을 콕콕 찍었다. 창의적인 아이들이 꼼

옛 사람의 자취

이 조그만 두 손자국은 스페
인 북서부의 알타미라 동굴
에 살던 고대인들의 생활방
식을 감질나게 엿보여준다.

우라늄 계열 연대 측정

세 가지 우라늄 붕괴 계열 내의 상이한 핵종(원자핵의 조성. 즉 양성자, 중성자 수에 의해 결정되는 원자 또는 원자핵의 종류—옮긴이)들의 연대 측정 범위. 각 핵종마다 쓰임이 다르다.

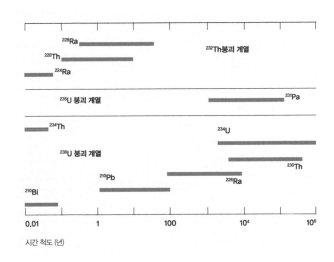

*
탄산칼슘으로 이뤄진 흰색 또는 투명한 광물질

꼼하기까지! 빛이 들어오는 동굴 입구로 나오면서 아이는 생각했다. '언젠가 다시 올 때가 있겠지.'

4만 800년이 지나서, 나는 여자아이의 손 옆에 내 손을 놓았다. 후기구석기 시대 전문가에 따르면 손자국은 틀림없이 아이들 것이었고, 게다가 십중팔구 여자아이 것이라고 했으니까. 스페인 북부의 엘 카스티요에는 세계에서 가장 오래된 동굴 벽화가 있다. 염료로는 시기 측정을 할 수가 없어서, 정확히 얼마나 오래되었는지는 모른다. 벽화는 방해석*으로 덮여 있다. 이 방해석이 손자국과 점들 위에 떨어져 결정으로 굳으면서 그 아래에 기록된 역사를 고스란히 간직해온 것이다. 방해석에는 우라늄-234 원자들이 들어 있는데, 이 원자들은 24만 5000년의 반감기로 토륨-230으로 변한다. 이 토륨-230은 다시 7만 5000년의 반감기에 따라 붕괴해나간다. 토륨은 물에 녹지 않기에, 석회암이 생성될 때 토륨은 전혀 들어 있지 않다. 우라늄 동위원소 234와 238 그리고 토륨 230의 농도를 측정하면, 방해석의 정확한 생성 시기를 알 수 있다. 이것이 벽화의 작성 시기에 대한 최소한의 단서를 알려준다. 벽화는 당연히 그 방해석으로 덮이기 전에 창작되었기 때문이다. 붉은 점들을 덮고 있는 석회암은 4만 800년 전에 생성되었다. 가장 오래된 손자국은 3만 7300년 전에 방해석으로 덮였다.

이 시기가 중요한데, 4만 1000년 전에는 유럽에 현생인류가 존재했다는 증거가 없기 때문이다. 호모 사피엔스는 엘 카스티요의 캄캄한 동굴 속 벽화의 시기가 조금 지나서 출현했기에, 일부 인류학자들은 그 벽화가 인간의 작품이 아니라고 본다. 어쩌면 우리의 가까운 친척인 네안데르탈인들이 만든 것인지 모른다. 그들이 당시 유럽을 지배하고 있었으니까. 이 가능성이 나는 무척 흥미롭고도 감동적이다. 흥미로운 까닭은 벽화의 창작자들이 '인간의 고유성'이라고 볼 수 있는 온갖 특징을 고스란히 지녔기 때문이다. 깊은 동굴 속으로 들어가는 것은 분명 세계에 대한 정교한 반응이다. 이것은 단지 장식이 아니다. 이러한 동굴 그림이 이 '사람들'이 살던 동굴 입구 근처에 그려지지 않은 것을 보면 알 수 있다. 이 작품에는 어둠이 반드시 동반되어야 한다. 엘 카스티요의 가장 아름다운 작품으로는 들소를 꼽을 수 있다. 이 작품은 들소의 흰 등을 강조하기 위해 돌 기둥에 돋을새김하고서 염료로 음영 처리를 했다. 횃불에 비쳐보면 동굴 벽에 동물의 은은한 그림자가 비친다. 빛과 어둠의 상호작용은 역사 이전, 어쩌면 현생인류 출현 이전에 그곳에서 행해진 의식에 중요했을 것이다. 동굴은 상상력과 호기심 그리고 두려움과 공명하고 있다. 동굴은 하나의 경계, 즉 생존과 생활 사이의 경계를 표현한다. 만약 그곳이 현생인류의 장소라면 인간성을 향한 최초의 문턱의 기록일 것이다. 하지만 만약 네안데르탈인의 거처였다면 종말의 기록, 좌절된 상승의 기록일 것이다. '언젠가 다시 올 때가 있겠지.' 내 상상 속의 여자아이는 그렇게 생각했다. 그리 오래지 않아 여자아이가 속한 종은 새로 등장한 친척 종과의 경쟁에서 패하여 멸종했다. 아마도. 벽화에는 정말로 인간적인 특징이 담겨 있기에, 그려진 시기는 호모 사피엔스가 유럽으로 이주했던 무렵과 일치한다고 볼 수 있다. 일부 인류학자들은 그 벽화는 토박이 네안데르탈인 집단에 대한 반응이었을지 모른다고 여긴다. 신생 인류 집단의 결속감과 문화적 우월감을 드러내는 일종의 선사시대적 문화충격의 한 장면이라는 것이다. 세상은 그때나 지금이나 다를 게 없다. 만약 그게 사실이라면, 네안데르탈인은 얼떨결에 우리의 진보에 톡톡히 한몫을 했다. 하지만 역할은 서로 바뀌어 있었을지도 모른다. 어쩌면 우리 조상들이 지중해를 넘었을 때, 활기차고 정교한 신생 문화를 목격했을지 모른다. 어둠 속을 기꺼이 탐험하던 우리와 먼 친척뻘인 종에 우리가 동화된 것인지 모른다. 아마도 우리의 지적 향상은 그들에 대한 반응이 한몫했을 것이다. 지적인 우월감이 생존을 보장하지는 않는다. 번영하던 고대 문명의 몰락의 역사가 이를 증명해준다.

그럴 가능성은 우리 현대인들의 무의식 속에도 잠복해 있는 어떤 진리를 일깨워준다. 무엇이든 언젠가는 끝날 수 있다는 진리가 그것이다. 종은 멸종하기 마련인데, 깃털이 있는 동물이나 감정이 없는 동물에만 국한된 이야기가 아니다. 멸종한 네안데르탈인들도 미래를 완전히 잃어버리기 전까지는 미래를 상상했을지 모른다. 그런 맥락에서 엘 카스티요의 붉은 손자국은 묵직한 메시지를 던져준다. 여러분도 직접 가보시길. 여자아이한테 손을 뻗어보고 아이들의 낄낄대는 웃음소리를 들어보고 그 모습을 떠올려보라. 희망의 시작을 상상해보고 정적의 소리를 들어보라.

적어도 4만 800년이 지난 지금 우리는 핵물리학 지식을 이용해서 시간을 거슬러 그 여자아이의 이야기를 재구성해낼 수 있다. 과학은 일종의 타임머신인데, 그것도 양방향 타임머신이다. 우리는 미래를 예측할 수 있으며, 그 정확성도 점점 높아지고 있다. 이런 예측에 따라 반응하는 능력이 결국 우리의 운명을 좌우할 것이다. 과학과 이성은 어둠을 보이게 만들었다. 내가 우려하는 바는 과학에 대한 투자 부족과 이성 경시 풍조로 인해 우리가 더 이상 앞을 내다보지 못하거나 현실에 대한 우리의 반응이 더뎌져서 시의적절한 대응이 불가능해지는 일이다. 그렇다고 간단한 해결책이 있는 것은 아니다. 우리 문명은 복잡하기 그지없어서, 적절한 전 지구적 정치 체계가 마련되어 있지 않고 각국마다 견해 차이가 심각하다. 장담하건대 여러분은 어떤 사안에 대해 자기 생각은 절대적으로 옳은 반면에 대다수의 다른 사람들은 바보라고 여길 것이다. 기후 변화? 유럽? 신? 미국? 군주제도? 동성결혼? 낙태? 대기업? 민족주의? 국제연합(UN)? 구제금융? 세율? 유전자변형음식? 육식? 축구? 〈슈퍼스타 K〉냐 〈댄싱 9〉이냐? 여기서 앞으로 나아갈 방법은 이렇다. 즉 의견은 다양할 수 있지만 인간 문명은 하나뿐이며 자연도 하나뿐이며 과학도 하나뿐임을 이해하고 받아들이는 것이다. 인류 문명은 딱 하나뿐임을 절실하게 자각해야지만 우리들 각자의 편견을 극복할 수 있다. 적어도 우리는 4만 800년이라는 장구한 세월을 보내고서야 그런 명백한 진리에 도달했으며, 이것이야말로 우리에게 꼭 필요한 첫 번째 단계다.

'깨어나 보니 우리 앞에 버스가 있었지만
우리는 운전하는 법을 몰랐다.'

갑작스러운 충돌

2013년 2월 15일 오전 9시 13분에 1만 2,000톤의 소행성이 음속의 육십 배 빠르기로 지구의 상층 대기권에 진입했다. 태양 방향에서 날아왔기에 소행성이 접근하는 광경을 결코 목격할 수가 없었다. 그 바위 덩어리는 18마일 고도에서 쪼개지면서, 러시아의 첼랴빈스크 마을 상공에 히로시마 원자폭탄의 스무 배 이상의 에너지를 방출했다. 수천 채의 건물이 충격파로 손상을 입었고 1,500명이 다쳤는데, 주로 깨진 유리창 파편에 맞아서 부상을 당했다. 폭발로 인한 음파는 지구를 두 바퀴나 돌아, 북극에 있는 핵실험 감시 기지에서도 감지될 정도였다. 러시아 의회 외교 위원회 회장 알렉세이 푸시코프는 이런 트윗을 올렸다. "지구에서 서로 싸우는 대신에 인류는 소행성 공동 방어 체제를 구축해야 한다." 순진한 이상론일까? 과민반응일까? 할리우드의 단골 소재일 뿐일까? 결코 그렇지 않다. 16시간 후에 367943 두엔데라는 4만 톤의 소행성이 1만 7,000마일 고도 상공을 휙 지나갔다. 지구의 숱한 인공위성들의 궤도 내 영역이었는데 다행히 전부 무사하긴 했다. 이 소행성에는 이름이 붙어 있는 까닭은 2012년 스페인의 천문학자들이 발견했기 때문이다. 두엔데가 2069년 전까지 지구를 강타할 확률은 3,000분의 1이라고 한다. 진짜로 강타한다면 도시 하나를 날려버릴 수 있다는데, 그 정도면 아주 나쁜 사태는 아니다.

첼랴빈스크 사건 이전에, 마지막으로 기록된 대형 충돌은 1908년 시베리아의 퉁구스카 사건이었다. 공중폭발로 생긴 충격파가 800제곱마일의 숲을 초토화시켰는데, 이때 방출된 에너지는 1954년 비키니 환초Bikini Atoll에서 실시된 미국의 가장 강력한 수소폭탄 실험의 에너지와 맞먹었다. 이 정도 규모의 사건은 평균적으로 300년에 한 번꼴로 생긴다고 알려져 있는데, 인구 조밀 지역을 거뜬히 쑥대밭으로 만들 정도의 파괴력이다. 대중적으로 가장 유명한 충돌은 멕시코 유카탄 반도의 칙술루브 사건이다. 6603만 8000±1만 1000년 전에 일어난 이 사건으로 공룡이 멸종했다. 가급적이면 정확한 연대를 아는 것이 중요하다. 칼 세이건이 일갈(어쩌면 한탄)했듯이, 공룡들도 우주 프로그램이 있었다면 지금도 지구를 어슬렁거리고 있을 것이다. 그랬다면 우리는 존재하지 않겠지만. 칙술루브 소행성은 아마도 지름이 약 10킬로미터였던 것 같

추락 장면 포착

이 영상은 운석이 오전 9시 20분에 아직 어두침침한 하늘을 쏜살같이 가로지르는 모습이다. 운석이 첼랴빈스크 지역의 산에 충돌하기 직전의 순간이다.

우주에서 날아온 파편

하늘을 가로질러 지구 표면과 충돌하여 엄청난 피해를 일으킨 운석의 파편.

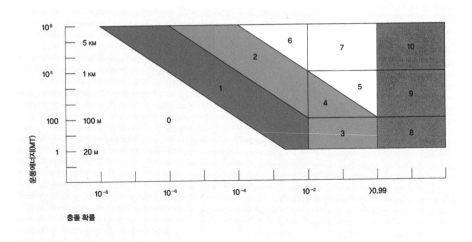

토리노 스케일

칙술루브 충돌은 많은 과학자들이 공룡 멸종 원인의 중요 원인으로 꼽는 사건이다. 충격의 세기는 10^8메가톤, 즉 토리노 스케일 10으로 추산된다(토리노 스케일은 소행성의 지구 충돌 가능성을 수량화하여 만든 위험성 척도로서, 10이 가장 크다.—옮긴이). 베린저 분화구(Barringer Crater)와 1908년의 퉁구스카 사건을 일으킨 충돌은 둘 다 3—10메가톤 규모로서, 토리노 스케일 8에 해당한다. 2013년의 첼랴빈스크 운석은 충돌 전 총 운동에너지가 약 0.4메가톤으로서, 토리노 스케일 0에 해당한다. 이 사건들은 충돌 확률이 물론 10이었다. 실제로 지구와 충돌했으니까. 2014년 5월 현재 토리노 스케일 0보다 큰 규모의 충돌 물체는 보고되지 않고 있다.

다. 그 정도 물체는 전 세계의 핵무기를 전부 합친 에너지를 천 배쯤 넘는 에너지를 방출한다. 더 무서운 수치로 표현하자면, 히로시마 원자폭탄 80억 개를 동시에 터뜨리는 에너지다. 그런 사건은 추산으로 평균 1억 년에 한 번꼴로 생기는데, 얼추 인류 문명을 모조리 붕괴시키고 아마도 우리를 멸종에까지 이르게 할 것이다. 척도의 반대편 쪽으로 보자면, 약 1밀리미터 지름의 운석들은 1분에 두 번꼴로 지구와 충돌한다.

알렉세이 푸시코프가 옳았다. 우주에서 오는 충돌의 위험성을 대수롭지 않게 여기다간 큰코다친다. 다행히 여러 우주국에서 관심을 쏟기 시작했다. 나사의 지구근접천체 프로그램Near Earth Object Program은 2002년에 감시 체계Sentry system를 구축하여, 전 지구의 천문학자들이 보내온 새로운

우리의 미래는 어떻게 되는가?

다른 세계로 가는 창

NEEMO 16 우주 비행사들이
승강구에서 임무 수행 중이
다. 물속에서 보내는 시간은
우주 비행 준비를 위한 핵심
적인 훈련 과정 중 하나다.

관찰 결과로 위험 목록을 지속적으로 자동 업데이트를 하고 있다. 내가 이 책을 쓰고 있는 2014년 9월 3일 현재 그 목록에는 고위험 천체는 올라와 있지 않다. 지구와 충돌 가능성이 있는 13개의 소행성이 지난 60일 이내에 관찰되긴 했지만 말이다. 한 소행성이 발생시킬 수 있는 위험성은 토리노 스케일로 수치화된다.

　이미 알려진 모든 지구근접천체는 저마다 1부터 10 사이의 토리노 스케일 값이 매겨져 있다. 이 값은 충돌 확률을 TNT 메가톤 단위의 충돌 에너지와 결합해서 계산한 것이다(토리노 스케일의 1-10 값에 대해서는 347쪽 그림 참고). 소행성 99942 아포피스는 2004년 12월에 토리노 스케일 4에 이르렀다. 최초 관찰, 계산 결과에 의하면 폭 350미터의 이 소행성은 2029년 4월 13일에 지구와의 충돌 확률이 37분의 1이고, 이 첫 번째 접근이 빗나가더라도 7년 후에 또다시 더 높은 확률로 충돌할 위험이 있다고 나왔다. 문명을 통째로 위협하는 사건은 아니겠지만, 작은 나라 하나쯤은 쑥대밭으로 만들 수 있는 수준이다. 그러나 이후의 관찰 결과 99942 아포피스의 충돌 위험은 사실상 없다고 판단되지만, 통계적으로 말해서 그런 충돌은 8만 년 정도에 한 번꼴로 일어날 것으로 예상된다. 나사의 감시 목록 덕분에 마음이 놓이긴 하지만, 충돌 위험이 낮다고 안심할 수 없는 상당한 이유가 두 가지 있다. 첫째, 우리는 결코 위협적인 천체들을 전부 다 탐지해내지 못했다. 대표적인 예가 첼랴빈스크 사건이다. 둘째, 우리를 노리는 소행성이 발견되더라도 우리는 정확히 어떻게 해야 하는지 현재로서는 아무도 모른다. 실제로 내일 그런 소행성이 다가올 수 있는데도 말이다. 2015년에는 아틀라스ATLAS, Asteroid Terrestrial Impact Last Alert System라는 조기경보 시스템이 가동될 것이다. 여덟 대의 소형 망원경이 지구에 위협을 가할지 모를 희미한 천체의 기미를 포착하기 위해 하늘을 감시하게 된다. 아틀라스는 미리 최대 3주 전에 충돌 경고를 알려줄 것인데, 이는 꽤 넓은 지역에서 대피하는 데는 충분한 시간이지만 한 나라 전체를 비우는 데는 부족한 시간이다. 우리의 전 지구적 보험 정책의 비용은 얼마일까?

맨체스터 유나이티드 축구단의 스트라이커인 웨인 루니의 연봉의 3분의 1이다. 이런 비교는 물론 언제나 유치하게 들리긴 한다. 나는 자본주의가 어떻게 작동하는지 잘 알며, 웨인 루니는 자기 연봉보다 훨씬 많은 수입을 구단에 안겨준다는 사실도 잘 알고 있다. 하지만 이번 장의 목표는 인류 문명의 장엄한 전당에 결함이 있음을 논하는 것이다. 장기적인 안전을 경시하는 우리의 근시안적이고 무신경한 태도를 짚어보자는 말이다. 내가 보기에, 이런 근시안적인 태도의 이유는 역사상 우리가 스스로에게 가한 것 이외에는 다른 끔찍한 재앙이 닥치지 않았기 때문이다. 물론 여러분이 노아의 방주를 믿지 않는다면 말이다. 게다가 그 일은 하느님이 꽤나 발끈하길 잘하는 분이어서 우리에게 닥친 사태라고 볼 수도 있다. 이 책의 중심 주제 중 하나는 인류는 살아남을 가치가 있음을 밝히는 것이다. 우리의 존재는 무진장 아름다우며 드문 자연현상이기 때문이다. 이것 말고 다른 주제는 우리는 역설적이게도 똑똑하면서도 또 한편으로는 멍청하기 이를 데 없음을 밝히는 것이다. 개인적으로 나는 우리를 구해줄 어떤 존재가 저 너머 어딘가에 있다고 여기지 않는다. 그렇기에 우리는 스스로를 구해야 한다. 적어도 내가 보기에는 이 태도가 중요한 전제인 것 같다. 그런 까닭에 나는 '소행성 충돌 방지에 축구선수의 연봉보다 적은 돈을 쓰는 것이 합리적인가?'라고 묻는 내 자신이 순진한 이상주의자, 가령 체 게바라 티셔츠를 입은 학생연맹의 골수 급진 회원 같다고 여기지 않는 것이다. 거울을 보면서 이런 생각을 하고 있노라면 내 얼굴은 특이한 모습을 띠는데, 여러분도 한 번 해보시길.

나사는 세간의 무관심 속에서도 공룡의 능력과 우리의 능력 사이의 간극을 메우기 위해 애쓰고 있다. 미국 플로리다 주 키 라르고 해안에서 약 9킬로미터 떨어진 대서양 바다 밑에는 아쿠아리우스 리프 베이스Aquarius Reef Base가 있다. 원래는 산호초를 연구하기 위한 수중 연구 시설로 지어졌는데, 지금은 나사가 장기간의 우주 비행 임무를 위해 우주 비행사를 훈련시키는 기지로 쓰인다. 이곳에서는 포화 잠수saturation

diving가 가능한데, 이것은 산호초 연구를 위한 잠수 시간을 획기적으로 늘려주는 기술이다. 일반적인 스쿠버 다이빙의 경우 다이버는 수심 18미터 깊이에서 감압 조치 없이 최대

80분을 견딜 수 있다. 하지만 아쿠아리우스 내부의 수면으로 올라와서 감압 조치(거의 하루가 걸리는 과정)를 해주면 이 압력에서도 다이버는 여러 주 동안 지낼 수 있다. 아쿠아리우스 내부의 기압은 물 바깥의 압력과 동일하기 때문에, 기지 안에 사는 연구자들은 하루에 여러 시간 동안 표준적인 스쿠버 장비로 해상을 탐사할 수 있다. 만약 무언가 문제가 생기면, 반드시 아쿠아리우스로 돌아와 기지 안에서 문제를 해결해야 한다. 따라서 실질적으로 그들은 고립되어 있는 셈이다. 공포에 질려 인내심이 바닥나더라도 위의 문명 세계로 돌아갈 수 없는 것이다. 그런 까닭에 나사는 아쿠아리우스 기지를 이용해 우주 비행사들을 험악한 환경에서 견디도록 훈련시키고 장기간의 우주 임무를 위한 심리적 적합성이 있는지 시험한다.

아쿠아리우스 내부 촬영은 나로서는 〈인간의 우주〉 제작의 하이라이트였다. 우리 제작팀은 물론 감압을 원하지 않았기에, 잠수를 두 번 나누어 하면서 기지 내부에 100분 동안만 머문다는 시간 제한을 엄격히 지켰다. 우리의 잠수를 책임졌던 전직 미 해군 잠수부는 잠수 시간에 관한 한 정말로 철저했다. "내가 철수라고 하면, 웃지도 더 이상 사진도 찍지 말고 무조건 철수하세요! 안 그러면 영영 머물게 됩니다. 선택은 자유지만요. 당신들 방송 쪽 사람들 성향을 나는 잘 알지요." 아쿠아리우스는 모양도 느낌도 SF 영화 속의 우주선 같다. 한쪽 끝에는 삼단 침대가 6개 놓였고, 다른쪽 끝에는 전자레인지와 싱크대가 갖추어진 주방이 있다. 그사이는 조종간, 해양생활에 관한 얼마간의 책들 그리고 노트북 한 대가 차지했다. 또한 책상 위에 둥근 창이 하나 나 있어서 바깥의 산호를 내다볼 수 있다. 기밀형 비상구 안에는 다이빙 플랫폼이 있는데, 거기서 산소탱크를 메고 바깥 바다로 나간다. 우리가 도착했을 때 나사의 극한환경임무수행NEEMO팀이 90일간의 임무를 막 끝낸 후였다. 일본 우주항공연구개발기구의 호시데 아키히코가 이끈 그 임무는 소행성에 우주 비행사를 착륙시켜서 필요할 경우 진행 방향을 바꾸는 기술을 확보하겠다는 장기적 목표의 일환이었다. 소행성 탐사에는 강력한 과학적, 상업적 이유가 존재한다. 소행성은 원형 그대로를 간직한 천체로서, 잘만 활용하면 지난 45억 년 동안 태양계의 형성 과정을 소상하게 이해할 수 있다. 게다가 순수한 원형 그대로의 상태이므로 귀중한 금속들이 풍부하다. 지구의 경우 팔라듐과 로듐, 금과 같은 중금속은 중심핵 쪽으로 몰려 있는 터라 지표면에는 별로 남아 있지 않다. 소행성은 크기가 작아서 그런 식으로 분리되어 있지 않기에, 이런 귀중한 금속들이 태곳적 상태 그대로 풍부하게 있다.

이유가 상업적이든 과학적이든 실용적이든 간에, 소행성에 착륙하여 자원을 채취하고 궤도를 조작하는 법을 배우는 것은 지극히 소중한 일이 아닐 수 없다. 정말이지 언젠가 그 기술을 써먹게 될 테니까.

미래를 내다보며

서기 3만 5000년에는 적색왜성 로스 248이 태양계에 최소 3.024광년 거리까지 접근하여 태양과 가장 가까운 별이 된다. 그 후 9000년이 지나면 그 별은 우리를 떠나면서 다시 가장 가까운 이웃 별의 자리를 켄타우로스자리 프록시마 별에게 넘겨준다. 우연의 일치로 4만 176년 후에는 보이저 2호가 로스 248을 1.76광년 거리에서 스쳐 지나간다. 이런 사실을 아는 까닭은 우리가 미래를 예측할 수 있기 때문이다.

우리는 이 책에서 이미 여러 번 뉴턴의 법칙들과 만났다. 3장에서는 그 법칙들을 이용하여 지구 주위에서 원형궤도를 돌고 있는 국제우주정거장의 속력을 계산하기도 했다. 지구 중심으로부터 r의 거리에 있는 우주정거장의 속력 v는 다음과 같다.

$$v = \sqrt{\frac{GM_e}{r}}$$

이 방정식은 다음과 같이 고쳐 쓸 수 있다.

$$\frac{dx}{dt} = \sqrt{\frac{GM_e}{r}}$$

위 식은 미적분의 표기법을 사용한 것이다. 학창 시절 이후 수학을 접해본 적 없는 독자라면 두려움이 엄습할지 모르겠지만, 지레 겁먹을 것은 없다. 아래 기호의 뜻만 알면 되니까.

$$\frac{dx}{dt}$$

말로 풀자면, 이 기호는 공간의 위치가 시간에 대해서 변하는 비율을 나타내는데, 그것이 바로 속력 v이다. 수학을 잘 모르더라도 여러분은 직감적으로 무슨 뜻인지 알 것이다. 집에서 차를 몰고 시속 50킬로미터의 속력으로 직선 거리를 달리면, 1시간 후에 여러분은 진행 방향으로 집에서 50킬로미터 떨어진 곳에 있게 된다. 위의 방정식은 우주정거장이 현재 어디에 있고 어떻게 움직이는지만 알면 나중의 어느 시점에 어디에 있을지를 알려준다. 한마디로, 미래를 예측하는 것이다. 이런 유형의 방정식을 가리켜 **미분방정식**이라고 한다. 4장에서 우리는 '게임의 규칙(아인슈타인의 일반상대성 이론과 입자물리학의 표준 모형)'을 살폈다. 표기법이 조금 더 복잡하긴 하지만, 표준 모형에서 나오는 기호 D_μ와 δ_μ도 다음 표기의 더 복잡한 버전일 뿐이다.

$$\frac{dx}{dt}$$

우리의 미래는 어떻게 되는가?

아인슈타인의 방정식에서도 간결한 수학 표기 안에 이른 바 도함수들이 숨어 있다. 물리학의 근본적인 법칙들은 전부 이런 식으로 작동한다. 어떤 계나 물체들의 집합이 지금 어떻게 행동하는지만 알면, 미래의 어느 시점에 어떻게 행동할지도 계산할 수 있다. 해당 계는 태양계일 수도 원자와 분자의 집합일 수도 또는 날씨일 수도 있다. 물론 현실적인 제약도 존재하는데 날씨 예보가 좋은 예다. 지구의 기후 시스템은 수십만 가지 변수가 관여하는 매우 복잡한 계이다. 태평양의 해류가 멀리 떨어진 올덤의 미래 강수에도 영향을 끼칠 수 있기에, 국지적 기후 조건의 장기 예보에는 늘 불확실성이 따르기 마련이다.

물론 사람들은 과학보다는 종종 인간의 경험을 바탕으로 자연 현상을 판단하곤 하는데, 이 또한 어느 정도 일리는 있다. 붉은 저녁놀은 목동의 기쁨이요, 붉은 아침놀은 목동의 경고라는 말이 그런 예다. 서풍이 기후를 좌우하는 영국과 같은 나라에서는 종종 들어맞는 말이다. 붉은 저녁놀은 대체로 서쪽에 고기압이 존재한다는 신호라서, 좋은 날씨를 짐작할 수 있기 때문이다. 하지만 통계적으로 유의미한 의미에서 '민간전승'이나 '고대의 지혜'를 이용해서 잘 알아맞힌다면, 그것은 여러분이 예측을 위해 사용하는 패턴과 규칙성이 미분방정식으로 기술되는 물리법칙들로부터 나오기 때문이다. 물리법칙은 본질적으로 자연의 기본적인 작동 원리인 단순성과 규칙성을 반영한다. 물리법칙

우리의 이웃

태양계와 가장 가까운 별들의 3D 영상

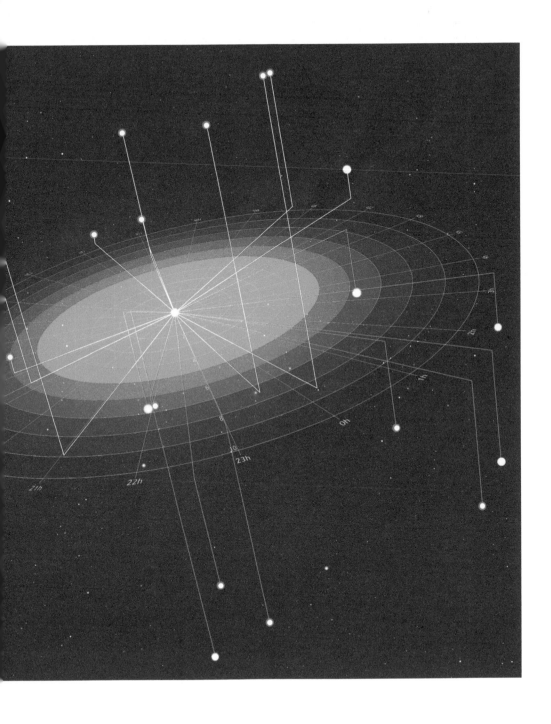

은 마법이 아니다. 자연계는 규칙적이고 일관되게 작동하기 때문에, 수학으로 자연계를 기술할 수 있는 것이다. 내 생각에 우리는 규칙적이고 일관된 방식으로 작동하는 우주를 **반드시** 관찰해야 하는데, 그런 작동 방식은 뇌와 같은 복잡한 구조가 진화하는 데 필수적이기 때문이다. 아원자입자들이 아무런 작동 원리나 규칙 없이 상호작용하는 무질서의 우주는 생명은 고사하고 아무런 구조도 결코 뒷받침하지 못

붉은 저녁놀

물리법칙을 이용해서 기후 패턴과 천체의 운동을 기술할 수 있다.

할 것이다. 이것은 일종의 선택 효과라고 알려져 있다. 우리가 관찰하는 우주는 미분방정식의 제한된 집합으로 기술되는데, 만약 우주가 그렇지 않다면 우리도 존재할 수 없을 것이다. 이건 내 견해이며, 다르게 생각하는 과학자들과 철학자들도 있다. 우주에는 단순한 기본 틀이 존재하지 않을 수도 있고, 지금까지 우리의 성공이 우리를 기만했을 수도 있다. 또 어쩌면 궁극적인 법칙들이 존재하지만 영원히 인간의 이해력을 넘어서 있을지도 모른다. 우리는 그걸 이해할 만큼 충분히 똑똑하지 않을지 모른다. 그리고 미분방정식을 이용해 기술할 수 없는 계도 존재한다. 콘웨이의 생명 게임Game of Life에서 생성된 패턴이 그런 예인데, 여기서는 알고리듬 규칙을 이용해서 복잡한 패턴, 심지어 튜링 머신 같은 계산 장치까지 생성해낸다. 하지만 우리가 확실하게 말할 수 있는 것은 자연계는 미분방정식을 기반으로 한 물리법칙에 잘 따르는 방식으로 작동하며, 그 덕분에 우리는 현재에 관한 정보를 알고 있으면 미래를 예측할 수 있다는 것이다. 그렇기에 우리의 소행성 방어 체계는 하늘을 충분히 정밀하게 관찰할 수만 있다면 제대로 작동할 것이다. 어느 정도는 말이다.

아, 빈틈이 있을 수 있다. 늘 빈틈은 있기 마련이니까.

우리의 미래는 어떻게 되는가?

과학 vs 마법

카오스: 현재가 미래를 결정한다고 해도, 근사적인 현재가 미래를
근사적으로 결정하지 않는다.

- 에드워드 노턴 로렌츠

우리는 과학에 확신을 가져야 한다. 과학은 통한다. 하지만
한계도 있는데, 그중 어떤 것은 매우 근본적이다. 우리는 이
책에서 뉴턴의 운동법칙과 중력법칙을 여러 번 만났다. 그
법칙들은 (물리법칙의 전형이라고 할 수 있을 정도로) 매우 단순하
며, 공학자들과 항해사들, 소행성 관찰자들이 일상적으로

태양의 힘

태양은 멕시코 치첸이차의
마야인들과 같은 여러 고대
문명에서 계절을 알려주는
위대한 지표였다.

자연의 시계

정교하게 배치된 돌들 사이
를 지나는 햇빛의 경로는 우
리의 옛 조상들에게 계절을
알려주는 훌륭한 신호 역할
을 했다.

사용한다. 뉴턴의 중력법칙이 적용되는 가장 단순한 현실의 계로서 하나의 별 주위를 도는 하나의 행성을 들 수 있다. 이 경우 뉴턴의 법칙 덕분에 우리는 행성의 장래의 위치를 정확하게 예측할 수 있다. 그 궤도는 주기적인데, 달리 말해서 매번 돌 때마다 별 주위의 동일한 지점에 정확히 되돌아온다. 일종의 시계인 셈인데, 태양계도 종종 이런 시계로 묘사된다. 그런데 만약 제3의 천체, 가령 달이 개입되면 뉴턴의 방정식에 대한 일반해를 구할 수가 없게 된다. 이 사실은 19세기 후반 하인리히 브룬스Heinrich Bruns, 1848~1919가 처음 증명했고 나중에 앙리 푸앵카레가 다시 증명했다. 특수한 경우가 소수 존재하는데, 지금도 발견되는 이 사례들에서는 반복되는 해가 존재한다. 하지만 일반

스톤헨지

하짓날을 결정하기 위해 사용된 돌 표식의 가장 이른 사례 중 하나인 스톤헨지는 기원전 3000년까지 거슬러 올라간다.

적으로는 중력하에서 작용하는 세 물체의 궤도는 반복되지 않는다. 서로의 주위를 도는 이들 물체의 운동은 시시각각 변하는 엄청나게 혼란스러운 자취를 남긴다! 이 것은 수학의 실패가 아니다. 자연계는 정말이지 그런 방식으로 작동한다. 이 상황에 들어맞는 예로 태양계를 보자. 행성들은 수백만 년의 시간 척도로 시계방향으로 궤 도 운동을 하는데, 현재 우리는 지구의 궤도를 6000만 년 이상 미래까지 예측할 수는 없다. 그 후로는 우리의 현재 지구 궤도, 태양계의 다른 천체들에 대한 중력의 영향력 에 관한 지식으로 볼 때, 예측의 불확실성이 너무나 커져버린다. 이것은 우리의 지식 부족만이 아니라 한 가지 근본적으로 중요한 점을 드러낸다. 뭐냐면, 우리 태양계와 같은 행성계 자체가 장기간의 시간 척도에서 볼 때 불안정하다는 사실이다. 행성계는 카오스적으로 행동한다. 얼핏 보기에 시계처럼 작동하지만, 더 자세히 들여다보면 예 측 불가능한 소용돌이 늪처럼 작동하는 것이다. 최근의 시뮬레이션에 의하면 수성이 자기 궤도에서 이탈해서 태양과 충돌할 **수도** 있으며, 심지어 지구도 30~50억 년 후 에는 금성이나 화성에 근접할지 **모른다고** 한다. '수도'나 '모른다고'라는 단어를 굵 은 글씨로 적은 데는 까닭이 있다. 이런 예측들은 본디 통계적이기 때문이다. 가령 현재의 추산에 의하면 수성이 앞으로 50억 년 동안 훨씬 더 심한 타원형 궤도를 그리 게 될 확률이 1퍼센트다. 예측의 불확실성에 한몫을 하는 것으로 이른바 초기 조건 을 꼽을 수 있다. 태양계 내의 모든 것이 지금 이 순간 정확히 어디에 있는지 그리고 모든 것이 지금 이 순간 어떻게 움직이는지에 관한 현재의 지식을 초기 조건이라고 한다. 그 외의 다른 오차는 태양계 내의 모든 천체들의 질량과 형태에 관한 정확한 지식의 결여에서 생긴다. 이 지식에는 외계에서 유입되는 혜성들, 늘 궤도가 바뀌는 소행성들의 미세한 변동도 당연히 포함된다. 이러한 계들을 다루는 물리학, 수학의 영역을 카오스 이론이라고 하는데, 이 분야의 개척자인 에드워드 노턴 로렌츠Edward Norton Lorenz, 1917~2008는 이런 말을 남겼다. 자연은 그 복잡성으로 인해, 현재에 관한

평분시와 지점(至點)

태양이 천구의 적도를 지날 때, 낮과 밤의 길이가 모든 위도에서 거의 같아진다. 따라서 이런 날을 가리켜 평분시(equinox, '같은 밤'이라는 뜻)라고 한다. 삼월에 태양이 황도를 따라 북쪽으로 이동할 때는 이날을 춘분이라고 하며, 구월에 태양이 남쪽으로 이동할 때는 추분이라고 한다. 태양이 천구의 적도에서 가장 멀리 있는 시기는 하지(summer solstice)와 동지(winter solstice)라고 한다. solstice라는 단어는 '태양이 가만히 서 있다'라는 뜻의 라틴어에서 나왔다. 태양이 남쪽이나 북쪽으로 향하는 방향을 바꾸기 직전에 마치 멈추어 있는 듯 보이기 때문이다.

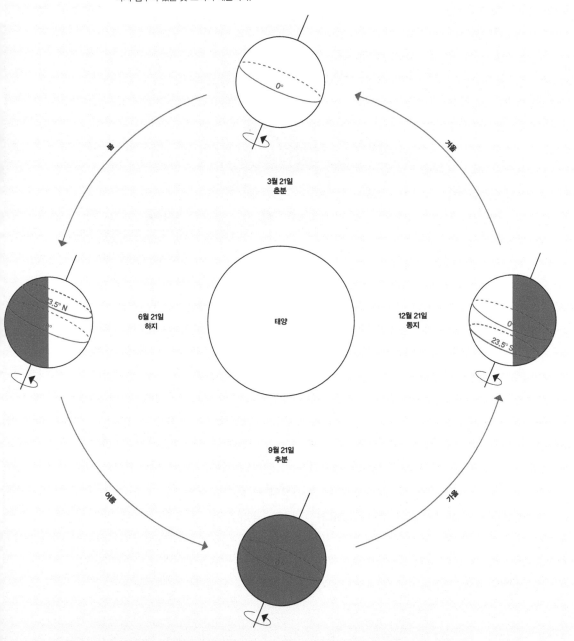

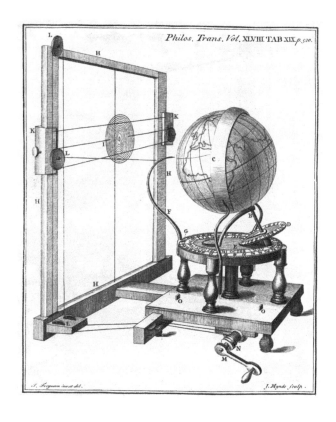

일식 예측

18세기의 일식 예측 장치. 이
장치는 자연계에 대한 관찰
을 바탕으로 제작되었다.

근사적 지식(우리로서는 현실적으로 최선의 지식)이 미래를 근사적
으로 결정하지 않는다고.

소행성 사냥꾼의 경우 이 말은 굉장히 곤혹스러운 진리
가 아닐 수 없다. 소행성을 한 차례 관찰하고선 그 위치와
속도를 컴퓨터에 때려 넣어 소행성이 우리를 강타할지 어
떨지 알아내기란 불가능하다. 대신에 일종의 중력 열쇠구
멍 시스템이 사용된다. 열쇠구멍이란 소행성의 현재 궤도
에 가까운 작은 부피의 공간을 가리킨다. 만약 소행성이 이

열쇠구멍을 통과하면, 태양계 내의 다른 천체로 인한 중력의 영향을 받는 바람에 다음 번 그곳을 지난 후 지구와 충돌하게 될 가능성이 매우 커진다. 99942 아포피스는 2004년에 그런 열쇠구멍을 지날 것으로 예상되어 토리노 스케일 4로 분류되었다. 다행히도 이 소행성은 예상을 벗어나 현재에는 무해한 것으로 분류되어 있다. 열쇠구멍 시스템은 복잡한 물리계의 장기간에 걸친 근본적인 예측 불가능성을 고스란히 보여준다. 그렇기에 우리는 꾸준히 관찰하고 우리의 계산 능력의 근본적인 한계를 절실하게 자각해야 하는 것이다. 과학은 마법이 아니다. 이러한 자각은 물론 소행성 충돌로부터 지구를 구하는 데 관심이 있는 사람이라면 현실적으로 중요한 문제다. 그렇지만 과학의 힘을 맹목적으로 찬양하는 우리의 태도를 겸허하게 되돌아보게 한다는 점 또한 매우 중요하다. 과학적 예측이라고 해서 완전하지는 **않다**. 과학적 이론들은 **결코** 정확하지 **않다**. 과학적 결과들은 언제나 예비적이다. 어떤 연구 분야라도 새로운 발견이 나오면 무용지물이 될 수 있다. 하지만 분명 과학은 우리가 할 수 있는 최선이다. 과학은 꾸며낸 생각들로 제멋대로 구성한 사고 체계가 아니기 때문이다. 대신에, 자연계를 관찰하고 그런 관찰에 대한 이해를 바탕으로 자연을 체계적으로 연구한 결과가 과학이다. 과학적 예측은 견해의 문제가 아니다. 어느 특정 시점에서 과학은 그때의 지식을 바탕으로 미래가 어떻게 펼쳐질지를 최대한 정확하게 예측해낸다. 이 예측이 틀릴지도 모르고 부정확할지도 모르며 오차가 애초부터 근본적인 것인지도 모른다. 하지만 이용 가능한 최상의 과학에 따라 행동하는 것 이외에 다른 합리적인 선택은 존재하지 않는다. 비록 불완전하지만 우리는 언제나 과학의 예측에 기댈 수밖에 없다.

가장 경이로운 점

2014년 9월 현재, 72억 4,000만 인구 중에서 545명이 우주 공간으로 나갔는데, 그중 24명이 지구의 중력권을 벗어났으며 12명이 다른 세계에 도착했다.

2013년에 찰리 듀크와 도로시 듀크는 결혼 50주년을 맞이했다. 둘은 텍사스 주 뉴브라운펠스 출신이며 교회에 꼬박꼬박 다니는 은퇴한 부부다. 2명의 장성한 아들과 9명의 손주를 둔 부부의 삶은 분명 무난했다. 집의 벽들과 벽난로 선반 위를 장식한 여러 장의 사진들에서 고스란히 보이듯이 말이다. 그런데 듀크 가족의 특별한 역사를 보여주는 사진이 한 장 있다. 내 집의 벽에도 그 사진의 복사본 한 장이 걸려 있는데, 찰리의 서명이 든 그 사진은 내가 가장 아끼는 사진 가운데 하나다. 1972년에 찍힌 사진에는 듀크 내외와 겨우 네 살과 여섯 살의 두 아들 찰스와 토마스의 모습이 담겨 있다. 사진 자체는 특별할 것이 없다. 70년대 복장의 한 가족이 정원의 벤치에 앉아 있는 평범한 모습일 뿐이다. 그 무렵 나와 내 할아버지가 찍힌 옆의 사진과 다를 바가 없다. 단지 나는 올덤에 있었고 듀크 내외는 플로리다에 있었다는 차이뿐.

내가 듀크의 사진 복사본을 갖고 있는 까닭은 사진 내용 때문이 아니라 (우리는 친척 사이가 아니다) 장소 때문이다. 듀크 내외는 손주들이 달을 쳐다보면서 거기에 할아버지, 할머니, 아빠 그리고 삼촌의 사진이 있음을 떠올리게 해줄 수 있는 유일한 존재다.

찰리 듀크는 아폴로 16호의 달 착륙선 오리온의 조종사였다. 서른여섯 살 때 그는 달 위를 걸은 최연소 인물이 되었다. 내 어릴 적 영웅인 사령관 존 영과 함께 찰리는 1972년 4월 후반에 사흘 동안 데카르트 고원을 탐험했다. 루나 로버Lunar Rover를 타고 거의 30여 킬로미터를 이동하면서.

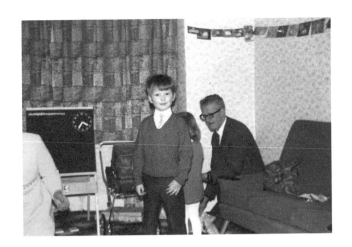

그 임무의 일차적인 목표는 달 고원의 지질 탐사였다. 착륙지 주변의 독특한 암석 형성은 고대의 달 화산 활동 때문인 것이라고 짐작되었지만, 두 우주 비행사의 탐사 덕분에 그런 짐작이 틀렸음이 입증되었다. 대신, 그 풍경은 충돌 사건 때문에 형성되었다. 충돌로 인해 분화구 바깥으로 물질들이 날아가 지표면에 유리 알갱이들이 쌓인 것이다. 달 표면에서 사흘을 보내고 달 지면상에서 시속 10.6마일이라는 이동 속력을 세운 후, 찰리 듀크는 우주복 주머니에서 가족사진을 꺼내 달 표면에 놓은 다음에 사진기를 꺼내 그 장면을 찍었다. 그렇게 찍은 사진 뒤에는 이런 문구를 적었다.

"지구 행성에서 온 우주 비행사 듀크의 가족사진이다. 1972년 4월에 달에 착륙함."

아폴로 16호가 달에 갔을 때, 올덤에 살던 나는 네 살이

달에 도착한 첫 번째 가족

찰리 듀크(뒤의 사진에 나온 얼굴)는 가족사진을 달 표면에 남겨 놓음으로써 자신의 모험에 가족이 동참하게 했다.

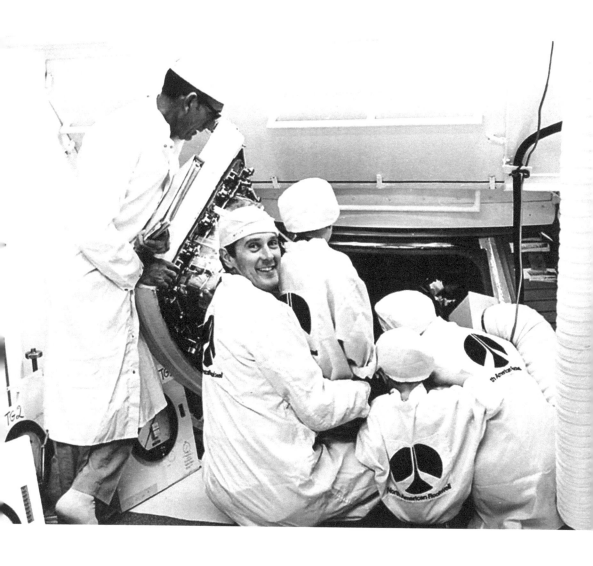

었다. 마흔두 해가 지나서 나는 텍사스의 한 식당에서 몇 시간이나 찰리 듀크와 이야기를 나누었다. 〈인간의 우주〉를 제작하는 촬영 스태프들의 고충은 전혀 고려하지 않은 태도이긴 했지만 말이다. 찰리는 이렇게 말했다.

"달에 발을 디디니까, 거긴 아무도 온 적이 없는 곳이라는 게 실감이 났습니다. 아주 순수한 사막의 모습이었지요. 그렇게나 아름다운 장소는 본 적이 없었습니다. 생명체도 없고 지구와는 딴판이었지요. 경사진 회색의 달 표면 위로는 캄캄한 우주 공간이 펼쳐져 있었습니다."

"아폴로 프로젝트는 정말로 야심찬 일이었죠?" 내가 물었다. "8년 반의 시간이 주어졌는데 우리는 8년하고도 두 달 만에 해냈습니다. 어떻게 그럴 수 있었는지는 아무도 모릅니다." 아무도 할 수 없는 일을 해내는 것에 익숙했던 우주 비행사가 답했다. "네. 정말 야심찼습니다. 우주 공간에 15분 머문 게 고작인데, 8년 반 후에 달에 착륙하겠다니요? 하지만 놀랍게도 우린 해냈고, 저도 동참했습니다." 지금도 가능할까요? "아뇨. 지금은 그럴 인력이 없습니다. 40만 명의 인력과 엄청난 예산이 있어야 가능한데, 우리가 해낸 게 그겁니다!" 유인 우주탐험을 비판하는 사람들한테는 뭐라고 하시겠습니까? 단지 과학적 업적이라기보다는 인간이 어떤 존재인지를 새롭게 발견하게 된 것 같습니다만.

"그게 가장 경이로운 점입니다." 우주 비행사가 대답했다. "바로 그게 우리가 한 유인 우주 비행이 인간의 정신에 안겨준 선물입니다. 정말 놀라운 일이지요. 우주의 아름다움과 우주의 질서정연함을 직접 눈으로 보면 온 정신이 흠뻑 사로잡히고 말지요. 이제는 그걸 보고 직접 해보고 발견해보도록 합시다. 그렇게 해서 인간 정신이 도약을 이루어왔습니다."

내 생각에도 아폴로 프로젝트는 인류의 가장 위대한 성취였다. 물론 이런 생각에 반박하는 사람도 있다. 미국의 싱어송라이터인 질 스콧 헤론이 지은 〈백인놈은 달에 가 있네Whitey's on the Moon〉라는 노래에는 이런 가사가 나온다.

"쥐새끼가 내 누이 넬을 물어뜯었는데, 백인놈은 달에 가 있네. 누이의 얼굴과 양팔은 부풀어 오르는데, 백인놈은 달에 가 있네. 나는 치료비도 못 내는데, 백인놈은 달에 가 있네. 10년이 지나도 난 계속 아플 테지만, 백인놈은 달에 가 있네." 아폴로 프로젝트 관련 경제 사안도 흥미롭다. 찰리가 말했듯이, 1970년까지 달에 갈 수 있었던 것은 무엇보다도 예산 덕이었다. 지출이 최대였던 1966년에 나사는 연방 예산의 4.41퍼센트를 받았는데, 이는 오늘날로 치면 400억 달러에 달하는 금액이었다. 엄청난 액수였는데, 영국의 연간 부채이자액의 거의 절반에 해당한다. 물론 이건 빈정대는 태도로 하는 말이다. 아폴로 프로젝트의 총비용은 오늘날의 가치 기준으로 보자면 2,000억 달러대였는데, 이는 2008년 10월에 시작된 영국의 은행 구제금융 프로그램 비용의 4분의 1가량이다. 너무 과하네, 하며 런던 금융가 인물은 고급 샴페인을 한 잔 기울이며 뇌까릴지 모른다. 그도 그럴 것이, 그 돈은 금융 안정성을 위해 투자되었다가 상환된 자금이었으니 말이다(대략 1,000억 달러는 그야말로 증발되어버리긴 했지만). 내 대답은 그런 반박도 어느 정도 일리가 있긴 하지만, 아폴로 프로젝트는 현대 역사에서 아마도 가장 영리한 투자일 것이다. 1989년 당시의 미국 대통령 조지 부시는 아폴로 프로젝트가 '레오나르도 다빈치가 스케치북 구입에 돈을 쓴 이래로 가장 수익성이 높은 투자'였다고 말했다.

이 사안과 관련하여 숱한 연구가 실시되었고, 덕분에 다음과 같은 투자 효과가 수치로 드러났다. 즉 아폴로 프로젝트에 투자한 1달러당, 10년의 기간에 걸쳐 경제에 7달러의 수익이 돌아갔다고 한다. 왜일까? 아폴로 프로젝트는 굉장히 영리한 방식으로 구상되고 실행되었기에, 미국 전역에 걸쳐 최첨단 기술 직종과 R&D 프로젝트를 만들어냈기 때문이다. 또한 아주 감동적인 사업이었기에 수많은 아이들로 하여금 과학과 공학에 꿈을 품게 만들었다. 닐 암스트롱이 달에 착륙했던 1969년 7월 20일 휴스턴의 임무관제센터 요원들의 평균 나이는 스물여섯 살이었다. 가장 나이 많은 책임자인 진 크랜츠가 서른여섯 살이었고 달 착륙선을 조종한 나이 든 사람이 서른다섯 살이었다.

이 모든 뛰어난 공학자들이 어떻게 되었을까? 당연히 그들은 경제 각 분야로 진출하여 달 착륙용으로 개발된 기술과 전문지식으로 오늘날의 세계를 창조해냈다. 이들이 꿈을 심어준 아이들을 가리켜 아폴로 아이들이라고 하는데, 이 낙관주의 세대는 20세기의 마지막 30여 년 동안 미국 경제에 활력을 불어넣었다. 전 세계는 이런 미국을 흠모한다. 쉬워서가 아니라 어렵기 때문에 달로 날아간 이 나라를 말이다. 하지만 내가 보기에 미국은 지금 길을 잃은 것 같다. CERN, 유럽우주국, 영국의 모든 과학시설을 포함하여 기초과학과 공학에 대한 연구보다 프리미어 리그 축구선수들의 연봉에 더 많은 돈을 쓰는 작은 섬나라 시민들이 보기엔 그나마 형편이 나은 듯하긴 하지만 말이다. 우리 영국인도 길을 잃었고 전 세계도 마찬가지다. 세계은행은 R&D를 이렇게 정의하고 있다.

'인간성, 문화, 사회에 대한 지식을 포함해 지식을 증가시키고 새로운 응용을 위해 지식의 사용을 증가시키기 위해 체계적으로 실시되는 창조적인 활동에 대한 (공적 분야와 민간 분야를 통틀어) 통화와 자본의 지출.'

2012년에 미국은 GDP의 2.79퍼센트를 지식 증가에 썼고, 영국은 1.72퍼센트를 썼다. 추산에 의하면, 오늘날의 세계 경제에서 R&D 지출의 환수율이 대략 40:1이다. 이 수치를 진지하게 여긴다면 우리가 무엇을 할 수 있을지 상상해보라.

1972년 크리스마스 때의 가족사진에서 내 뒤에 계신 할아버지는 1900년에 태어나셨다. 세 살배기인 할아버지가 노스캐롤라이나의 킬 데빌스힐에서 아장거리던 1903년 12월 17일, 오빌 라이트가 라이트 비행기를 조종하여 12초 동안 하늘을 날았다. 예순여덟 살 때는 닐 암스트롱이 달을 걷는 모습을 보셨다. 오빌 라이트는 닐 암스트롱이 인디애나 주의 퍼듀 대학에서 항공공학을 공부하기 시작한 그해에 세상을 떠났다.

동력 비행기가 만들어지기 전에 태어난 사람과 그리고 달을 거닌 사람과도 내가 만난 적이 있다는 게 나 스스로도 여전히 잘 믿기지가 않는다.

여기서 중요하게 짚어보아야 할 점은 이야기의 앞뒤가 잘 이어지지 않는다는 것이다. 누구는 달을 걸었고, 그다음에는 누가… 뭘 한단 말인가? 아폴로 아이들의 다음 세대는 어디에서 올 것인가? 아마 어떤 새로운 열강이 위대한 탐험 국가로서 미국의 자리를 차지할 것이다. 중국과 인도 같은 신흥 문명의 요람들은 그런 야망이 있다. 제이콥 브로노우스키[Jacob Bronowski, 1908~1974]가 《인간 등정의 발자취 Ascent of Man》에서 적었듯이 "인간은 색깔을 바꿀 권리가 있다." 하지만 호머와 유클리드의 경우처럼 서구 문명의 퇴조가 셰익스피어와 뉴턴을 역사적인 화석으로 남겨둘지 모른다는 그의 안타까움에 나도 공감한다. 만약 그렇더라도, 어쨌든 우리의 선택일 것이다.

듀크와 영의 뒤를 이어 2명의 우주 비행사가 달 표면을 밟았다. 이 둘은 그리니치 표준시로 1972년 12월 14일 오후 10시 55분에 달을 떠났다. 사령관 진 서넌은 달 착륙선의 사다리에 발을 올려놓을 준비를 하면서 달에서 보내는 마지막 말을 나직하게 읊조렸다.

…저는 지금 달 표면에 있습니다. 조만간 달에 인간의 마지막 발걸음을 남기고 돌아갈 겁니다. 하지만 우리는 너무 오래 떠나 있지는 않을 겁니다. 어쩌면 역사에 기록될 말을 남기고 싶습니다. 오늘날 미국의 도전이 인류의 내일의 운명을 만들었다고. 그리고 타우루스-리트로에서 달을 떠나면서, 우리는 왔을 때처럼 떠날 텐데, 별

달 표면을 걷다

찰리 듀크가 데카르트 고원에서 아폴로 16호의 첫 차량 바깥 활동을 하는 동안 1번 기지에서 달 암석 시료를 채취하는 모습이다. 이 사진은 사령관인 존 W. 영 우주 비행사가 찍었다. 왼쪽 배경에 달 탐사 차량(Lunar Roving Vehicle)이 멈춰 있는 모습이 보인다.

마지막으로 달을 걷는 인간

아폴로 17호 승무원이 1972년
달 표면에 인간의 마지막 발
자국들을 남기고 있다. 세상
의 눈은 이제 화성에 쏠려
있다.

일이 없으면 전 인류를 위해 평화와 희망을 안고서 다시 돌아올 겁니다.

아폴로 17호 승무원에게 행운이 있기를.

- 진 서넌, 타우루스-리트로 계곡, 1972년 12월 14일

화성에도 사람이?

달에는 갔다 왔다. 이제 인류의 임무는 2억 2,500만 킬로미터를 날아가 황량한 화성에 도착하는 것이다.

새턴 V

아폴로 11호 새턴 V 로켓이 우주 비행사 닐 A. 암스트롱, 마이클 콜린스, 에드윈 E. 버즈 올드린 주니어를 태우고 1969년 7월 16일 케네디 우주센터의 39A 발사대에서 발사되고 있다.

꿈을 품은 사람들, 1부

아폴로 프로젝트는 다면적인 활동이었다. 소련과의 경쟁에서 이기기 위한 일이었으며, 국가의 자부심이 걸린 일이기도 했고, 낙관주의만큼이나 두려움에서 벌어진 일이기도 했다. 또한 20세기 후반 미국의 세계 주도권의 초석이 되는 일이기도 했다. 경제적인 충동에서 추진된 일이면서도 한편으로는 꿈의 실현이기도 했다. 아폴로 프로젝트는 이 모든 면에서 성공했다. 그런데 정말로 꿈을 실현하는 일이었을까? "그런데 우주가 저기 있습니다. 그리고 지식과 평화에 대한 새로운 희망이 저기 있습니다. 그러니 항해를 나설 때처럼 우리는 인류가 시도한 가장 위대하고 위험천만한 모험에 하느님의 축복이 함께하기를 바랍니다." 내 생각도 마찬가지다. 케네디는 정치가였지만, 이 말을 했을 때는 진심이었다고 나는 믿는다.

그런데 지금은 꿈을 품은 이들이 어디에 있는가? 21세기는 실용주의의 시대인가? 주주들의 이익이 인류의 이익과 일치하는 시대인가? 혁신이 최신 쇼핑몰에 자금을 몰아주는 시대인데, 그게 전부인가? 정부의 흔한 탄식은 새로운 지식이 효과적으로 경제성장에 이바지하지 않는다는 것이다. 지식이 그러려고 있는 것인가? 누가 진보에 돈을 대는가? 누가 진보를 위해 돈을 **대야만 하는가?**

〈인간의 우주〉는 TV 연작 다큐멘터리인데, 이 책의 바탕이 된 작품이다. TV 방송은 이야기 전개가 관건이어서, 내용을 시각적으로 보여주는 사례들로 구성되어 있다. 〈인간의 우주〉는 또한 기본적으로 낙관적이다. 내가 낙관적이기 때문이다. 내 생각에 우리 문명은 더 잘할 수 있으며, 분명 여러분도 아시겠지만 우리가 제대로 못할 거라는 생각은 터무니없는 소리다. 다큐의 마지막 회에는 장기적인 희망이 죽지 않았음을 입증하는 두 가지 이야기가 나온다. 하나는 국가가 막대한 자금을 대는 거

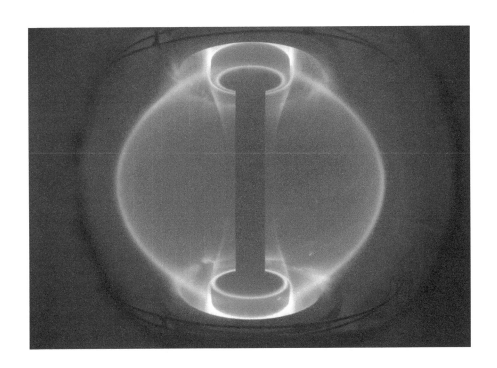

의 아폴로 프로젝트급의 이야기고, 다른 하나는 좀 더 소박하지만 마찬가지로 중요한 사례다. 첫 번째 것은 내가 지난 2009년에 방문했던 한 프로젝트로서, 캘리포니아 주의 로렌스 리버모어 국립연구소의 국립점화시설National Ignition Facility이다. 목표는 지구에서 별을 만들어내는 것이다.

별의 에너지는 핵융합에 의해 생긴다. 태양은 중심부에서 수소를 헬륨으로 변환시켜서 에너지를 만든다. 태양 중심부는 매우 뜨겁기 때문에 두 양성자가 서로에게 고속으로 접근한다. 처음에 중심부는 태양을 형성한 가스 구름의 붕괴로 인해 뜨거워졌다. 양성자는 양전하를 띠고 있기에 전자기력에 의해 서로 반발하지만, 매우 가까워지면 전자기력보다 핵력이 더 우세해진다. 그래서 약력이 양성자를 중성자로 변환시키면서 양전자와 전자 중성미자를 방출한다. 양성자와 중성자는 강력의 작용에 의해 결합되어 중수소 핵을 생성하는데, 이것은 수소에 중성자가 하나 첨가된 수소의 동위원소다(그냥 수소는 중성자가 하나다). 재빨리 또 하나의 양성자가 중수소와 융합해 헬륨-3을 생성하고, 마침내 2개의 헬륨 핵이 결합하여 헬륨-4를 생성하면서 2개의 '남는' 양성자를 방출한다. 이 연쇄 과정에서 중요한 결과는 4개의 양성자가 결국에는 하나의 헬륨-4 핵으로 변환된다는 사실이다. 이것은 양성자 2개와 중성자 2개로 이루어지며, 자유로운 양성자 4개보다 질량이 적다. 이 손실 질량이 아인슈타인의 방정식 $E=mc^2$에 따라 에너지로 방출되면서 태양이 빛나는 것이다. 핵융합 반응으로 방출되는 에너지는 지구의 기준으로 보자면 엄청난 양이다. 태양 중심부의 1세제곱센티미터 안에 든 양성자만 전부 융합하여 중수소로 변환해도, 지구의 평균적인 도시에 일 년 동안 공급할 전력이 생산된다. 달리 표현하자면, 핵융합 연료 1킬로그램만으로도 화석 연료 천만 킬로그램의 에너지를 생산한다. 이는 CO_2 방출 없이 대략 10만 배럴의 석유를 때는 것과 같다. 이때 생기는 쓰레기가 헬륨인데, 헬륨은 파티장의 풍선을 부풀리는 데 쓰일 수 있다.

에너지는 문명의 토대다. 에너지 공급은 공공의 건강에서부터 번영에 이르기까지 모든 것의 바탕이다. 깨끗한 물 공급이 더욱 근본적이라고 말하는 사람도 있겠지만, 그러는데도 에너지가 든다. 매우 건조한 지역에서도, 에너지만 충분히 이용할 **수 있다면** 담수처리 시설이나 깊은 우물을 이용해 다량의 물을 공급할 수 있다. 물론 현실적으로는 그렇지 않다. 에너지 과다 사용은 오늘날 나쁘게 여겨지지만, 이런 점을 생각해보자. 일인당 에너지 사용이 유럽 평균 사용량의 절반보다 큰 모든 나라일 경우 성인의 기대수명은 70세 이상이며 문맹률은 10퍼센트 이하이며 유아 사망률은 낮으며 인구 중 다섯 가운데 한 명 이상이 고등교육을 받는다. 에너지 과다 사용이 나쁘게 인식되는 까닭은 그것 자체가 나쁘기 때문이 아니다. 그건 좋은 일이며 현대 문명의 토대이며 현대 문명은 좋은 것이다. 나는 자급자경 농장에서 일해서 먹고살거나 숨 막히는 더위 속에서 자거나 말라리아에 걸려 죽을 위험을 감수하거나 깨끗한 물이나 첨단 의료 혜택 없이 살고 싶지 않다. 다행히 나는 도시에 산다. 나처럼 온 세상 사람들 모두 선택권이 있으면 좋겠는데, 달리 말해 나처럼 세상 모든 사람들이 에너지를 충분히 이용할 수 있으면 좋겠다. 2011년 기준으로, 전기를 제대로 이용하지 못하는 사람이 13억 명이었다. 그렇다. 에너지는 좋은 것이다. 문제는 에너지를 어떻게 생산하는가다.

전 세계에서 생산되는 에너지의 80퍼센트 이상은 화석 연료를 태워서 생긴다. 이 수치는 핵에너지와 신재생 에너지의 중요성이 커지면서 2035년이면 76퍼센트로 줄어들 것으로 예상된다. 무언가를 태우는 것은 인류의 가장 오래된 기술이다. 지구 전체 온실가스 방출량의 3분의 2가 에너지 사용 때문이다. 가장 최근의 과학적 모델링에 의하면 전 지구의 평균 온도는 2100년이면 1986년에서 2005년까지의 평균 온도보다 약 2~2.5도 오를 것이라고 한다. 이러한 온도 상승 폭은 1에서 1.5도까지 낮아질 수도 있고 또 어쩌면 더 높아질 수도 있다. 우리가 어떻게 하느냐에 따라 상황이 얼마간 달라질 수가 있기에, 우리의 대응이 반영된 다른 예측들도 존재한다. 그러나 90퍼센트 이상의 컴퓨터 시뮬레이션 모형들이 한결같이 예상하듯이, 지구의 온도는 2100년이면 화석 연료 연소로 인한 온실가스 방출의 결과 상당히 올라갈 것이다.

그렇다면 핵융합은 좋은 발상이 아닐 수 없다. 만약 경제적으로 실현 가능한 방식으로 핵융합을 일으킬 수 있다면, 무한정의 청정에너지가 모두에게 공급될 것이다. 핵융합이 그런 목표를 달성하는 **유일한** 방법은 아니다. 태양에너지도 있고 다른 재생가능 에너지나 기존의 원자력 발전에서도 그런 에너지를 얻을 수 있다. 하지만 핵융합은 원리적으로 전 세계의 에너지 문제를 영구히 해결할 수 있는 방법이기에 연

태양을 담다

미국 캘리포니아 주 로렌스 리버모어 국립연구소의 국립점화시설(NIF)의 반응실 내부. 이곳은 미래의 지속가능한 에너지원으로서 수소 핵융합을 일으키고 제어하려고 시도하고 있다. 192개의 레이저빔이 중수소-삼중수소(DT) 가스로 채워진 2밀리미터 너비의 캡슐에 집중된다. 집중되는 총 에너지는 1.8메가 줄이다.

구할 가치가 충분하다.

관건은 이론보다는 기술이다. 태양의 사례에서 알 수 있듯이 핵융합은 원리적으로는 가능하다. 하지만 핵융합이 지구에서 달성되기 어려운 주된 이유는 엄청나게 높은 온도와 압력이 필요하기 때문이다. 두 가지 해법이 제시되는데, 둘 다 아폴로 프로젝트급의 굉장한 규모다. 유럽의 경우 러시아, 미국, 유럽연합, 일본, 중국, 한국, 인도가 공동으로 참여하여 ITER을 건설 중에 있다. 사실 이 기계는 (태양 중심부 온도의 열 배인) 1억 5,000도 이상의 온도로 플라스마를 저장할 수 있는 일종의 자석 통이다. ITER은 중수소와 삼중수소(중수소와 마찬가지로 수소의 동위원소인데, 양성자 하나와 중성자 2개로 이루어져 있다)를 사용하여 헬륨-4를 만든다. 이 두 동위원소를 사용하는 까닭에 태양처럼 초기에 느린 상호작용으로 수소에서 중수소를 만드는 대신에, ITER은 훨씬 더 효율적으로 에너지를 만든다. 중수소는 물에서 추출하고 삼중수소는 반응기 내부에서 융합 반응 동안 생성되는 여분의 중성자들을 리튬 막에 쬐어 만든다. 이런 방식으로 800MW급 핵융합 발전소를 만들어 가동하면, 매일 약 300그램의 삼중수소 연료를 소비하게 될 것이다. ITER은 현재로선 특별히 주목을 받고 있지 않다. 현재 제작 중에 있는데다가 2019년이 지나야 가동될 테니까. 그래서 현재 이미 가동 중인 미국 국립점화시설NIF에 이목이 집중될 수밖에 없다.

NIF는 공상과학에 나오는 상황을 실현하고 있다. 한때는

지구온난화

가장 최신 자료는 정책 결정자를 위한 IPCC 기후 변화 2014 요약집에 들어 있다. http://ipcc-wg2.gov/.

인간의 에너지

인간이 생산한 에너지를 보여주는 나사의 인공위성 영상. 흰색은 전깃불, 노란색은 석유/가스 불꽃 그리고 빨간색은 농사 관련 불태우기다.

《스타트렉: 인투 다크니스Star Trek: Into Darkness》의 무대로도 사용되었다. 규모면에서 세계 최대의 레이저 시스템이기도 하다. 레이저는 50만 기가와트의 전력을 쌀알 크기보다 작은 목표물에 점점 더 강하게 집중시킬 수 있는데, 1초의 1억 분의 1보다 더 정밀하게 타격 시간을 조정할 수 있다. 이렇게 하면, 여러분도 짐작하시겠지만 작은 빅뱅이 창조된다. 쌀알 크기의 목표물에는 ITER처럼 중수소-삼중수소 연료가 들어 있다. 레이저 펄스는 알갱이의 황금 용기의 온도를 상승시키며, 이때 방출되는 X선은 연료의 급속한 붕괴를 유발하여 핵융합을 촉발시킨다. 악마는 세부사항에 있는 법이다. 레이저 펄스의 정확한 타이밍과 지속 시간 그리고 황금 용기의 형태가 함께 관여하여 그 과정의 성공 확률과 효율을 결정한다. 공학적으로 엄청나게 어려운 일인데도 2013년 9월에 중수소-삼중수소 연료 알갱이가 흡수한 에너지보다 더 많은 에너지를 방출했다. 비록 그 양은 레이저에 입력된 총 에너지의 고작 1퍼센트에 불과했지만 말이다. 그래도 이로써 이른바 관성 융합inertial fusion이 원리적으로 가능함이 입증되었다. 미래의 관성 융합 발전소는 지금 NIF가 개발하고 있는 것보다 훨씬 더 효율적인 레이저 시스템(NIF의 시스템은 10년 이상 뒤처졌다)과 연료 집적 기술을 사용할 것이다. 이로써 적어도 대규모의 정부 지원 연구 단계에서 기술이 통한다는 것이 증명되긴 했지만, 우주탐사와 같은 일을 추진하기가 얼마나 어려운지 여실히 드러난다. 영리 기업들은 그런 엄청난 위험 부담을 좀체 떠안으려 하지 않으니, 우리 납세자들이 이런 종류의 지식 창출에 돈을 대야 하는 것이다. 아폴로 프로젝트에서처럼 우리는 보상을 받게 될 텐데, 투자의 가치는 상상을 초월하는 수준일 것이다.

따라서 기술적인 면에서 그런 발전소를 못 지을 하등의 이유가 없다. 연구도 상당히 진척되었지만, 기술적인 면보다 예산상의 장애가 더 큰 듯하다. 미국은 핵융합 연구보다 애완동물 몸단장에 더 많은 돈을 쓴다. 그런 얼빠진 짓에는 심각한 문제점이 있다. 내가 보기에 발전의 가장 큰 장애물은 교육인 것 같다. 나는 인간의 타고난 합리성을 믿는다. 올바른 교육을 통해 올바른 정보를 알려주고 올바른 사고방식을 함양시키면 사람들은 합리적인 선택을 하리라고 나는 믿는다. 내가 만약 누군가에게 '이런 대책이 있습니다. 고양이 몸단장에 쓸 돈을 줄이면, 여러분 평생뿐 아니라 자자손손 청정에너지를 무한정 쓸 수 있습니다'라고 말하면 대다수 사람들은 정신을 차릴 것이다. 나는 그렇다고 믿는다. 아니라면 이 책은 쓸모없는 헛소리에 다름 아니다.

꿈을 품은 사람들, 2부

2부는 전혀 다른 이야기다. 첨단 기술이 개입된다든지 돈이 많이 드는 내용이 나오지는 않지만 영향력은 엄청날지 모른다. 미래를 확보하는 것은 돈이 관건이 아니라, 행동의 문제다.

스발바르 국제 종자 저장고는 밖에서 보면 아담한 모습이다. 노르웨이의 여느 공공 건축 프로젝트가 그렇듯이, 북극의 한 산비탈에 달랑 문 하나가 나 있는 모습은 나름 작품인데, 뒤베케 산네가 제작했다. 여름이면 이 건물은 종일 비치는 햇빛을 반사시키고 있다. 겨울에는 종일 계속되는 밤에 광섬유 케이블이 빛난다. 출입구 안에는 한때는 영구동토층 깊이 자리한 폐광이었다가 개조된 시설이 나온다. 동굴이 3개 있는데, 각각 냉방 장치에 의해 -18도의 온도를 유지하고 있다. 이 온도는 매우 정밀하게 정해진 것이다. 씨앗들이 느리게 대사작용을 하면서도 죽지는 않는 온도다. -18도에서 가장 딱딱한 씨앗들은 2만 년 이상 생존한다. 동굴 중 오직 한 곳만이 사용 중이다. 나머지 두 곳은 향후에 이용될 예정이다. 동굴 내부에는 전 세계 거의 모든 나라에서 모은 80만 종 이상의 씨앗들이 있다. 모두 농작물 품종으로서, 세계 식량 생산의 토대이자 원료다. 아메리카와 유럽에서 온 씨앗들이 아시아와 아프리카에서 온 씨앗들 옆에 나란히 있다. 지역 씨앗 은행의 본고장이면서 최근 혼란을 겪은 알레포에서 무사히 옮겨진 시리아의 씨앗들이 북한, 남한, 중국, 캐나다, 나이지리아, 케냐 등 세계 각지에서 온 씨앗들 옆에 나란히 있다. 이 저장고에는 인류 농경의 거의 전 역사가 담겼는데, 아득한 옛날 농경의 발원지인 비옥한 초승달 지역의 역사까지 담고 있다. 각각의 씨앗 종은 인류의 선택, 어떤 환경적 도전 또는 한 농부나 마을의 단순한 취향까지 반영한다. 다국적기업들이 조작한 품종도 있고, 고립된 부족들이 세

심하고 정성스럽게 개량한 품종도 있다. 이곳은 상상력의
보고이자 타임캡슐이자 꿈의 저장소다. 근본적으로 중요한
장소가 아닐 수 없다.

　종자를 왜 보호할까? 생물다양성이 매우 중요하기 때문
이다. 지구의 생명은 얽힌 그물망을 형성하고 있는데, 이 거
대한 그물망에는 현존하는 수십만 종의 동물, 식물, 곤충과

'종말'을 대비한 종자 저장고

전 지구적 사업인 종자 저장
고가 노르웨이 본토와 북극
사이, 스발바르 군도의 한 외
딴 섬의 깊은 산속에 설치되
어 있다. 저장고의 목적은 전
세계 작물의 모든 씨앗 샘플
을 저장하는 것이다.

무수한 단세포 생물들의 유전자 데이터베이스가 들어 있다. 종이 많을수록 데이터베이스에는 데이터가 많으며, 전체 생물권이 어려움에 대처하여 살아남을 확률이 높아진다. 그 어려움이 질병에 의한 것이든 자연적인 또는 인위적인 기후 변화이든 자연 서식지의 손실이든 간에 말이다. 이것은 명백한 사실이다. 만약 생명의 거대한 데이터베이스 속에 물이 적어도 잘 자라는 밀의 유전자가 들어 있다면, 기후가 더욱 건조해질 때 그런 유전자는 우리에게 더할 나위 없이 소중해질 것이다. 만약 그걸 잃어버

리면 그 유전자는 영영 사라지고 만다. 오늘날 현대 농경에 이용되는 작물의 종은 150가지 미만이며, 그중 12종이 고기를 제외하고 세계 전체 음식 공급량의 대부분을 차지한다. 물론 한 종류의 작물 안에서도 품종의 다양성이 존재하기는 한다. 가령 쌀 품종은 10만 가지 이상으로 추정된다. 하지만 인류의 역사상 이용된 작물 종의 압도적 다수는 현재 재배되지 않고 있다. 대신에 종자 저장고에서 유사시를 대비해 저장되고 있다. 스발바르 종자 저장고는 백업 시스템이자 보험 대책으로서, 설령 여러 나라들이 자연재해나 전쟁 또는 단순한 부주의로 종자를 잃더라도 위대한 유전자 데이터베이스의 필수 품종들은 보존되도록 해준다.

종자 저장고의 소유자는 노르웨이 정부이지만 종자는 기탁자들이 소유한다. 공익신탁 기관인 더 글로벌 크롭 다이버시티 트러스트The Global Crop Diversity Trust가 기부금을 통해 운영비의 대부분을 충당한다. 캐리 파울러가 종자 저장고의 설립 시기 동안 트러스트의 사무총장을 맡았다. 그는 스발바르에서 우리가 다큐를 촬영할 때 기꺼이 인터뷰에 응해주었다. 정말로 그는 꿈을 품은 사람이다. 게다가 꿈을 실현하고 있는 사람이기도 하다.

"이 분야에 있는 우리들은 상처의 세계 속에 삽니다." 파울러는 말했다. "우리는 아픔을 목격합니다. 다양성이 사라져가는 현실 그리고 멸종을 줄곧 목격하는데, 어떤 시점에서는 이 상황이 너무 심하다고 느낍니다. 그러다 보니 단지

우리의 미래는 어떻게 되는가?

미봉책이 아니라 근본적인 대책을 알아봐야 하지 않을까요? 그런 장기적인 관점이 있어야 작물 다양성 문제가 해결됩니다. 미래에 이 작물 다양성은 절실한 문제입니다. 농업의 생물학적 바탕이니까요. 농업이 존재하는 한 꼭 필요한 겁니다." 문명이 존재하는 한 필요한 거죠, 하고 나는 거들었다. 파울러는 고개를 끄덕였다. "그게 해결되고 나면 우린 한시름 놓을 겁니다. 그렇고말고요!"

스발바르 국제 종자 저장고는 사실상 영구히 또는 적어도 수만 년 동안 작동되도록 지어졌다. 그리고 실질적으로 세계 모든 국가의 정부들한테서 지원을 받고 있다. 사리분별 있는 과학을 바탕으로 세워진 이곳은 우리가 하나의 지구촌 문명으로서 맞이할지 모를 잠재적인 위험에 대처하여 정말로 현명하게 투자한 결과물이다. 거창하거나 겉만 뻔지르르하고 값비싼 사업이 아니라 정말로 중요한 사업이다. 어느 누구라도 꼭 해야 했을 일이다. 나로서도 가슴 뭉클한 사업이다.

그렇다면 지금 우리는 어디에 있는가? 나로선 내 개인적인 견해를 말할 수 있을 뿐이다. 나는 솔직하고 싶다. 〈인간의 우주〉를 촬영하기 시작했을 때부터 우리가 인류에게 러브레터를 보낼 작정은 아니었다. 우리는 우주를 주제로 한 연작 다큐를 통해서 무의미성을 향해가는 인간의 여정을 보여주려고 했다. 그런데 우리가 전 세계를 돌면서 논의하고 토론하고 경험하고 촬영하고 갑론을박하면서 상황이 차츰 바뀌었다. 알고 보니, 비합리적이고 비과학적이고 미신적이고 민족주의적이고 근시안적인 우리의 무지에도 불구하고 우리는 우리가 아는 한 우주가 내놓은 가장 의미 있는 존재였던 것이다. 모든 상황을 고려해볼 때, 바로 그런 통찰이 의미심장했다. 사실, 무한한 별들 속에서 살펴볼 때 우리 존재에 어떤 절대적인 **의미**나 **가치**는 분명 존재하지 않는다. 우리는 자연법칙에 의해 존재하게 되었으니, 그런 면에서 볼 때 우주의 천체들보다 딱히 더 가치 있다고 할 수 없다. 하지만 나 자신의 존재, 내가 사랑하는 이들의 존재 그리고 전 인류의 존재가 나에게 의미가 있기 때문에 우주는 분명

의미가 있다. 내가 이렇게 여기는 까닭은 교육에 굉장히 많은 시간을 쏟았기 때문이다. 나는 가르치고, 가르침을 받으며, 연구하고 배운다. 나는 행운아다. 나는 힘을 지닌 우리가 교육의 혜택을 모든 이에게 베풀도록 애써야 한다고 진심으로 여긴다. 교육은 발전된 사회가 할 수 있는 가장 중요한 투자이며 발전 중인 사회에 베풀 수 있는 가장 효과적인 방법이다. 지금 젊은이들은 언젠가 정책결정자, 납세자, 투표권자, 탐험가, 과학자, 예술가와 음악가가 될 것이다. 그들은 우리의 생활방식을 지키고 향상시킬 것이며 우리 삶을 가치 있게 만들 것이다. 또한 우리의 나약함도 알게 될 것이고, 우리의 존재가 엄청난 행운임을 그리고 무한한 별들의 바다에서 하나의 고립된 섬으로서 우리 존재의 의미도 알게 될 것이다. 그런 앎을 통해 내 세대보다 더 나은 결정을 내릴 것이다. 덕분에 우리 우주는 계속 인간의 우주로 남을 것이다.

책을 맺으며

인간이란 얼마나 대단한 작품인가! 아주 확신에 차 있으면서도 아주 나약하고 아주 창의적이면서도 아주 왜소하며 아주 대담하고 사랑스러우면서도 아주 난폭하기도 하며 희망에 잔뜩 부풀어 자신의 덧없음을 모르는 존재인 인간. 심각한 질문이라면서 누군가 내게 물었다. 우리는 무엇으로 이루어져 있냐고. 업 쿼크, 다운 쿼크 그리고 전자들이라고 나는 대답했다. 그것들이 한 사람을 이루고 있다. 하지만 인간은 그 이상이다.

우리 문명은 알려진 우주에서 가장 복잡한 창발적 현상이다. 우리의 문학, 음악, 기술, 예술, 철학, 역사, 과학 그리고 **지식**의 총합이다. 나한테는 독일의 오스트리아 합병 전날 밤에 브루노 발터가 지휘한 말러의 9번 교향곡 레코드가 있다. 두려움이 곳곳에 스며 있는 음반이다. 발터와 비엔나필하모닉은 어떤 상황이 닥쳐오고 있는지 알았다. 희망은 사라지는 마지막 음과 함께 아스라이 멀어졌다. 말러는 악보의 그 음표 위에 'ersterbend(죽어감)'라고 표시해두었다. 그것은 자신의 삶에 보내는 말러의 고별사이자, 옛 유럽의 평화에 보내는 마지막 인사였다. 이런 심오함이 악보 자체에는 전혀 드러나 있지 않다. 흰 종이 위에 검은 점들은 스캐너로 읽어서 디지털로 변환하면 휴대전화 안에 몇 킬로바이트의 정보로 족히 저장된다. 그런 정보의 모음으로 이루어진 음반이 그처럼 심오한 감동을 주는 까닭은 그 공연이 수많은 청자들의 당시 심경을 대변하는 백여 명의 연주자들의 두려움, 꿈, 걱정과 불안이 고스란히 집적되어 있기 때문이다.

연주자들과 지휘자, 작곡가 각각의 개인사 그리고 문명의 역사가 음표 하나하나에 반영되어 무한한 복잡성과 감동이 깃든 작품을 탄생시켰다. 모든 개인은 유한한 개수의 쿼크와 전자들로 이루어진 무한한 가능성의 소유자이기 때문이다. 우리가 존재한다는 사실은 자연법칙의 단순성에 비추어 볼 때 상식에 반하는 터무니없는 결과이며, 우리 문명은 이런 개별적인 터무니없음이 70억 이상 모인 결과다. 그래서 나는 인간이란 정말로 희한한 존재라며 감탄하지 않을 수 없다. 우리의 존재는 분명 잠정적이고 우리가 가 닿을 수 있는 공간은 유한하지만, 그래서 우리 모두는 더욱 소중하다. 말러의 위대한 고별사는 진심으로 인생을 소중하게 여기라는 호소라고 볼 수도 있다. 인생을 지혜롭게 살고, 가능한 한 인생을 즐기라는 부탁이라고 볼 수 있는 것이다.

브라이언이 전하는 말

조지 앨버트 이글에게

인생은 네 스스로 펼쳐가는 것.

앤드루가 전하는 말

나의 소울메이트 안나, 홀륭한 내 아이들 벤저민과

마르타와 테오, 멋진 엄마 바바라, 내 형제 폴과 하워드

그리고 이 광대한 우주에서 운 좋게 내가 만난

모든 '작은 생명체들'에게 이 책을 바친다.

찾아보기

Collage artworks on pp9, 28~29, 56~57, 97, 122~123, 146~147, 189, 212~213, 240~241, 261, 280~281, 306~307, 339, 360~361, 380~381 ⓒ Darrel Rees; pp18~19, 72, 76, 78, 80~81, 220, 234, 244~245, 259, 286 top, 288~289, 369 ⓒ Brian Cox; pp14~15 ⓒ Sheila Terry/Science Photo Library; pp21, 64 ⓒ Royal Astronomical Society/Science Photo Library; p24 ⓒ British Library/Science Photo Library; p25 ⓒ Bibliotheque nationale de France; pp31, 65, 138, 144, 207, 224, 374~375 ⓒ NASA/Science Photo Library; pp38, 47 ⓒ Harvard College Observatory/Science Photo Library; p39 ⓒ European Space Agency/Science Photo Library; pp40~41 ⓒ Scott Smith/Corbis; p44 from the Annals of the Harvard College Observatory, Vol. LX, No. IV, Published by the Observatory, Cambridge, Massachusetts, 1908; pp45, 348~349 ⓒ NASA; p50 ⓒ Emilio Segre Visual Archives/American Institute of Physics/Science Photo Library; p52 ⓒ Robert Gendler/Science Photo Library; p53 Courtesy of The Carnegie Observatories; p58 ⓒ Hemis/Alamy; p59 ⓒ Jon Arnold Images Ltd/Alamy; pp69, 272 ⓒ Science Source/Science Photo Library; p84 ⓒ Science Photo Library. Mark Garlick/Getty Images; p88 ⓒ JPL-CALTECH/NASA/Science Photo Library; p89 ⓒ NASA/ESA/STSCI/R. Williams/HDF Team/Science Photo Library; pp92~93, 323 ⓒ ESA and the Planck Collaboration; pp100~101 Courtesy of Lowell Observatory; p103 Courtesy of the National Archives at College Park, Maryland, USA; p105 ⓒ Alan Dunn/The New Yorker Collection/The Cartoon Bank; p107 Courtesy of the National Archives at Seattle, Washington, USA; p117 ⓒ Mike Hutchings/Reuters/Corbis; p120 ⓒ Jerry R. Ehman; p121 ⓒ Benjamin Crowell; pp126, 128, 318~319, 322 ⓒ NASA/JPL; p132 ⓒ NASA Ames/JPL-Caltech; pp137, 253 bottom ⓒ Science Photo Library; p140 ⓒ Eckhard Slawik/Science Photo Library; p141 ⓒ Walter Myers/Science Photo Library; p142 ⓒ NASA/Ball Aerospace/Science Photo Library; p157 top ⓒ NASA/ESA/STSCI/Science Photo Library; middle ⓒ NOAA/Science Source/Science Photo Library; bottom ⓒ Royal Observatory, Edinburgh/AAO/Science Photo Library; pp158~159 ⓒ Lionel Bret/Look at Sciences/Science Photo Library; p163 ⓒ Smithsonian Institution; pp166, 358 ⓒ Frans Lanting, Mint Images/Science Photo Library; pp168~169 ⓒ Didier Descouens; p172 ⓒ Paul Harrison; p174 ⓒ Wim van Egmond/Visuals Unlimited/Science Photo Library; p175 ⓒ Dr. Fred Hossler/Visuals Unlimited/ Science Photo Library; p178 left, 179 left ⓒ Dr. Gopal Murti/Science Photo Library; middle ⓒ Eric Grave/

인간의 우주

1판 1쇄 인쇄 2017년 12월 18일
1판 1쇄 발행 2017년 12월 22일
———

지은이 브라이언 콕스, 앤드루 코헨
옮긴이 노태복
———

펴낸이 이상규
펴낸곳 반니
주소 서울시 강남구 삼성로 512
전화 02-6004-6881 팩스 02-6004-6951
전자우편 book@banni.kr
출판등록 2006년 12월 18일(제2006-000186호)
———

ISBN 979-11-87980-42-1 03400
———

이 도서의 국립중앙도서관 출판예정도서목록(CIP)은 서지정보유통지원시스템 홈페이지
(http://seoji.nl.go.kr)와 국가자료공동목록시스템(http://www.nl.go.kr/kolisnet)에서 이용하실 수
있습니다.(CIP제어번호: CIP2017033292)